"十三五"国家重点出版物出版规划项目

中国工程院重大咨询项目 中国生态文明建设重大战略研究丛书(III)

第 四 卷

中部地区生态文明建设及发展战略研究

中国工程院"中部地区生态文明建设及发展战略研究"课题组
陈 勇 呼和涛力 李金惠 雷廷宙 温宗国 主编

科学出版社
北京

内 容 简 介

本书是中国工程院重大咨询项目"生态文明建设若干战略问题研究（三期）"成果系列丛书的第四卷，包括课题综合报告和专题研究两部分内容。全书深入分析了我国中部地区的河南省、安徽省、山西省及湖北省荆门市和江西省婺源县等典型省、市、县域生态文明建设的典型做法和模式，在顶层规划设计、政策支持等方面梳理了取得的经验，对区域生态文明建设的生态、经济和社会等三方面的效益进行了综合评估，结合中部地区未来国土空间开发及社会经济发展需求，提出了中部地区乃至全国同类区域生态文明建设及发展的保障措施及建议。

本书适合政府管理人员、政策咨询研究人员，以及广大教学科研从业者和其他关心我国生态文明建设的人士阅读，也适合各类图书馆收藏。

图书在版编目（CIP）数据

中部地区生态文明建设及发展战略研究/陈勇等主编. —北京：科学出版社，2020.3

［中国生态文明建设重大战略研究丛书（Ⅲ）/赵宪庚，刘旭主编］

"十三五"国家重点出版物出版规划项目　中国工程院重大咨询项目

ISBN 978-7-03-063761-1

Ⅰ.①中⋯　Ⅱ.①陈⋯　Ⅲ.①生态环境建设–研究–中国　②区域经济发展–研究–中国　Ⅳ.①X321.2　②F127

中国版本图书馆 CIP 数据核字（2019）第 281018 号

责任编辑：马　俊　李　迪／责任校对：郑金红
责任印制：肖　兴／封面设计：北京铭轩堂广告设计有限公司

科学出版社 出版
北京东黄城根北街 16 号
邮政编码：100717
http://www.sciencep.com

中国科学院印刷厂 印刷
科学出版社发行　各地新华书店经销

*

2020 年 3 月第 一 版　　开本：787×1092　1/16
2020 年 3 月第一次印刷　　印张：16 1/2
字数：388 000

定价：180.00 元

（如有印装质量问题，我社负责调换）

丛书顾问及编写委员会

顾 问

徐匡迪　钱正英　解振华　周　济　沈国舫　谢克昌

主 编

赵宪庚　刘　旭

副主编

郝吉明　杜祥琬　陈　勇　孙九林　吴丰昌

丛书编委会成员

（以姓氏笔画为序）

丁一汇　丁德文　王　浩　王元晶　尤　政　尹伟伦
曲久辉　刘　旭　刘鸿亮　江　亿　孙九林　杜祥琬
李　阳　李金惠　杨志峰　吴丰昌　张林波　陈　勇
周　源　赵宪庚　郝吉明　段　宁　侯立安　钱　易
徐祥德　高清竹　唐孝炎　唐海英　董锁成　傅志寰
舒俭民　温宗国　雷廷宙　魏复盛

"中部地区生态文明建设及发展战略研究"
课题组成员名单

顾　问	杜祥琬	中国工程物理研究院，院士
	钱　易	清华大学，院士
组　长	陈　勇	中国科学院广州能源研究所，常州大学，院士
副组长	李金惠	清华大学，教授
	雷廷宙	河南省科学院，研究员
	温宗国	清华大学，教授
	呼和涛力	常州大学，研究员

专题研究组及主要成员

1. 基于特色产业的生态文明发展模式研究专题组

　　钱　易　　清华大学，院士
　　李金惠　　清华大学，教授
　　刘丽丽　　清华大学，研究员
　　曾现来　　清华大学，副研究员
　　林民松　　清华大学，助理研究员

2. 基于生物质能的河南省生态文明建设模式研究专题组

　　雷廷宙　　河南省科学院，研究员
　　王志伟　　河南省科学院能源研究所有限公司，研究员
　　陈汉平　　华中科技大学，教授
　　李小建　　河南财经政法大学，教授
　　李学琴　　河南省科学院能源研究所有限公司，助理研究员
　　陈高峰　　河南省科学院能源研究所有限公司，助理研究员
　　辛晓菲　　河南省科学院能源研究所有限公司，助理研究员
　　杨延涛　　河南省科学院能源研究所有限公司，助理研究员

3. 基于水环境的安徽省生态文明建设及发展研究专题组

    温宗国　　清华大学，教授
    周　静　　清华大学，助理研究员
    汪家权　　合肥工业大学，教授
    岳　昆　　清华大学，助理研究员
    邱　勇　　清华大学，副教授
    鲁　玺　　清华大学，副教授
    戴亦欣　　清华大学，副教授

4. 综合组

    陈　勇　　中国科学院广州能源研究所，常州大学，院士
    呼和涛力　常州大学，研究员
    刘晓龙　　中国工程院战略咨询中心，副处长
    杨　波　　中国工程院战略咨询中心，副处长
    姜玲玲　　中国工程院战略咨询中心，工程师
    葛　琴　　中国工程院战略咨询中心，工程师
    崔磊磊　　中国工程院战略咨询中心，工程师
    陈　瑛　　生态环境部固体废物与化学品管理技术中心，副研究员
    季统凯　　中国科学院云计算产业技术创新中心，研究员
    郭华芳　　中国科学院广州能源研究所，研究员
    袁浩然　　中国科学院广州能源研究所，研究员
    唐志华　　中国科学院广州能源研究所，助理研究员

报告编制组

    呼和涛力　刘晓龙　李金惠　雷廷宙　温宗国
    刘丽丽　　王志伟　曾现来　周　静　李学琴
    姜玲玲　　葛　琴　崔磊磊　陈高峰　林民松

丛 书 总 序

2017年中国工程院启动了"生态文明建设若干战略问题研究（三期）"重大咨询项目，项目由徐匡迪、钱正英、解振华、周济、沈国舫、谢克昌为项目顾问，赵宪庚、刘旭任组长，郝吉明任常务副组长，陈勇、孙久林、吴丰昌任副组长，共邀请了20余位院士、100余位专家参加了研究。项目围绕东部典型地区生态文明发展战略、京津冀协调发展战略、中部崛起战略和西部生态安全屏障建设的战略需求，分别面向"两山"理论实践、发展中保护、环境综合整治及生态安全等区域关键问题开展战略研究并提出对策建议。

项目设置了生态文明建设理论研究专题，对生态文明的概念、理论、实施途径、建设方案等方面开展了深入的探索。提出了我国生态文明建设的政策建议：一是从大转型视角深刻认识生态文明建设的角色与地位；二是以习近平生态文明思想来统领生态文明理论建设的中国方案；三是发挥生态文明在中国特色社会主义建设中的引领作用；四是以绿色发展系统推动生态文明全方位转变；五是发挥文化建设促进作用，形成绿色消费和生态文明建设的协同机制；六是有序推进中国生态文明建设与联合国2030年可持续发展议程的衔接。

项目完善了国家生态文明发展水平指标体系，对2017年生态文明发展状况进行了评价。结果表明，我国2017年生态文明指数为69.96分，总体接近良好水平；在全国325个地级及以上行政区域中，属于A，B，C，D等级的城市个数占比分别为0.62%，54.46%，42.46%和2.46%。与2015年相比，我国生态文明指数得分提高了2.98分，生态文明指数提升的城市共235个。生态文明指数得分提高的主要原因是环境质量改善与产业效率提升，水污染物与大气污染物排放强度、空气质量和地表水环境质量是得分提升最快的指标。

在此基础上，项目构建了福建县域生态资源资产核算指标体系，基于各项生态系统服务特点，以市场定价法、替代市场法、模拟市场法和能值转化法核算价值量，对福建省县域生态资源资产进行核算与动态变化分析。建议福建省以生态资源资产业务化应用为核心，坚持大胆改革、实践优先、科技创新、统一推进的原则，持续深入推进生态资源资产核算理论探索和实践应用，形成支撑生态产品价值实现的机制体制，率先将福建省建设成为生态产品价值实现的先行区和绿色发展绩效的发展评价导向区。

项目从京津冀能源利用与大气污染、水资源与水环境、城乡生态环境保护一体化、生态功能变化与调控、环境治理体制与制度创新等五个主要方面科学分析了京津冀区域环境综合治理措施，并按照环境综合治理措施综合效益大小将五类环境综合治理措施进行优先排序，依次为产业结构调整、能源结构调整、交通运输结构调整、土地利用结构调整和农业农村绿色转型。

项目深入分析我国中部地区典型省、市、县域生态文明建设的典型做法和模式，提出典型省、市、县和中部地区乃至全国同类区域生态文明建设及发展的创新体制机制的政策建议：一是提高认识，深入贯彻"在发展中保护、在保护中发展"的核心思想；二是大力推广生态文明建设特色模式，切实把握实施重点；三是统筹推进区域互动协调发展与城乡融合发展；四是优化国土空间开发格局，深入推进生态文明建设；五是创新生态资产核算机制，完善生态补偿模式。

项目选取黄土高原生态脆弱贫困区、羌塘高原高寒脆弱牧区及三江源生态屏障区作为研究区域，提出了羌塘高原生态补偿及野生动物保护与牧民利益保障等战略建议和相关措施；提出了三江源区生态资源资产核算、生态补偿，以及国家公园一体化建设模式；提出了我国西部生态脆弱贫困区生态文明建设的战略目标、基本原则、时间表与路线图、战略任务及政策建议。

本套丛书汇集了"生态文明建设若干战略问题研究（三期）"项目的综合卷、4个课题分卷和生态文明建设理论研究卷，分项目综合报告、课题报告和专题报告三个层次，提供相关领域的研究背景、内容和主要论点。综合卷包括综合报告和相关课题论述，每个课题分卷包括综合报告及其专题报告，项目综合报告主要凝聚和总结各课题和专题的主要研究成果、观点和论点，各专题的具体研究方法与成果在各课题分卷中呈现。丛书是项目研究成果的综合集成，是众多院士和多部门、多学科专家教授和工程技术人员及政府管理者辛勤劳动和共同努力的成果，在此向他们表示衷心的感谢，特别感谢项目顾问组的指导。

生态文明建设是关系中华民族永续发展的根本大计。我国生态文明建设突出短板依然存在，环境质量、产业效率、城乡协调等主要生态文明指标与发达国家相比还有较大差距。项目组将继续长期、稳定和深入跟踪我国生态文明建设最新进展。由于各种原因，丛书难免还有疏漏与不妥之处，请读者批评指正。

中国工程院"生态文明建设若干战略问题研究（三期）"
项目研究组
2019 年 11 月

前　言

  2006 年，中共中央、国务院做出了促进中部地区崛起的重大战略决策，并颁布实施了《关于促进中部地区崛起的若干意见》，2009 年，国务院批复和颁发了《促进中部地区崛起规划》，2012 年颁布了《国务院关于大力实施促进中部地区崛起战略的若干意见》等多项政策性文件，明确了促进中部地区崛起的方向和重点，支持中部地区加快崛起步伐。党的十八大报告明确指出"国土是生态文明建设的空间载体""节约资源是保护生态环境的根本之策"，党的十八届二中全会又提出"健全国土空间开发、资源节约利用、生态环境保护的体制机制，推动形成人与自然和谐发展现代化建设新格局"的要求。

  中部六省（安徽、江西、山西、湖北、湖南、河南）是我国粮食生产基地、能源原材料基地、现代装备及高技术产业基地和交通运输枢纽（简称"三基地、一枢纽"），在中国经济社会发展全局中占有重要地位。中部六省生态环境建设的物质基础薄弱，面积占全国面积的 10.7%、人口占全国人口的 26.7%、GDP 总量占全国的 24.7%，但人均 GDP 均低于全国平均水平。中部六省邻近东部发达地区，具有有利的"被扩散"的区位优势，提升空间较大，发展后劲较强，是生态文明建设与发展的重点区域。然而中部六省的生态文明建设也面临着若干问题和挑战，例如，在较强的资源与环境约束条件下，普遍存在能源消耗总量快速增长、消费结构不合理、能源利用效率低，以及废弃物排放量和除二氧化硫、化学需氧量之外的污染物排放量快速增加的问题，与中国经济发达地区相比，在资源利用效率、环境污染治理等方面依然存在着较大差距。另外，缺乏与顶层设计衔接的系统规划，没有清晰的生态功能区划分，低碳发展与碳交易体系不健全，生态补偿机制缺失及与国家战略相对应的配置政策没有落实到位等。

  河南省、安徽省、山西省及湖北省荆门市和江西省上饶市婺源县是中部地区典型省、市、县，且具备生态环境建设的特色和优势。这些地区的生态环境建设与国土空间开发是密不可分的，应该围绕国家战略规划与目标，结合各地区的区域特性、地理条件、资源禀赋及社会经济发展现状进行综合分析，从而因地制宜地为区域生态文明建设实践提供战略支撑，为顶层规划及政策制定提供科学依据。为此，本课题将针对上述省、市、县开展专题研究，通过典型案例调研、分析、研究，探讨生态文明建设的典型做法和模式，梳理在顶层规划设计、政策支持等方面取得的经验和教训，并面向中部地区未来国土空间开发的趋势及战略需求，为中部地区生态文明建设及优化国土空间开发战略提供决策支撑。

作　者

2019 年 7 月

目　　录

丛书总序
前言

课题综合报告

第一章　中部崛起战略与中部地区生态环境概况 ·································· 3
　　一、中部地区战略定位及意义 ·· 3
　　二、中部地区生态文明建设取得的进展 ·· 4
　　三、中部地区生态文明建设面临的机遇及挑战 ······································ 6
第二章　"两山"理论的量化研究 ·· 9
　　一、"两山"理论的内涵实质与生态文明的关系 ····································· 9
　　二、"两山"理论的量化评价方法 ··· 11
第三章　基于特色产业的生态文明发展模式 ·· 19
　　一、特色产业与生态文明的关系 ··· 19
　　二、典型市县生态文明建设情况评估 ··· 21
　　三、基于"循环经济"产业的生态文明发展模式 ································· 35
　　四、基于"生态旅游+"产业的生态文明发展模式 ······························ 39
　　五、基于特色产业的生态文明建设存在的问题及建议 ······················· 44
第四章　基于生物质能的生态文明发展模式 ·· 49
　　一、生物质能的发展与生态文明建设的关系 ······································· 49
　　二、河南省生态文明建设现状与发展目标 ··· 50
　　三、基于生物质能的生态文明发展模式 ··· 67
　　四、基于生物质能的生态文明发展的典型案例工程 ··························· 69
　　五、综合效益分析 ··· 74
　　六、基于生物质能的生态文明存在的问题及建议 ······························· 78
第五章　基于水环境的生态文明发展模式 ·· 85
　　一、水环境与生态文明的关系 ··· 85
　　二、安徽省生态文明建设现状及目标 ··· 86
　　三、合肥市城乡生态文明建设的"三水共赢"模式 ····························· 94
　　四、巢湖流域生态文明建设的"三生优化"模式 ······························· 100
　　五、基于水环境的生态文明建设存在的问题及展望 ························· 106

第六章　基于资源型经济转型的生态文明发展模式 ... 114
　　一、山西省资源型产业发展整体情况 ... 114
　　二、山西省经济转型与生态文明建设情况 ... 114
　　三、山西省经济转型与生态文明建设模式 ... 115
　　四、资源型经济转型与生态文明建设取得成效 ... 115
　　五、措施和建议 ... 115
第七章　中部地区生态文明建设与发展路线图 ... 117
　　一、中部地区生态文明建设模式及特色 ... 117
　　二、中部地区生态文明建设的综合效益 ... 118
　　三、中部地区生态文明模式发展路线图 ... 120
第八章　中部地区生态文明建设与发展保障措施及建议 ... 125
　　一、提高认识，深入贯彻"在发展中保护、在保护中发展"为核心思想 ... 125
　　二、大力推广生态文明建设特色模式，切实把握实施重点 ... 125
　　三、统筹推进区域互动协调发展与城乡融合发展 ... 125
　　四、优化国土空间开发格局，深入推进生态文明建设 ... 126
　　五、创新生态资产核算机制，完善生态补偿模式 ... 126
主要参考文献 ... 128

专 题 研 究

专题一　基于特色产业的生态文明发展模式研究 ... 135
　　第一章　研究背景与内容 ... 135
　　第二章　特色产业与生态文明的关系 ... 137
　　第三章　典型市县生态文明建设情况评估 ... 139
　　第四章　基于"循环经济"产业的生态文明发展模式 ... 160
　　第五章　基于"生态旅游+"产业的生态文明发展模式 ... 164
　　第六章　基于特色产业的生态文明建设存在的问题及建议 ... 169
　　主要参考文献 ... 173
专题二　基于生物质能的河南省生态文明建设模式研究 ... 175
　　一、河南省生态文明发展现状 ... 175
　　二、河南省生态文明体系建设的经验和问题 ... 182
　　三、国内外生态文明体系建设的启示 ... 185
　　四、河南省生态文明体系建设特色与优势分析 ... 191
　　五、基于生物质能的河南省生态文明体系建设的方案 ... 202
　　六、基于生物质能的河南省生态文明建设体系示范工程建设 ... 207
　　主要参考文献 ... 215

专题三　基于水环境的安徽省生态文明建设及发展研究……………………………217
　第一章　水环境与生态文明的关系………………………………………………217
　第二章　安徽省生态文明建设现状及目标………………………………………220
　第三章　合肥市城乡生态文明建设的"三水共赢"模式…………………………228
　第四章　巢湖流域生态文明建设的"三生优化"模式……………………………234
　第五章　基于水环境的生态文明建设存在的问题及展望………………………239
　主要参考文献…………………………………………………………………………247

课题综合报告

第一章　中部崛起战略与中部地区生态环境概况

一、中部地区战略定位及意义

（一）中部地区崛起的"十三五"规划

中部地区包括山西、安徽、江西、河南、湖北、湖南六省，中部地区承东启西、连南接北，交通网络发达、生产要素密集、人力和科教资源丰富、产业门类齐全、基础条件优越、发展潜力巨大，在全国区域发展格局中具有重要战略地位。中部地区是我国粮食生产基地、能源原材料基地、现代装备制造及高技术产业基地和综合交通运输枢纽（简称"三基地、一枢纽"）。中部地区承东启西、连南接北，交通网络发达、生产要素密集、人力资源丰富、产业门类齐全等优势将得到进一步发挥，在我国新经济发展和新一轮全方位开发、开放中将迎来重大发展机遇。

2016年，国务院批复的《促进中部地区崛起的"十三五"规划》（以下简称《规划》）中提出，促进中部地区全面崛起，是落实四大板块区域布局"三大战略"的重要内容，是构建全国统一大市场、推动形成东中西区域良性互动协调发展的客观需要，是优化国民经济结构、保持经济持续健康发展的战略举措，是确保如期实现全面建成小康社会目标的必然要求。规划中指出，要坚持生态优先、绿色发展，坚持以人为本、和谐共享等理念。即坚持在保护中发展、在发展中保护，避免走先破坏后治理、边破坏边治理的老路。同时，把保障和改善民生、增进人民福祉作为促进中部地区崛起的根本出发点和落脚点，坚决打赢脱贫攻坚战，着力解决涉及群众切身利益的问题。规划的发展目标，到2020年，生态环境质量总体改善。自然生态系统稳定性全面提升，物种资源丰富度和草原综合植被盖度增加，湿地保有量达到520万 hm^2，森林覆盖率达到38%以上。主要污染物排放总量大幅减少，形成健全的城镇水污染防治体系，区域大气环境质量、流域水环境质量得到阶段性改善。耕地保有量保持3.77亿亩[①]，单位GDP能源消耗和二氧化碳排放分别降低15%以上和18%以上。

国务院审议通过的《促进中部地区崛起规划（2016—2025年）》，在总结中部崛起战略实施十年来主要成就和分析今后一段时期发展环境的基础上，统筹推进"五位一体"总体布局和协调推进"四个全面"战略布局，牢固树立和贯彻落实创新、协调、绿色、开放、共享的新发展理念，适应、把握和引领经济发展新常态，与推进"一带一路"建设、京津冀协同发展、长江经济带发展"三大战略"相衔接，以提高发展质量和效益为中心，以供给侧结构性改革为主线，以全面深化改革为动力，坚持创新驱动发展，加快推动新旧动能转换，加快推进产业结构优化升级，加快打造城乡和区域一体化发展新格局，加快构筑现代基础设施网络，加快培育绿色发展方式，加快提升人民生活水平，推

[①] 1亩≈666.7 m^2

动中部地区综合实力和竞争力再上新台阶,开创全面崛起新局面。

(二)中部地区生态文明建设的战略定位及意义

《中共中央国务院关于加快推进生态文明建设的意见》:要抓住制约地区生态文明建设的瓶颈,在生态文明制度创新方面积极实践,力争取得重大突破。

"推动区域协调发展"是"十三五"国民经济与社会发展规划的重点工作。规划提出以区域发展总体战略为基础,以"一带一路"建设、京津冀协同发展、长江经济带发展为引领塑造要素有序自由流动、主体功能约束有效、基本公共服务均等、资源环境可承载的区域协调发展新格局。

中部地区适应新形势、新任务、新要求,将进一步巩固提升"三基地、一枢纽"地位,科学确定新时期中部地区在全国发展大局中的战略定位。建设全国生态文明建设示范区。充分发挥江西、湖北、安徽及河南等省域、市域及县域等生态文明示范、改革试验区等平台的作用,积极探索创新生态文明建设机制,塑造一批全国生态文明建设典范。

二、中部地区生态文明建设取得的进展

(一)中部地区生态环境建设的物质基础

1. 中部六省区域格局及现状

中部地区包括山西、安徽、江西、河南、湖北、湖南六省,国土面积 102.83 万 km^2,占全国陆地国土总面积的 10.67%,2016 年年底总人口 3.67 亿人,占全国总人口的 26.55%,GDP 16.06 亿元,占全国的 21.60%,人均 GDP 4.32 万元低于全国平均水平(表 1-1)。2015 年,中部六省城镇化率为 51.2%,低于全国约 5 个百分点,处于城镇化中期的快速发展阶段,人口相对密集,大量农村人口需要转移,城镇化发展基础良好且潜力巨大。特别是中部地区是我国外出农民工的主要流出地,是落实全国"三个 1 亿人"城镇化战略中就地城镇化战略的主要区域。

表 1-1 中部地区六省区域格局及现状

地区	面积/万 km^2	人口/万人	GDP/万元	人均 GDP/万元
山西	15.67	3682	13 050	3.54
河南	16.70	9532	40 472	4.25
安徽	14.00	6196	24 408	3.94
湖北	18.59	5885	32 665	5.55
湖南	21.18	6822	31 551	4.62
江西	16.69	4592	18 499	4.03
全国	963.40	138 271	743 586	4.64
中部占比	10.67%	26.55%	21.60%	—

2. 中部地区特色产业发展情况

中部六省作为地缘相近、文脉相连的完整地理单元，在我国旅游经济发展的宏观地域格局中起着承东启西的重要作用。中部地区单体旅游资源数量占据全国总数的 30.7%，2017 年旅游总收入达到 3.74 万亿元。中部地区"城市矿产"示范基地建设总体发展良好，产业链条较为完善，对区域经济、社会及生态发展贡献很大。

3. 中部地区是全国现代农业发展核心区

中部地区是我国重要的农业基地，农村人口占全国的 30%。2016 年，中部地区粮食产量为 1.83 亿 t，中部地区耕地面积占全国的 21.6%，却生产了全国 30% 的粮食，地区农林牧渔生产总值均超过全国的 1/4。农村基础设施改善较大，特别是高标准农田建设取得积极进展。中部六省输往省外的粮食占全国各市区粮食纯输出量的 50% 以上，中国粮食增产的 50% 以上来自中部地区。与此同时，中部六省还是我国农副产品重要生产输出基地，棉花、油料等主要农产品产量占全国的 40%，为全国的粮食安全和农产品供给作出了重大贡献，素有"湖广熟、天下足"的美誉。河南省是我国的大粮仓，在黄河流域中占据特殊地位。

4. 中部地区具有得天独厚的水资源条件

目前中部 6 省水资源总量 7632 亿 m^3，占全国 23.5%。全国十大流域中，第一大流域长江，面积 180 万 km^2，年径流量 9795 亿 m^3，流经湖北、湖南、江西、安徽、河南等省；第二大流域黄河，面积 75 万 km^2，年径流量 661 亿 m^3，流经山西、河南等省；第五大流域淮河，面积 27 万 km^2，年径流量 621 亿 m^3，流经湖北、河南、安徽等省。全国五大淡水湖中，第一大淡水湖鄱阳湖（江西），面积 3913 km^2，蓄水量 300 亿 m^3；第二大淡水湖洞庭湖（湖南），面积 2740 km^2，蓄水量 187 亿 m^3；第四大淡水湖巢湖（安徽），面积 776 km^2，蓄水量 36 亿 m^3。

5. 中部地区是国家重要的能源和有色金属供应基地

山西是我国最大的煤炭基地，储量占全国的 36.8%。磷矿主要集中在湖北，储量占全国的 31%。铝土矿主要集中在河南和山西，储量占全国的 28.3%。铜矿主要集中在江西，储量占全国的 18.1%。

6. 中部地区是全国生态文明建设示范区

中部地区位于长江、黄河、淮河等大江大河的中上游地区，拥有鄱阳湖、洞庭湖等众多湖泊，是南水北调中线水源地。生态补偿体制机制创新迈出新步伐，特别是安徽和浙江两省建立了新安江流域生态补偿机制，对全国其他流域起到了良好的示范作用。2015 年中部地区森林覆盖率达到 36.5%，较 10 年前提高 6.3 个百分点。

（二）中部地区生态文明建设情况

中部地区在过去十年的发展历程中，始终坚持生态文明的发展理念，积极贯彻落实生态保护制度，加强生态建设与环境保护，加大污染防治力度，生态环境质量日趋改善。湖南长株潭城市群全面启动"两型社会"示范区建设，大河西、云龙、昭山、天易、滨湖5大示范区、18个示范片区进展顺利；湘江流域综合治理取得巨大成效。湖北省武汉市大东湖生态水网构建工程、梁子湖流域生态保护工程、汉江中下游流域生态补偿等相继启动，并取得显著成绩；青山区、东湖区、阳逻开发区等国家、省级循环经济示范园区建成投产。江西省"五河一湖"断面水质有了明显改善。为了应对全球气候变化，中部地区还大力推进产业结构优化升级，大力发展低碳经济，节能减排成效显著，单位地区生产总值能耗、电耗等指标均有了明显下降。

三、中部地区生态文明建设面临的机遇及挑战

（一）经济发展及产业基础建设面临的机遇与挑战

中部地区的优势，主要在区位、资源和产业基础三个方面。第一，在地理区位上是连接东部和西部地区的桥梁，是我国区域关联度最强的地区，在东部产业梯度转移中发挥着独特的作用，是促进资金、商品等要素合理配置的战略支点。第二，中部地区具有明显的资源优势，矿产资源种类齐全、储量丰富，6省的土地面积虽然只占全国的10.67%，矿产资源却占了全国的30%。能源资源拥有三峡、小浪底、葛洲坝、三门峡等4大水电站和大同、宁武等8大煤田。第三，中部地区产业基础良好，是全国著名的农产品生产基地，粮食、油料和棉花等农作物的产量占全国的1/3，中部地区产业门类齐全，汽车、钢铁、纺织等都有相当基础。可见，中部地区实现崛起，要充分利用地区特有的区位、资源和产业优势，形成合理的战略性产业结构优势，从而实现中部地区的经济和产业的可持续发展。

中部地区经济与产业发展面临的最大的问题是产业结构问题，无论是产业整体结构水平还是三次产业内部结构，都存在结构效益不高的问题，经济增长方式粗放，资源利用效率低，环境污染严重等。一是整体产业结构水平偏低。第一产业比例较高，第二、第三产业比例相对较低。一直以来中部地区承担着全国粮食、能源原材料的生产和供给任务，使得中部地区形成了农业、能源、原材料工业为主的产业结构，影响整体经济的质量和效益。二是工业结构不合理，轻重比例失调。工业结构是以资源开发粗加工的偏重型结构，主要集中在化学工业、黑色及有色金属和机械工业等，多为传统工业，而轻工业成为软肋，导致工业程度和规模化水平较低。三是中部地区资源开采方式粗放，对其加工主要停留在初级产品加工，未做到深加工，上下游产业链延伸十分有限，资源浪费现象严重。又由于对资源的利用趋于粗放型，造成生态环境污染严重，影响了资源的可持续利用。

此外，在中部地区资源再生利用产业已得到重视，生态旅游产业有所发展，这些特色产业为区域生态文明建设作出了一定的贡献，但特色产业经济发展模式尚没形成，特色尚须总结提升；中部地区水系发达，但水质超标问题仍然存在，经济社会发展与水环境治理之间的矛盾依然严峻，流域治理和管理体系不健全，跨区域协同治污工作未成形；资源型地区传统产业结构性污染严重，生态基础脆弱，迫切需要经济发展转型升级。因

此，中部地区实现崛起，要充分利用地区特有的区位、资源和产业优势，形成合理的战略性产业结构优势，发展特色产业，优化产业结构，从而实现中部地区的经济和产业的可持续发展。

（二）国家战略顶层设计的衔接面临的机遇与挑战

近年来，国家在顶层设计及政策方面采取了不少重要举措，一方面是在特别地区、特殊领域、特定项目方面给予了不少政策措施助推中部地区崛起，包括实施了"两个比照"政策，为中部地区和一些地区量身打造了相关国家战略规划和试验平台，但从整体上给予中部地区的政策优惠相对而言还是比较少。国家可以继续对中部地区的一些特殊地区、特殊人群给予优惠政策支持，但是很难对中部地区整体给予全面的、大力度的政策倾斜，政策弱势的挑战在很长的时期内可能不易化解。另一方面，国家的空间统筹不一定都契合地方的发展需求。从全局考量并基于区域条件，国家把中部地区的6个省份中的5个确定为主要粮食生产基地。中部地区粮食生产基地较多，农村生物质废弃物量大面广，但综合利用水平低，农村生态环境污染比较严重，生物质能源化与资源化产业发展缓慢。生产粮食的附加值低，中部地区光靠种粮难以实现跨越崛起。如何既维护国家的统一布局、建设好国家粮食生产基地，又能加快提升产业层次、努力实现跨越发展，对中部地区来讲是一个重大挑战。

（三）生态效益转化经济效益面临的机遇与挑战

经济社会要有序发展就必须实现生态资源环境的有效配置与合理利用，其关键是处理好市场失灵与生态资源环境的定价问题。市场机制是生态资源环境有效利用最有效的途径，市场机制的核心问题就是价格机制。因此循环经济要发展，生态资源环境要合理有效的利用，就必须处理好市场失灵与资源定价。一方面，市场无法有效地分配商品和劳务的情况，主要是市场机制的自发性、盲目性及其功能的局限性、信息的不对称性与不完全性、市场去完全竞争性导致市场失灵。生态资源环境在市场中非合理性行为主要由于其"公共产品"的特性所致。另一方面，实现生态资源与环境的有效配置和合理使用，关键要解决环境资源的合理定价和有偿使用问题。生态资源环境的过度开发与严重污染的根源在于环境资源的价格没有能够正确反映环境资源的稀缺程度，所以不能通过有效的市场机制实现环境资源的优化配置（严立冬等，2011）。

（四）自主创新及资本吸引力面临的机遇与挑战

中部地区在科技人才队伍方面，科技活动人员和R&D人员基本保持稳定的态势，但一直处在低水平运行状态。在科技创新投入方面，科技经费的投入是科技发展的物质保障。近年来，中部地区对科技的投入基本呈现稳步增长的态势，但在全国比较来看，仍处于全国的下游水平。其中湖北省的R&D经费占GDP的比例列中部地区第一，位居全国第十。湖南省的地方政府财政科技拨款占财政支出的比例进入全国前10名。但中部地区的整体科技发展水平不高。国家科技部、国家统计局联合发布的历年《全国科技进步统计监测报告》显示，中部6省中仅湖北位于第4类地区，监测值排名相对靠前，居全国第13位。其余5省均被列入第5类地区，监测值排名均在17名以后。另外，在中部湖北、湖南等省科技产出中，存在"一高一低"的现象。中部地区在反映科技能力的一级指标，如科技活动投入、科技活动产出等排名相对靠前，但在科技进步环境、高新技术产业化、科技促进经济社会发展等一级指标中，中部省份均处于全国的中游，甚至下游水平。

第二章 "两山"理论的量化研究

一、"两山"理论的内涵实质与生态文明的关系

(一)"两山"理论内涵实质

2005年,习近平在浙江省安吉县考察工作时提出:"我们过去讲,既要绿水青山,又要金山银山,其实,绿水青山就是金山银山。"(习近平,2007)习近平总书记2015年3月6日在参加十二届全国人大三次会议江西代表团审议时指出,环境就是民生,青山就是美丽,蓝天也是幸福。要像保护眼睛一样保护生态环境,像对待生命一样对待生态环境(中共中央文献研究室,2017)。2016年1月18日进一步明确了"绿水青山就是金山银山"的理论(习近平,2016),保护环境就是保护生产力,改善环境就是发展生产力。无论是生态文明改革、生态文明法治建设,还是绿色发展,贯穿其中的一条主线、一个理念就是"绿水青山就是金山银山"。我们称之为"两山"理论。

第一个阶段是用"绿水青山"去换"金山银山",不考虑或者很少考虑环境的承载能力,一味索取资源。第二个阶段是既要"金山银山",但是也要保住"绿水青山",这时候经济发展和资源匮乏、环境恶化之间的矛盾开始凸显出来,人们意识环境是我们生存发展的根本,要留得青山在,才能有柴烧。第三个阶段是认识到"绿水青山"可以源源不断地带来"金山银山","绿水青山"本身就是"金山银山",我们种的常青树就是"摇钱树",生态优势变成经济优势,形成了一种浑然一体、和谐统一的关系,这一阶段是一种更高的境界,体现了科学发展观的要求,体现了发展循环经济、建设资源节约型和环境友好型社会的理念。以上这三个阶段,是经济增长方式转变的过程,是发展观念不断进步的过程,也是人和自然关系不断调整、趋向和谐的过程。

生态文明建设是"五位一体"总体布局和"四个全面"战略布局的重要内容。"两山"理论内涵实质是可持续发展问题,是我国处于新的资源环境、生态的新时期,如何发展的问题,具体如下。

(1)"两山"理论运用辩证唯物论,准确把握了人类文明发展的规律。纵览人类文明史,从农业文明、工业文明再到生态文明,是否定之否定的历史过程。农耕时代虽然"绿水青山",但生产力极不发达,食不果腹、衣不蔽体。工业革命以资源和环境为代价,将"绿水青山"变成"金山银山",否定了农业文明,但带来了"两山"矛盾。人们饱受污染之苦,伦敦烟雾、洛杉矶光化学烟雾等"世界八大公害"事件都发生在工业文明时代。要解决"两山"矛盾,既不能为了"绿水青山",退回"靠天吃饭"的农业文明;更不能停留在工业文明,为了"金山银山"而忍受雾霾、污水。辩证看总书记的论断,一个是绿水青山,一个是金山银山,绿水青山代表生态文明,金山银山代表物质文明,最主要在人类社会进步发展的过程中,总书记指明了如何和谐地处理两者之间的关系,

使我们社会的发展更加健康。

（2）"两山"理论充分肯定了生态环境资源对生产力发展的不可替代作用。2013年5月，总书记在中央政治局第六次集体学习时强调，要正确处理好经济发展同生态环境保护的关系，牢固树立保护生态环境就是保护生产力、改善生态环境就是发展生产力的理念，更加自觉地推动绿色发展、循环发展、低碳发展，决不以牺牲环境为代价去换取一时的经济增长。同时，再次形象地把保护生态环境、发展生产力的关系比喻成金山银山、绿水青山的关系，指出脱离环境保护搞经济发展，是"竭泽而渔"，离开经济发展抓环境保护，是"缘木求鱼"。总书记的话发人深省。环境资本也是经济资本，生态环境也是生产力。生态环境保护得好不好，直接关系到经济发展的后劲，直接制约着产业结构和规模。福建省顺昌县2010年引进了全球最薄的0.7mm液晶面板贴膜工艺，投资方的投资理由就是"空气好、水质好、生态好，能够保证我们的产品有高成品率"。在公司各家基地中，顺昌基地生产的光学玻璃产品合格率最高。

（3）"两山"理论指明了发展方式转变的路径。2014年3月，总书记在参加十二届全国人大二次会议贵州代表团审议时说，现在一些城市空气质量不好，我们要下决心解决这个问题，让人民群众呼吸新鲜的空气。还幽默地说，将来可以制作贵州的"空气罐头"。代表们发出了阵阵笑声。提出"空气罐头"的概念，表明总书记不仅要求当前要做到"既要金山银山，也要保住绿水青山"，而且还要在"保住绿水青山"的基础上实现发展。在此基础上，总书记强调，小康全面不全面，生态环境质量是关键。要创新发展思路，发挥后发优势。因地制宜选择好发展产业，让绿水青山充分发挥经济社会效益，切实做到经济效益、社会效益、生态效益同步提升，实现百姓富、生态美有机统一。通过学习总书记的讲话，我们认识到"绿水青山"和"金山银山"绝不是对立的，关键在人，关键在思路。保护生态环境，就是保护生态环境价值、实现自然资本保值增值的过程，就是保护经济社会发展潜力和后劲的过程。把生态环境优势转化成经济社会发展的优势，那么"绿水青山"也就变成了"金山银山"。这是我们党积极探索经济规律、社会规律和自然规律的认识升华，带来的是发展理念和方式的深刻转变，也是执政理念和方式的深刻转变（中共中央文献研究室，2016；国务院新闻办公室，2014；习近平，2017）。

（二）"两山"理论与生态文明的关系

"两山"理论为我们建设生态文明、实现可持续发展提供了行动指南和根本遵循。"两山"理论回答了什么是生态文明、怎样建设生态文明等一系列重大理论和实践问题。传统工业化的迅猛发展在创造巨大物质财富的同时，也付出了沉重的生态环境代价。环境危机、生态恶化正使人类文明的延续和发展面临严峻的挑战。对此，总书记反复强调：生态兴则文明兴，生态衰则文明衰；生态文明是工业文明发展到一定阶段的产物，是实现人与自然和谐发展的新要求。"两山"理论蕴涵着对人类文明发展经验教训的历史总结，体现着对人类发展意义的深刻思考，彰显了中国共产党人高度的文明自觉和生态自觉。

"两山"理论要求把生态文明建设融入经济建设、政治建设、文化建设、社会建设的各方面与全过程，作为系统工程来操作，并实行最严格的制度，最严密的法治。比如，在经济建设方面，要健全国土空间开发、资源节约利用的体制机制；牢固树立生态红线的观念，耕地、森林、湿地、自然保护区等红线区，要严格保护，不能越"雷池"一步，否则就应该受到惩罚。比如，在政治建设方面，要完善经济社会发展考核评价体系，健全生态环境保护责任追究制度，强化制度的约束作用。科学的考核评价体系犹如"指挥棒"，资源消耗、环境损害、生态效益等指标纳入评价体系。即使一个地区经济总量再大，如果生态环境差，也不是科学发展，也要得低分。这样就能有效地引导各级党委、政府真正重视环境保护、生态文明建设工作。资源环境是公共产品，若对其造成损害和破坏，必须追究责任；领导干部调任时要实行自然资源资产离任审计。这样就从源头上避免出现，把一个地方环境搞得一塌糊涂，然后拍拍屁股走人、官还照当的怪象。

二、"两山"理论的量化评价方法

（一）相关评价研究方法分析

关于对生态文明、"两山"理论的认识及其量化分析，近年来已经引起学术界广泛的关注和研究。在生态文明方面，发表的论文从 2007 年之前的少数几篇，快速增加到 2017 年的 80 余篇，说明生态文明已经引起了国内外学者的广泛重视（图 2-1）。关于其中的量化问题，主要有生态文明建设指标（indicators of ecological civilization construction）、效益评价（benefit analysis）、能值分析（emergy analysis）和生态资产核算（ecological assets accounting）等方法。在生态文明指标体系方面，2008 年以来开始得到广泛关注，目前每年发表论文在 20 篇以上；能值分析是 2000 年之后的热点领域，每年以此为题目平均发表论文数在 40 篇以上，评估各物质与能量之间的换算关系；生态资产核算是估算生态价值的重要抓手，近年来平均每年发表论文 10 篇左右。总之，从发表文献数来看，生态文明、"两山"理论的认识及其量化评价方法均得到前所未有重视和发展。

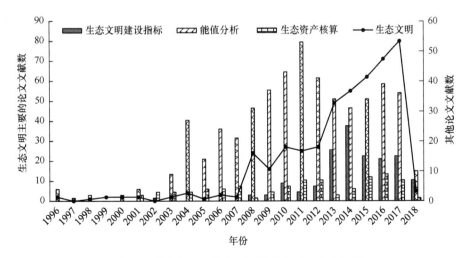

图 2-1　生态文明及其主要评估的主要论文文献数

数据来源：Web of Science，分别以生态文明、能值分析、生态资产核算的中英文作为题目进行搜索的统计；
中国期刊网，以生态文明指标为题目检索期刊的论文数；数据截至 2019 年

（二）生态文明建设指标体系评价

1. 指标体系定位

根据服务目标、服务对象的不同，指标体系可以分为"考核指标体系"、"监测指标体系"和"评价指标体系"等。生态文明指标体系是对生态文明建设的总体描述和抽象概括，要求所选择的指标能够体现自然-经济-社会符合生态系统的有机整体特性，反映"五位一体"的系统特征，表征促进人与自然和谐发展总体目标；同时，考虑到区域发展水平、生态功能区划、主题功能定位方面的差异，科学设计建设目标和指标权重，力求全面、准确地反映和描述生态文明建设成效。

本研究重点是构建一个兼具检测和评价功能的指标体系，应当具有三个方面的功能：一是描述和反映某一时间点生态文明建设发展的水平和状况；二是评价和检测某一时期内生态文明建设成效的趋势和速度；三是综合衡量生态文明建设各领域整体协调程度。

2. 构建思路

首先，突出生态文明建设的"绿色发展"的核心特征，"绿色化"是生态文明建设的内在要求和外在体现，它体现在一种绿色化的生产方式，也是一种绿色化的生活方式，还是一种以绿色为主导的价值观，指标体系必须能够表征经济、社会、环境、文化、制度方面的绿色化程度。

其次，基于"三成分"模型和"五位一体"部署，建立由生态环境、绿色生产、绿色生活、绿色治理四大领域构成的指标架构，全面覆盖可持续发展的环境、经济、社会三大支柱，同时能够反映在文化和制度建设维度，即广义的治理体系范畴，以体现生态文明制度建设和国家治理体系建设的要求。

最后，兼顾生态文明建设的水平和成效的比较，指标的选取以状态指标为主，为了开展时间纵向和区域横向之间的比较，围绕生态文明建设优化国土空间、促进资源节约、改善环境质量、完善生态文明制度的中心任务，选择适当的成效指标，希望突出地方政府业绩评价，以督促地方政府在生态文明建设中争先创优。

3. 构建原则

科学性原则。充分体现国家生态文明建设的目标、任务的政策性部署，借鉴国内外可持续发展评估、绿色发展评估相关研究成果，形成科学、客观的生态文明建设指标体系。

系统性原则。指标体系具有层次性，各个指标要有一定的逻辑关系，从不同的侧面反映生态文明建设"五位一体"的部署和要求，各个指标之间相互独立，又彼此联系，共同构成一个有机统一体。

权威性原则。指标的选取要基于权威机构发布的统计资料为基础，部分引用权威机构的评价指标。

可操作性原则。考虑数据获取和统计评估上的可行性，指标在数量上要体现少而精，在实际应用过程中要方便、简洁，具有广泛的实用性，指标便于量化，数据便于采集和计算；须要进行量化计算的尽可能选择具有广泛共识、相对成熟的公式和方法，公式中的参数易于获取。

前瞻性原则。指标体系要体现生态文明建设的规律和特点，能够适时作出调整和完善，适应国家政策的变化及数据可得性的变化，具有导向性和前瞻性，能够对生态文明建设具有超前的指导作用。

4. 指标框架演化及选择

我国在国家生态文明建设示范市县指标方面，至少经历了三个发展阶段。第一个阶段为国家生态县、市建设阶段，该阶段指标体系比较缺乏。第二个阶段为国家生态文明建设示范县、市，这是国家生态县、市的"升级版"，是推进区域生态文明建设的有效载体。指标（试行）阶段（环境保护部，2013），从生态经济、生态环境、生态人居、生态制度、生态文化五个方面，分别设置29项（示范县）和30项（示范市）建设指标。第三个阶段是，2016年12月12日，国家发展改革委、国家统计局、环境保护部、中央组织部制定了《绿色发展指标体系》和《生态文明建设考核目标体系》（国家发改委等，2016），作为生态文明建设评价考核的依据；2017年8月环境保护部印发的《国家生态文明建设示范县、市指标（修订）》，从生态制度、生态环境、生态空间、生态经济、生态生活、生态文化六个方面，设置了41个建设指标。

综合对比潜在的生态文明建设指标体系（包括生态文明二期研究指标体系），尽管发生着一定程度的演化，而且目标不同也会带来差异，但是生态环境、绿色生产、绿色生活和绿色治理是所有评价指标体系的核心，也是当前《国家生态文明建设示范市县指标（修订）》的主要内容。

生态文明建设指标体系的构建按照目标、准则和指标的层次分解，具体构建如下。

第一个层次为指标体系目标层，核心是实现人与自然和谐的绿色发展，到2020年资源节约型和环境友好型社会建设取得重大进展，主体功能区布局基本形成，经济发展质量和效益显著提高，生态文明主流价值观在全社会得到推行，生态文明建设水平与全面建成小康社会目标相适应。

第二个层次为领域（准则）层，按照"五化同步"的总体要求，将其划分为生态空间、生态经济、生态环境、生态生活、生态制度和生态文化六个领域组成。

第三个层次为各指数下设立的指标，意在整体上反映建设领域的综合发展状况，检测生态文明建设水平和进程。

第四个层次是指标层，指标选取将参考国内主要的生态文明指标体系研究成果，并广泛收集领域专家意见以筛选确定。

（三）生态文明建设的效益评价

2015年联合国提出2030可持续发展在经济、环境、社会三个角度协调发展已经超越千年计划，但是要想实现可持续发展仍然面临经济性困境、政治性困境、文化性困境、社会性困境。尤其在我国农村，人们大多只关心经济而忽略环境，可持续发展的关键在于经济、环境、社会的协调发展。

1. 经济效益分析

人类的生存活动大多是以经济为中心,在允许的范围内不断提高人类的经济利益是社会发展的动力。邹萌萌等(2017)通过建立指标体系形成资源节约的生产方式和产业结构。谢海燕和刘婷婷(2017)将指标体系与指数计算相结合计算经济效益的指数大小。通过聚类分析法按照研究对象的距离远近进行分类,分类过程中保证同一类的差值越小越好,不同类的值越大越好,然后进行标准化,得到标准化值,从而进行比较经济发展和生态的平衡关系(陈荣华和王晓鸣,2010)。尹少华等(2017)针对湖南省长沙市芙蓉区、天心区、雨花区等地区采用指标选取、指标标准化、指标赋权、指标归并等四个步骤进行了生态经济效益分析。

陈伟等(2017)利用 DEA 模型对湖北省各城市多指标投入和多指标产出进行研究,得到配置资源效率,通过对横向和纵向的比较,发现 DEA 模型比较可靠。杨煜和张宗庆(2017)针对经济效益分析采用"生态—生产"可能曲线进行研究,经济活动中尽可能使曲线上移,即:在一定的技术和资源投入情况下,产出的经济效益最大。万林葳(2012)根据企业环保投资博弈模型分析企业的经济效益认为,当政府监管概率小于环保成本与罚金的比值,企业会拒绝进行环保处理;当政府监管概率大于环保成本与罚金的比值,企业会进行环保投资;两者相等时,不管是拒绝还是接受,两者收益相同。通过发展循环经济,经济增长与资源消耗脱钩,将资源重复利用,一定的资源消耗带来更多的经济价值。

2. 环境效益分析

环境效益是经济生产活动对自然生态产生的效果和收益。环境效益分析的方法较多,王晶和魏忠义(2012)利用生态效益估算模型估算抚顺西矿产开采之后土地修复每年的环境效益为 1586.5 万元。张勇和潘瑞(2017)、李从欣和李国柱(2017)等利用评价指标体系、协调度、协调度发展模型对安徽省土地效益进行评价分析,得到土地利用效益率与综合效益率的指数关系。PSR 模型(顾勇炜和施生旭,2017;胡仪元和唐萍萍,2017)通过对研究对象确定指标体系、数据处理、熵值计算、结果评分四步骤,最终绘制出压力、状态、响应子系统的关系,其中压力系统反映出环境效益值。为了得到县域环境效益,可以采用绩效评价来衡量人类对环境政策的好坏(唐斌和彭国甫,2017)。

王金龙等(2016)基于森林生态系统服务价值理论计算了涵养水源效益、水土保持效益、固碳释氧效益、净化大气环境效益,通过计算得到京冀水源涵养林 39 331.97 万元的生态效益。农业生态建设效率除了考虑经济效益和社会效益以外,还要考虑非人们期望的环境负面影响,可以采用非期望产出模型 SBM 分析。王迪等(2017)采用非期望产出模型分析了全国农业生态文明建设影响,结果发现全国的效益值差别很大。张钰莹和罗洋(2017)对我国的生态环境运用模糊评价方法进行分析,结果显示我国的环境效益评分为 0.466 3,表明我国总体环境质量处于良好状态。王彦彭(2017)运用测度分析方法,对环境效益实现度进行分析,结果表明我国的环境还有很大的提升空间,应该加大力度进行环境保护。黄晓园等(2017)运用层次分析法和协调度分析法结合研究自然保护区周边生态环境,通过计算可以得到环境影响值的大小,从而判断该地区的环境状态。

3. 社会效益分析

在现有资源限制条件下,能够最大限度地满足人们物质文化需求的指标,我们称作社会效益。近些年来,我国关于社会效益分析的方法较多。徐京京和黄建武(2015)对安徽省耕地资源利用社会效益分析,采用耕地资源利用效益理论值计算、耕地粮食安全效益理论值计算、发展阶段系数计算,计算出耕地资源利用社会效益值。赵友和于振清(2015)通过调查分析比较的方法对比研究了开鲁县退牧还草工程,4 年后该地社会效益取得了巨大的增加。杨亦民和徐静(2015)利用数学公式计算出森林资源的社会效益:

$$社会效益 = L \times Z \times \frac{E}{r} + R \times J \quad (2\text{-}1)$$

式中,L 为游客数,Z 为游客到森林的比例,E 为每位游客贡献的旅游纯收入,r 为银行一年存款利率,R 为人文价值,J 为多样性价值与人文价值的比例。

郑华伟等(2017)使用因子分析法,分析江苏省农村对生态建设满意度,分析结果为 3.6836,结果显示江苏省农民对本地生活环境比较满意。李盼盼等(2017)通过指标体系法分为人均 GDP、服务业产值占 GDP 比例、城镇化率、每千人口医疗机构床位数、农村改水率、人均教育经费投入研究生态建设。严耕等(2013)采用相对评价算法研究全国生态建设进展,其中社会效益占为 20%,研究结果表明社会发展进步指数累计达 170.36%,人均 GDP 和人均教育经费均有所增加。

(四)生态经济系统能值分析方法

从系统生态学和生态经济学发展出来的新的科学概念和度量尺度——能值,为我们提供了衡量自然资源对经济发展真实贡献的标准。能值定义为,一种流动或储存的能量所包含另一种类别能量的数量(Odum,1996,1988)。能值分析理论是将太阳能值当作统一的标准,生态系统中的不可以直接比较的能量值,可以全部转化为太阳能值,从而进行比较分析(蓝盛芳,2002)。能值分析法的应用比较广,可以用来科学评价、合理利用资源、政策制定等。生态资产指自然环境中的一切自然资源,包括化石能源、水、大气、土地,以及由基本生态要素形成的各种生态系统。不论是自然生态系统还是社会经济系统,都是由多个节点联结而成的网状或链状系统,物质循环、能量和信息流动是两类系统的基本特征(李双成等,2001)。

能值分析步骤包括(蓝盛芳和钦佩,2001):①建立概念性的能值分析系统,全面反映能值分析方法;②能值分析表制作与能值计算;③能值指标估算;④依能值指标系统分析表和能值图表阐述区域生态效益。在计算过程中,主要考虑以下换算方式:

(1)能值=能量×能换率;
(2)太阳能(sej)=原始数据(J,US$)×能值转换率;
(3)宏观经济价值(US$)=太阳能值(sej)×能值货币转换率(US$/sej);
(4)太阳能=面积×(1–反射率)×辐射量或面积×太阳光平均辐射量;

(5) 风能=面积×空气层平均高度×空气密度×空气比热×水平温度梯度×平均风速;
(6) 雨水势能=水密度×雨量×面积×平均高度×加速度;
(7) 雨水化学能=水吉布斯自由能 G×雨量×面积;
(8) 经济投入产出=货币量×能值货币比率。

利用上述方法及计算得出，鄱阳湖湿地的投入量太阳能值为 $3.36×10^{19}$ sej，产出量太阳能值为 $3.07×10^{20}$ sej，初级生产力为 $5.04×10^{19}$ sej，不可再生能源或资源为 $6.35×10^{19}$ sej，资本投入/产出中的生态服务、生态旅游和科研工作太阳能值分别为 $8.79×10^{19}$ sej、$4.80×10^{19}$ sej、$1.05×10^{19}$ sej，总计 $1.46×10^{20}$ sej（崔丽娟和赵欣胜，2004）。杨灿等（2014）采用能值分析法分析洞庭湖平原区农业生态系统，将输入能源分为两类可更新和不可更新，通过一系列的计算得到投入与产出表，从而计算出能值投资率、净能值产出率、环境负载率、可持续发展指数。邓健等（2016）研究者通过能值分析，分析黄土高原典型流域农业发展模式，得到自然资源能量占总投能量的百分比，为农业产业结构调整提供理论支撑。能值分析法还可以应用在可持续发展和经济增长的研究中，黄洵和黄民生（2015）等利用能值分析法得到能值可持续指标、可持续发展能值指标、城市健康能值指数，然后将人均 GDP 与 3 个可持续指标进行拟合得到经济发展和可持续发展目标的关系。

毛德华等（2014）利用能值法分析退田还湖生态标准，分析六大能值和货币价值，很好地将经济学与生态学结合起来，结果为 1999~2010 年洞庭湖退田还湖年补偿标准年均值为 57.33 元/m²，呈增加趋势。孙玥等（2014）利用能值分析辽宁生态经济系统可持续发展，研究发现生态经济系统出现不可持续发展的趋势。韩增林等（2017）对我国海洋生态经济可持续发展进行了能值分析，可更新能值占总能值得 89.6%，并且我国海洋增值密度差别较大。王楠楠等（2013）、汪晶晶等（2015）利用能值分析法分析九寨沟旅游景区经济效益、环境效益、社会效益，该地区旅游能值占 81.86%，正效益产出远远大于负效益产出，应加大可更新能源的投入，提高能值的利用率。段娜等（2015）、李俊莉和曹明明（2012）用能值分析法研究循环经济的发展水平，通过分析找出影响循环经济发展的因素，从而促进循环经济的大力发展。

（五）生态资产核算方法

生态资产是在自然资产和生态系统服务功能两个概念的基础上发展起来的，是两者的结合与统一。随着社会经济的发展，一切自然资源、生态环境及其对人类的服务功能也逐渐开始被人们认为是一种资产，即生态资产。生态资产价值是一个时空动态的概念，指在一定的时间和空间内，自然资产和生态系统服务能够增加的以货币计量的人类福利，具体包括可以商品化的价值，主要是自然资产，如土地资产、森林资产等的价值，也包括非商品化或难以商品化的价值，主要是生态系统服务功能所形成的资产，如污水净化、废物消纳等（张军连和李宾文，2003）。一定区域的生态资源总量计算公式为（徐昔保等，2012）：

$$V = \sum_{c=1}^{n} V_c = \sum_{c=1}^{n} \sum_{i=1}^{m} \sum_{j=1}^{l} R_{ij} \times V_{ci} \times S_{ij} \qquad (2\text{-}2)$$

式中，$c=1, 2, \cdots, n$，表示生态系统的类型；V_c 表示第 c 生态系统生态资产价值；i 表示第 c 类生态系统的第 i 种生态服务功能；V_{ci} 表示第 c 生态系统的第 i 种生态服务功能类型的单位面积价值；j 表示一定区域内 V_{ci} 在空间上分布的斑块数，S_{ij} 表示各个斑块的面积大小；R_{ij} 表示 V_{ci} 在不同斑块的生态调整参数。

生态资产核算包括实物量核算、价值量核算、质量指数核算，基础是实物量核算。关于生态资产评估价值体系，澳大利亚学者 Robert Costanza 提出了生态系统服务价值估算原理和标准：生态系统具有效用价值，全球生物圈生态资产每年平均为 330 亿美元，国民生产总值每年为 180 亿美元（Costanza et al., 1997, 2014）。谢高地等（2008）基于该体系进行优化建立了一个基于专家知识的价值体系标准，林地、田地、湖泊/河流、草地、湿地的单位面积每年的价值（V_{ci}）分别为 12 628.69 元、3547.89 元、20 366.69 元、5241 元、24 597.21 元（表 2-1）。

表 2-1 中国生态系统单位面积生态服务价值 [元/（hm²·年），2007 年]

一级类型	二级类型	森林	草地	农田	湿地	河流/湖泊	荒漠
供给服务	食物生产	148.2	193.11	449.10	161.68	238.02	8.89
	原材料生产	1 338.32	161.68	175.15	107.78	157.19	17.96
调节服务	气体调节	1 940.11	673.65	323.35	1 082.33	229.04	26.95
	气候调节	1 827.84	700.60	435.63	6 085.31	925.15	58.38
	水文调节	1 836.82	682.63	345.81	6 035.90	8 429.61	31.44
	废物处理	772.45	592.81	624.25	6 467.04	6 669.14	116.77
支持服务	保持土壤	1 805.38	1 005.98	660.18	893.71	184.13	76.35
	维持生物多样性	2 025.44	839.72	458.08	1 657.18	1 540.41	179.64
文化服务	提供美学景观	934.13	390.72	76.35	2 106.28	1 994.00	107.78
合计		12 628.69	5 241.00	3 547.89	24 597.21	20 366.69	624.25

基于上述原理，王让会等估算乌鲁木齐城市 2004 年森林生态系统的生态资产：森林生态系统涵养水源类、生物多样性维持类、净化空气类、保护土壤类以及大气调节类生态资产分别为 $0.224\ 8\times10^8$ 元、$10.608\ 8\times10^8$ 元、$0.630\ 8\times10^8$ 元、$0.259\ 2\times10^8$ 元及 $12.965\ 3\times10^8$ 元，乌鲁木齐市森林生态总资产为 $24.688\ 9\times10^8$ 元（王让会等，2008）。青藏高原生态系统每年的生态服务价值为 9363.9×10^8 元/年，占全国生态系统每年服务价值的 17.68%，全球的 0.61%（谢高地等，2003）。王红岩等（2012）以中高空间分辨率的 Landsat-5 TM 和 SPOT-5 遥感数据为主要数据源，以河北省丰宁县为例，提出了县级生态资产价值遥感评估的指标体系，研究建立了县级区域生态资产遥感测量的技术体系，2008 年丰宁县总生态资产价值为 414.44 亿元，单位面积生态资产价值在 1123～390 029 元/hm² 之间。孙晓和李锋（2017）针对广州市增城区进行自然资源价值核算和生态服务价值核算，2003～2013 年生态资产逐年增加，自然资源价值占总价值的 62%。于谦龙（2010）通过数学公式计算的方式对新疆地区森林、湿地、草地、农田进行生态资产核算，结算结果显示草地生态资产占比最大为 70.9%。杨艳林等（2017）通过生态绿当量计算抚仙湖流域生态资产认为，绿当量为某类生态系统的生态服务价值量与森林生态系统的生态服务价值量之比，研究发现 1992～2014 年抚仙湖生态资产呈下降趋势。王磊等（2017）

利用生态资产估算法和贡献值度测法分析天津市土地利用变化的生态资产价值，认为不同的土地利用结构，所产生的生态价值不同。蒋洪强等（2016）根据生态产品供给价值和生态赤字对京津冀地区进行生态资产负债研究发现，不同地区产生生态赤子的原意不同，北京地区赤子增加是由于人口增加，而天津地区是由于土地的不合理利用。

安长明（2010）利用蓄积法对森林中的碳资产进行核算，Shannon-Weiner 指数法对野生动植物进行资产核算，通过计算得出核算值，提出走资源高效利用、可持续发展的道路。王敏等（2018）通过存量核算和流量核算并建立指标体系对上海生态系统进行生态资产核算，核算的结果可用来判断生态资产的状况和特征，存量和流量的大小反映了生态保护和破坏程度。总之，生态资产核算的种类较多，有直接市场法、替代市场法、模拟市场法三大类，最常用的是直接分析法，包括市场价值法、费用分析法、净价法。

（六）生态文明建设指标体系评价

1. 各种方法的优缺点及适用范围

生态文明建设效益分析缺点：大多数学者采用的是指标体系评价生态效益，但是大家的指标体系有一定的差别，指标选择未必一致；研究对象的数据来源不可靠，可能会存在一定的偏差；须要通过大量的计算完成分析，计算复杂。优点：可以将经济效益、环境效益、社会效益放在一起进行评价，分析三者的协同作用，更全面地分析问题。适用范围：生态文明建设效益分析适用于分析省、区域或者国家层面问题。

能值分析缺点：能值分析中忽略了影响环境的非期望产出。优点：能值分析应用于生态补偿标准能反映补偿标准的动态变化，解决了物质流、能量流与经济流对接困难的问题，克服了以往环境经济学方法主观随意性较大的弊端。适用范围：能值分析较多地利用在自然资源向人类输入的能量分析领域，如农业、林业、海洋等。

生态资产核算分析法缺点：生态资产核算中的实物量核算只能核算同种生态资产，无法对不同类型生态资产进行定量的核算，受外界因素影响较大，限制性较大，同一研究对象在不同的地点研究的结果可能不同。优点：操作简单、评价客观、结果直观。适用范围：生态资产核算可以核算生态系统对该地区或该地域的经济价值和社会价值；也可以用来评价可持续发展的状态。

2. 建议的方法学体系

生态文明建设评价指标体系从综合角度衡量一个区域生态文明建设的相对水平和发展的趋势；效益评价是衡量一个区域或产业发展的环境效益、经济效益和社会效益的效果，表明了相对净增的数量；能值分析可以衡量区域或产业的占有决定的能量数值；生态资产核算评估了一个区域生态资源的绝对数量及价值。这四种方法从不同角度阐述了"两山"理论的量化特点，未来评估生态文明建设及"两山"理论的转化成效可以利用生态文明建设评价指标体系和效益评价，评估"两山"理论的转化潜力可利用能值分析和生态资产核算进行。

第三章　基于特色产业的生态文明发展模式

"把生态文明建设放在突出地位，融入经济建设、政治建设、文化建设、社会建设各方面和全过程"（胡锦涛，2012），即人与自然和谐相处，经济发展、环境保护两者应相辅相成、互为助力，进一步促进生态文明建设；十九大报告进一步指出生态文明建设功在当代，利在千秋，建设生态文明是中华民族永续发展的千年大计（习近平，2017）。生态环保合作也是绿色"一带一路"建设的根本要求，是实现区域经济绿色转型的重要途径，也是落实2030年可持续发展议程的重要举措（Dugarova and Gülasan，2017）。生态文明的建设和发展须要培育和发展特色产业，不断增强区域自我发展能力、促进经济水平提升、维护社会稳定、推动社会和谐发展。江西、湖北二省土地面积只占全国国土面积的3.7%，人口却占到7.6%，人口密度较大；二省的GDP占全国GDP的7.2%，人均GDP江西省低于全国平均水平，湖北省略高于全国平均水平。研究两省具有特色产业为主导的区域生态文明发展模式，对生态文明建设和发展具有至关重要的作用。

一、特色产业与生态文明的关系

1. 发展"循环经济"是生态文明建设的重要内容

循环经济亦称"资源循环型经济"，是以资源节约和循环利用为特征，与环境和谐的经济发展模式。强调把经济活动组织成一个"资源—产品—再生资源"的反馈式流程。其特征是低开采、高利用、低排放。所有的物质和能源能在这个不断进行的经济循环中得到合理和持久的利用，以把经济活动对自然环境的影响降低到尽可能小的程度。

"城市矿产"和"生态农业"是"循环经济"的重要组成部分。"城市矿产"是指自然矿产经过人类的开采后，由地下转移到地上，蕴藏在消费产品、建筑物、城市基础设施中的各类资源的总称。"城市矿产"是载能性、循环性、战略性的二次资源，具有显著的资源节约与环境友好特性。通过对再生资源的多次回收利用，发挥再生资源的乘数效应，是实现资源的可持续利用的重要途径。我国对于"城市矿产"的具体定义，是指在工业化和城镇化过程中产生的，蕴藏在各类载体，包括废旧机电设备、电线电缆、通信工具、汽车、家电、电子产品、金属和塑料包装物以及其他废料中的，可以循环利用的钢铁、有色金属、稀贵金属、塑料、橡胶等资源，并强调"城市矿产"的利用量和价值相当于原生矿产资源。"城市矿产"的开发利用可在回收利用再生资源的同时，减少对原生资源的开采，减少温室气体排放，同时减少废弃物，产生显著的环境效益。这也为我国应对气候变化，促进可持续发展，积极承担国际责任和义务，落实减排承诺提供强有力支持。此外，"城市矿产"的开发利用，能够有效地助力技术装备制造、物流等相关领域的发展，创造新的社会就业机会。"城市矿产"是将自然资源重复利用、发展循环经济、实现可持续发展的一种方法。

"生态农业"是按照生态学原理和经济学原理，运用现代科学技术成果和现代管理手段，以及传统农业的有效经验建立起来的，能获得较高的经济效益、生态效益和社会效益的现代化高效农业。"生态农业"根据土地形态制定适宜土地的设计、组装、调整和管理农业生产和农村经济的系统工程体系。它要求把发展粮食与多种经济作物生产，发展大田种植与林、牧、副、渔业，发展大农业与第二、第三产业结合起来，利用传统农业精华和现代科技成果，通过人工设计生态工程，协调发展与环境之间、资源利用与保护之间的矛盾，形成生态上与经济上两个良性循环，从而进一步促进生态、社会、经济的进一步发展。

党的十八大报告提出，"面对资源约束趋紧、环境污染严重、生态系统退化的严峻形势，必须树立尊重自然、顺应自然、保护自然的生态文明理念，把生态文明建设放在突出地位，融入经济建设、政治建设、文化建设、社会建设各方面和全过程，努力建设美丽中国，实现中华民族永续发展。"强调要坚持节约资源和保护环境的基本国策，坚持节约优先、保护优先、自然恢复为主的方针，着力推进绿色发展、循环发展、低碳发展，形成节约资源和保护环境的空间格局、产业结构、生产方式、生活方式。这为加快生态文明建设指明了方向，提出了更高要求。发展"循环经济"，是生态文明建设的重要内容，是实现美丽中国的重要举措。

2. 生态旅游助力生态文明建设

旅游业资源消耗低，就业机会多，综合效益好，是典型的资源节约型、环境友好型产业，是绿色产业、无烟产业、朝阳产业、富民产业，是全面带动社会经济深化改革的重要抓手，新时代中国特色社会主义思想为旅游业的发展带来新机遇，提出了新要求。而生态旅游发展与生态文明建设本质上是一致的，是生态文明建设中最有条件、最有优势的产业之一。2017年9月，中共中央办公厅、国务院办公厅出台的《建立国家公园体制总体方案》明确要对国家公园实行最严格的保护，提出要为公众提供亲近自然、体验自然、了解自然以及作为国民福利的游憩机会；保护管理上，除不损害生态系统的原住民生产生活设施改造和自然观光、科研、教育、旅游外，严格规划建设管控，禁止其他开发建设活动。实践证明，旅游发展对生态文明建设有积极促进作用。2016年，美国国家公园旅游收入近200亿美元，提供了20万个就业岗位。

发展生态旅游既符合弘扬和传播生态文化的需要，也是生态文明建设的一种有效载体。从需求角度看，生态旅游是以自然资源为基础，回归大自然的旅游活动形式；从供给角度看，生态旅游是一种将生态学思想贯穿于整个旅游系统，指导其有序发展的可持续旅游发展模式，其目标是实现旅游发展中生态、经济、社会三方面效益的统一和综合效益最大化。实质上生态旅游的开展是以生态系统的良性发展为基础，以生态环境的保护和当地居民生活状况的改善为核心，同时支持保护区的保护职能。

生态旅游与建设生态文明事业具有天生的耦合协调关系。以生态旅游为主要抓手，协调第一、第三产业联动，则是生态文明建设的重要举措。实施乡村振兴战略，是党的十九大作出的重大决策，2018年年底中央农村工作会议作出了全面部署，2019年两会再次专题部署，这充分体现了党中央、国务院对"三农"问题的高度重视，也充分体现了中国共产党的执政理念。习近平总书记说,任何时候都不能忽视农业、不能忘记农民、不能淡漠农村。实施乡村振兴战略,是习近平总书记"三农"思想的具体体现,是进入新时代的重大战略。实施乡村振兴战略,是实现"两个一百年"奋斗目标必须完成的重大历史任务,这既是国家整体战略必不可少的重要组成部分,也是建设富强、民主、文明、和谐、美丽的社会主义现代化强国目标在农村的具体体现。实施好乡村振兴战略,是一篇大文章,须要统筹谋划,协调推进农村经济、政治、文化、社会、生态文明建设的全面发展。

生态旅游的内在属性与生态文明的理念具有完美的一致性,生态文明的理念为生态旅游的发展指明了方向,也为生态旅游融入国家经济建设、政治建设、文化建设和社会建设提供了平台。发展生态旅游,也是将弘扬"尊重自然、顺应自然、保护自然"的生态文明理念,贯穿到旅游发展的各个层面,落实到旅游体验的各个要素中,从而提高生态旅游的生态文明价值。通过生态旅游的开展,实现增强群众的生态文明意识,能够提高传播生态文明的自觉性。因此,生态文明是生态旅游发展的内核和目标,生态旅游是建设和传播生态文明的载体。

从这个意义上说,生态旅游的最终目标就是推进生态文明建设,开展生态旅游活动也是实现生态文明建设的有效路径。在生态旅游开发中,以优越的生态环境为群众提供良好的生态旅游体验,在生态旅游活动中领悟环境的生态文明价值,从而提高维护良好生态环境的自觉性,形成内在保护动力,有益于推进生态文明的全面建设。

二、典型市县生态文明建设情况评估

湖北省荆门市及江西省上饶市婺源县是中部崛起典型省市县,且各具生态环境建设的特色和优势。这些地区的生态环境建设与国土空间开发是密不可分的,应该围绕国家战略规划与目标,结合各省的区域特性、地理条件、资源禀赋及社会经济发展现状进行综合分析(胡芳等,2018),以经济结构状况为基础(宋颖,2018),结合推进生态文明建设的具体举措分析(习近平,2018),综合NES(nature-economy-society,自然-经济-社会)复合效益评估(王耕等,2018)、生态服务价值评估(刘耕源和杨青,2018)以及指标体系评估(解钰茜等,2017),从而因地制宜地为区域生态文明建设实践提供战略支撑,为顶层规划及政策制定提供科学依据。为此,本书将针对上述省市县开展专题研究,通过典型案例调研、分析、研究,探讨生态文明建设的典型做法和模式,梳理在顶层规划设计、政策支持等方面取得的经验和教训,并面向中部地区未来国土空间开发的趋势及战略需求,为中部地区生态文明建设及优化国土空间开发战略提供决策支撑。

专题结合中部市县生态文明建设的现状与未来趋势,全面分析中部地区典型城市、县域生态文明建设的做法和成效,梳理生态文明建设中有关顶层设计、政策措施、运营模式等方面存在的问题和教训。例如,结合湖北省荆门等市"循环经济"产业开发利用分析其在未来经济发展、新型工业化、城镇化发展及新农村建设等的巨大需求,深入剖析对生态文明建设带来的机遇和挑战;结合江西省上饶市婺源县生态农业、生态旅游等产业的发展经验,科学评估其取得的生态效益、经济效益和社会效益,提出中部地区典型市县生态文明建设创新体制机制的政策建议。

根据服务目标、服务对象的不同,指标体系可以分为"考核指标体系"、"监测指标体系"和"评价指标体系"等。生态文明指标体系是对生态文明建设的总体描述和抽象概括,要求所选择的指标能够体现自然-经济-社会符合生态系统的有机整体特性,反映"五位一体"的系统特征,表征促进人与自然和谐发展总体目标;同时,考虑到区域发展水平、生态功能区划、主体功能定位方面的差异,科学设计建设目标和指标权重,力求全面、准确地反映和描述生态文明建设成效。

(一) 生态文明建设指标体系的选择

1. 指标体系定位

本研究重点是遵循科学性、系统性、权威性、可操作性、前瞻性等原则,构建一个兼具检测和评价功能的指标体系。该体系通过描述和反映某一时间点生态文明建设发展的水平和状况,评价和检测某一时期内生态文明建设成效的趋势和速度,最终达到综合衡量生态文明建设各领域整体协调程度的目的。

2. 构建思路

指标体系须要突出生态文明建设的"绿色发展"的核心特征,"绿色化"是生态文明建设的内在要求和外在体现,它体现在既是一种绿色化的生产方式,也是一种绿色化的生活方式,还是一种以绿色为主导的价值观,指标体系必须能够表征经济、社会、环境、文化、制度方面的绿色化程度。

本研究参考国家发展改革委等部委制定的《绿色发展指标体系》和《生态文明建设考核目标体系》(国家发改委等,2016),结合现有的可持续发展指标体系、生态文明评价指标体系(胡芳等,2018),针对特定区域的生态文明建设的特殊性,考虑特定区域经济、政治举措、社会发展以及生态环境的实际情况,建立由生态环境、绿色生产、绿色生活、绿色治理四大领域构成的指标架构。

3. 指标标准化及权重处理

由于生态文明指标体系各项指标涉及面较广,且各项指标之间缺乏统一的数量级、计量单位,因此须要对原始数据进行标准化处理。双目标渐进法(解钰茜等,2017),是选定两个不同的目标值作为参考,以较优值作为优秀值、以较差值作为基础值,将原始数据进行线性变换,合理归一化。另一方面,双目标渐进法有效地将原始数据与优秀值和基础值进行合理对比,从而对目标地区进行有效的评估。在进行权重分配时,均权法更侧重指标的均衡性和综合性,可以较好地避免人为因素干扰。

权重的确定与综合评估,采用主观赋值法结合客观赋值法确定指标体系的权重,如表3-1所示;采用极差标准化法、双目标渐进法(解钰茜等,2017;吴耀等,2017)综合评估区域生态文明发展水平,并将生态文明发展水平综合得分划分为4个等级,如表3-2所示,得分≥80的为优秀;得分在70~80分之间的为良好;得分在60~70之间的,为一般;得分<60的为较差。

表 3-1 生态文明指数评价指标体系

目标	领域层	指数层	指标层
生态文明指数	生态环境（0.25）	生态质量指数（0.33）	生态环境状况指数（EI）（1）
		承载力指数（0.33）	生态承载力（1）
		环境质量指数（0.33）	空气质量达标率（0.5）
			地表水环境功能达标率（0.5）
	绿色生产（0.25）	经济发展指数（0.33）	人均GDP（0.5）
			科技进步贡献率（0.5）
		产业结构指数（0.33）	服务业增加值占地区生产总值比例（0.5）
			战略新兴产业增加值占地区生产总值比例（0.5）
		资源能源消耗指数（0.33）	单位建设用地的地区生产总值（0.2）
			单位工业增加值新鲜水用水量（0.2）
			单位地区生产总值能耗（0.2）
			主要资源产出率（0.2）
			非化石能源占一次能源消费的比例（0.2）
	绿色生活（0.25）	城乡人居指数（0.33）	人均公共绿地面积（0.25）
			城市生活污水处理率（0.25）
			城市生活垃圾无害化处理率（0.25）
			农村卫生厕所普及率（0.25）
		城乡和谐指数（0.33）	城镇化率（0.25）
			城乡居民收入比例（0.25）
			基本养老保险覆盖率（0.25）
			居民幸福感（0.25）
		绿色消费指数（0.33）	人均消费生态足迹（1）
	绿色治理（0.25）	制度创新指数（0.33）	生态文明建设示范创建比例（0.5）
			生态文明制度创新情况（0.5）
		绿色投资指数（0.33）	环境保护投资占财政支出比例（0.33）
			科教文卫支出占财政支出比例（0.33）
			R&D经费支出占同期GDP的比例（0.33）
		信息共享指数（0.33）	环境信息公开率（1）

表 3-2 生态文明等级划分

等级划分	目标层综合评价指数
优秀	$K \geq 80$
良	$70 \leq K < 80$
一般	$60 \leq K < 70$
较差	$K < 60$

（二）荆门市生态文明建设情况评估

湖北省是承东启西、连南接北的重要交通枢纽，通航里程居全国第 6 位，拥有长江中游首个亿吨大港；武汉市是中国航空运输中心之一，武汉天河国际机场是全国十大机场之一。而湖北省荆门市不仅是全国农机化示范区，也是国家现代农业科技示范区，具有国家级休闲农业示范点2家，省级休闲农业示范点9家，还是国家园林城市和全国造林绿化十佳城市。

在生态文明建设政府规划方面，湖北省的基本目标是，从2014～2030年，力争用17年时间打造"美丽中国示范区"，具体目标为空间格局优化、经济生态高效、城乡环境宜居、资源节约利用、绿色生活普及、生态制度健全等六大类。

1. 荆门市生态文明建设基本情况

2016年6月7日，湖北省荆门市发文提出《荆门市创建国家生态文明建设示范市规划（2015—2025年）》，设立了生态文明建设的基本目标：到2020年，主体功能区布局基本形成，发展方式转变取得重大进展，生态环境质量明显改善，生态文明意识显著增强，率先在全省建成国家生态文明试验区。具体目标为生态空间合理、产业绿色发展、资源节约利用、绿色生活普及、城市绿色宜居、生态环境优良、生态制度健全。

荆门，湖北省地级市，鄂中区域性中心城市，素有"荆楚门户"之称，位于湖北省中部，汉江中下游，北接襄阳市和随州市，西靠宜昌市，东临孝感市，南分别与荆州市、潜江市、天门市接壤，介于东经111°、北纬30°之间。荆门东、西、北三面高，中、南部低，呈向南敞开形，兼有低山坳谷区、丘岗冲沟区和平原湖区；属北亚热带季风气候，四季分明，雨热同期，过境河流主要有汉江、漳河和富水河。

荆门市地理位置位于人类最佳居住的北纬30°附近，地形地貌多样，植被覆盖茂盛，气候温度适宜，是国家主体功能区规划长江流域农产品主产区、长江中游平原湿地生态区。森林覆盖率40%，有太子山等4个国家森林公园，有漳河等5个国家湿地公园。全境大小河流600多条，山水纵横交错，江河湖库塘密布，汉江穿境而过。漳河水库是全国第八大人工湖，被纳入国家良好湖泊保护试点，总体保持一类水质。根据生态环境部（原环境保护部）环境规划院、深圳市建筑科学研究院的生态诊断评估，荆门"优地指数"（生态宜居发展指数）与全国城市平均水平相当，生态环境状况具有典型性，具有比较优势和先发优势。2016年生态省文明考核位居湖北省第六位。具有中部典型城市的发展特征。

荆门市总面积1.24万km^2，截至2016年年底，下辖2个市辖区、1个县，代管2个县级市，全市总人口340万人。荆门市是湖北省历史文化名城，也是中国优秀旅游城市、国家园林城市、国家森林城市、国家卫生城市。钟祥市（县级市）是世界长寿之乡、中国最美30县之一，京山市（县级市）是湖北唯一的国家生态文明建设示范县、亚洲观鸟之乡。2015年，荆门市实现地区生产总值（GDP）1388.46亿元，比上年增长9.2%。其中，第一、二、三产业分别增长5.1%、10.0%、9.7%。三次产业结构为14.5∶52.5∶33.0，第一、二产业比例分别比上年下降0.6个、1.4个百分点，第三产业上升2.0个百分点。2017年荆门市全市环境质量明显好转，空气质量优良天数比例达到77.5%，PM_{10}、$PM_{2.5}$等颗粒污染物浓度均值分别为84μg/m^3、5μg/m^3，荆门市全市9个国控考核水体断面达标率为88.9%，环境质量改善幅度位居湖北省前列。

2. 荆门市生态文明建设主要做法

（1）在宏观角度，强化顶层设计，坚持生态立市战略。荆门市严守生态红线，完善生态规划体系，通过编制出台《荆门市创建国家生态文明建设示范市规划（2015—2025年）》《重点生态功能区规划》《生态保护红线管理办法》《中心城区生态保护红线划定规划》等相关法律法规政策体系，建立了一整套相对完善的生态文明建设生态规划体系。此外，通过深化生态文明体制改革，建立健全生态文明体制改革制度，形成"横向到边、纵向到底"的压力传导机制，并且进一步加强领导干部自然资源资产离任审计，严格执行生态环境责任终身追究制。

荆门市委、市政府将"生态立市"作为"生态立市、产业强市、资本兴市、创新活市"的"四市路径"之首，出台了《中共荆门市委荆门市人民政府关于坚持生态立市建设生态荆门的决定》，成立以市委主要领导为第一责任人的生态立市推进委员会，全域推进生态荆门建设。先后编制了荆门市海绵城市规划、城市综合管廊规划等二十多个城市生态专项规划。

（2）加快传统产业转型，助推战略新兴产业发展，坚持绿色发展理念，不断拓展绿色经济发展。以绿色发展为途径，加快传统行业转型步伐，统筹规划以格林美循环产业园为代表的一批绿色产业基地，加快传统产业的绿色产业转型工作；以生态经济为契机，助推发展生态农业，通过配套产业发展，加强战略新兴产业的布局；推行绿色制造，助力生态文明建设，大力推进清洁生产改造项目，加快推进工业绿色体系建设工作。

在发展"城市矿产"相关产业方面，荆门市推行产业循环式组合。围绕石化、磷化、建材、热电、"城市矿产"等重点行业和领域，采用"资源—产品—废弃物—再生资源"的循环流动方式，延伸产业链条，打造循环产业集群。加快构建覆盖城乡、类别多样的废弃资源回收网络，建立废弃物在线交易系统平台，形成电子废弃物、报废汽车、有色金属、建筑垃圾、餐厨废弃物等资源化利用的产业体系。在发展"生态农业"方面，大力发展循环农业，提高农作物秸秆、畜禽粪便、农膜等农业废弃物资源化利用水平。2017年，荆门市农产品加工业产值1336.7亿元，占全市工业总产值四成，有效拓宽了农业发展路径，提升了经济发展水平。

（3）积极试点探索，健全生态制度体系。积极探索建立林权、水权、排污权、碳排放和节能量交易机制。推行环境污染第三方治理制度，竹皮河流域水环境综合治理PPP（public-private-partnership）项目总投资31.1亿元，入选财政部第二批PPP示范项目。荆门市率先在湖北省制定流域生态管理考核办法，以"谁污染谁付费、谁破坏谁补偿"为原则，严格落实水质目标责任考核，2014年起，就竹皮河流域治理不达标对相关地方累计征缴生态补偿金共957万元，2017年就天门河流域治理不达标对相关地方征缴生态补偿金140万元。为解决农村生活污水污染问题，钟祥市客店镇以农村环境综合整治和生态文明创建为契机，积极探索农村污水处理模式，探索出了一条不大拆大建、建设成本低、可推广复制的农村生活污水无动力或微动力处理的"客店模式"。从2015年开始，全面推进农村环境综合治理"客店模式"，已完成417村3421处的建设。

（4）强化共建共享，加强生态文明建设理念宣传。漳河水库是全国第八大人工湖，被纳入国家良好湖泊保护试点，总体保持一类水质；荆门爱飞客航空小镇是全国首个通用航空综合体，全国首批特色小镇；均已成为旅游观光餐饮等的景点景区。同时，荆门市通过加强资源环境市情宣传，普及生态文明知识，强化生态文明建设理念宣传，建设生态文化载体，开展生态文明创建等措施，进一步加强引导广大群众强化绿色价值观。坚持用生态文化引领城乡居民转变生活方式和消费模式，使绿色、低碳、节约成为社会风尚和全民自觉行动，开展"生态农业"也成为共识。

3. 荆门市生态文明建设指标体系评估

荆门市生态文明建设水平指标值的评价结果见表3-3。荆门市生态文明建设指标层得分方面，各项指标得分大多分布在60～100分，其中单位工业增加值新鲜水用水量、基本养老保险覆盖率、人均消费生态足迹、生态文明建设示范创建比例、生态文明制度创新情况、环境信息公开率等指标方面得分较高，评价值均达到最大值，较好地完成了理想的目标。

少数指标层指标得分在60分以下。其中，服务业增加值占GDP的比例这项指标得分仅为49.5分，荆门市是一个工业城市，其2015年三次产业结构为14.5∶52.5∶33.0，第一、二产业比例分别比上年下降0.6个、1.4个百分点，第三产业上升2.0个百分点，2016年三次产业结构为14.0∶51.9∶34.1，第一、二产业比例分别比上年下降0.5个、0.6个百分点，第三产业上升1.1个百分点（《荆门市2016年国民经济和社会发展统计公报》）。2018年，荆门市的服务业增加值占GDP的比例这项指标得分，会有所提升。主要资源产出率这项指标得分为58.76分，《荆门市循环经济发展"十三五"规划》中指出，资源产出率将由2015年的3800元/t，提高到2020年的4560元/t。城镇化率这项指标的得分为54.02分，荆门市新型城镇化稳步推进，2014年，全市城镇化率达到52.8%，比2010年提高了7.3个百分点，年均提高1.8个百分点。新城新区、新型农村社区等建设步伐加快。

在指数层的评估结果中，达到优秀等级的指数层指标有4个，分别是承载力指数、绿色消费指数、制度创新指数和信息共享指数；达到良等级的指数层指标有5个，分别是生态状况指数、环境质量指数、经济发展指数、资源能源消费指数以及城乡人居指数；达到一般等级的指数层指标有3个，分别是产业结构指数、城乡和谐指数以及绿色投资指数。

指数层的承载力指数由指标层的生态承载力构成，生态承载力更多地关注生态系统的整合性、持续性和协调性，是自然体系调节能力的一种客观反映，能够反映某一时期生态承载力的状况。近年来，荆门市人均生态承载力持续上升，同时2016年1月7日中共荆门市委七届八次全体〈扩大〉会议通过《中共荆门市委荆门市人民政府关于坚持生态立市建设生态荆门的决定》，强调"严守环境资源生态红线，以资源承载力和环境容量为约束，控制开发强度"。指数层的绿色消费指数由指标层的人均消费生态足迹构成，在2006～2014年，荆门市城镇和农村居民人均生物资源生态足迹趋同，人均生态足迹、人均生态赤字先上升后下降，于2012年达到峰值。指数层的制度创新指数由目标层的生态文明建设示范创建比例和生态文明制度创新情况构成，其中荆门市京山县先后获得"国家生态县""全国生态文明示范县"等称号；荆门市成立国家循环经济示范城市建设工作领导小组，并要求相关单位按节点推进国家"城市矿产"资源循环产业园、

表 3-3 湖北省荆门市生态文明建设信息统计表

目标	领域层	指数层	指标层	数值	单位	属性	年份	参考来源	备注
荆门市生态文明指数	生态环境	生态质量指数	生态环境状况指数（EI）	66.51	%	正向指标	2016	2016年湖北省环境质量状况	
		承载力指数	生态承载力	4.8761	hm²	正向指标	2014	荆门市生态足迹与生态承载力动态分析	
		环境质量指数	空气质量达标率	72.4	%	正向指标	2016	2016年湖北省环境质量状况	
			地表水环境功能达标率	78	%	正向指标	2017	荆门市环境质量月报（2017年6月）	以荆门市地表水考核断面和省控跨界考核断面
			人均GDP	55.3	万元/人	正向指标	2015	荆门市统计年鉴	
		经济发展指数	科技进步贡献率	33	%	正向指标	2015	荆门市统计局	健全区域科技创新统计监测评价体系，逐步启动县（市、区）科技进步贡献率测算工作。（原文）参考湖北省科技进步贡献率
	绿色生产	产业结构指数	服务业增加值占地区生产总值比例	12.7	%	正向指标	2015	荆门市人民政府	
			战略新兴产业增加值占地区生产总值比例	9131	万元/km²	正向指标	2016	示范引领绿色发展——我市建设国家循环经济示范城市亮点纷呈	
			单位建设用地的地区生产总值	132	m³/万元	负向指标	2016	示范引领绿色发展——我市建设国家循环经济示范城市亮点纷呈	
		资源能源消耗指数	单位工业增加值新鲜水用水量	0.6753	tce/万元	负向指标	2014	示范引领绿色发展——我市建设国家循环经济示范城市亮点纷呈	
			单位地区生产总值能耗	0.4382	亿元/万吨tce	正向指标	2016	荆门市循环经济发展"十三五"规划	
			主要资源产出率	7.6	%	正向指标	2015	荆门市循环经济发展"十三五"规划	
			非化石能源占一次能源消费的比例						

续表

目标	领域层	指数层	指标层	数值	单位	属性	年份	参考来源	备注
荆门市生态文明指数	绿色生活	城乡人居指数	人均公共绿地面积	10.5	m²/人	正向指标	2015	荆门市环境保护"十三五"规划	
			城市生活污水处理率	85	%	正向指标	2015	荆门市环境保护"十三五"规划	
			城市生活垃圾无害化处理率	90	%	正向指标	2015	荆门市环境保护"十三五"规划	
			农村卫生厕所普及率	83.01	%	正向指标	2016	荆门市卫生和计划生育委员会	
			城镇化率	56.01	%	正向指标	2016	湖北省统计局	
		城乡和谐指数	城乡居民收入比例	183	%	负向指标	2016	湖北省统计局	
			基本养老保险覆盖率	97	%	正向指标	2007	荆门市人民政府	
		居民幸福感		湖北省第九	*	正向指标	2017	中国幸福指数报告	
		绿色消费指数	人均消费生态足迹	4.36	hm²/人	负向指标	2006	湖北荆门生态足迹评估与现代林业示范市建设	
	绿色治理	制度创新指数	生态文明建设示范创建比例	100	%	正向指标	2016	荆门市创建国家生态文明建设示范市规划	
			生态文明制度创新情况	0.7	1	正向指标	2016	荆门市创新四项工作机制狠抓突出环境问题整改	
		绿色投资指数	环境保护投资占财政支出比例	0.7	%	正向指标	2016	荆门市财政局、环保局	
			科教文卫支出占财政支出比例	29.62	%	正向指标	2016	荆门市财政局	
			R&D经费支出占同期GDP的比例	0.42	%	正向指标	2016	荆门市财政局	
		信息共享指数	环境信息公开率		%	正向指标	2016	荆门市环境保护局2016年度政府信息公开工作报告	2016年,在荆门市环境保护局网站上公开政务信息共1104条,在"中国荆门"政府网站公开该局信息262条。2016年该局收到市长信箱来信共124条,均已进行了回复处理,回复率为100%

荆门化工循环产业园、荆门静脉产业园、东宝农作物废弃物综合利用产业园建设。指数层的信息共享指数由目标层的环境信息公开率构成,《荆门市环境保护局2016年度政府信息公开工作报告》显示2016年,在荆门市环境保护局网站上公开政务信息共1104条,在"中国荆门"政府网站公开政务信息共262条,同时,还建立了"12369"环保信访微信举报平台,对群众在"12369"微信举报平台反映的问题及时查处和反馈,推动公众参与环境保护,收到市长信箱来信共124条,均已进行了回复处理,回复率为100%,显示了良好的环境信息公开情况。

指数层的产业结构指数由目标层的服务业增加值占地区生产总值的比例和战略新兴产业增加值占地区生产总值比例构成,荆门市属于"国家老工业基地改造城市",战略新兴产业比例相对较低。指数层中的城乡和谐指数由目标层中的、城镇化率、城乡居民收入比例、基本养老保险覆盖率和居民幸福感构成,城镇化率成为目标得分值较低的主要因素。指数层的绿色投资指数由环境保护投资占财政支出比例、科教文卫支出占财政支出比例以及R&D经费支出占同期GDP的比例构成。

领域层中包含四项指标,分别是生态环境、绿色生产、绿色生活和绿色治理。其中,生态环境和绿色生产得分等级为良,绿色生活和绿色治理得分等级为优。在生态环境和绿色生产方面,各项指标的得分较为平均,方差较小;而绿色生活和绿色治理方面,各项指标得分差异较大,方差较大。

荆门市仍然处于粗放发展向集约发展转型的时期。化石能源消费比例较高,荆门市经济增长高度依赖化石能源消耗,依然处于拼资源、拼环境时期,因此绿色生产指数得分较低;不过荆门市在发展中已经树立了绿色发展理念,开始转变发展方式,还有很大的提升空间,因此,荆门市的绿色治理指数得分较高。

(三)婺源县生态文明建设情况评估

江西省地处中国东南偏中部长江中下游南岸,古称"吴头楚尾,粤户闽庭",乃"形胜之区",东邻浙江、福建,南连广东,西靠湖南,北毗湖北、安徽而共接长江。江西省为长江三角洲、珠江三角洲和闽南三角地区的腹地,与上海、广州、厦门、南京、武汉、长沙、合肥等各重镇、港口的直线距离,大多在六百至七百千米之内。江西省近年经济发展稳中有进、稳中向好,社会事业全面进步。2017年,江西省实现生产总值20 818.5亿元,增长8.9%;财政总收入3447.4亿元,增长9.7%;规模以上工业增加值增长9.1%,预计实现利润2476.5亿元、增长18%;固定资产投资21 770.4亿元,增长12.3%;社会消费品零售总额7448.1亿元,增长12.3%;外贸出口2222.6亿元,增长13.3%;实际利用外资114.6亿美元,增长9.8%,主要经济指标增幅继续位居全国前列。

江西省婺源县是中国最美的乡村;全球十大最美梯田之一;以整个县命名的国家AAA级旅游景区;中国最佳休闲小城;中国人居环境范例奖;全国生态文化旅游示范县;全国AAAA级旅游景区最多的县。

在生态文明建设政府方面,江西省的基本目标是,打造生态文明建设的"江西模式":到2017年生态文明建设取得积极成效,到2020年生态文明先行示范区建设取得重大进展。六大任务:优化国土空间开发格局、调整优化产业结构、推行绿色循环低碳生产方式、加大生态建设和环境保护力度、加强生态文化建设、创新体制机制。婺源县的目标为，到2018年，提前两年建成国家生态文明先行示范县。到2020年，形成可复制、可推广的"婺源模式"。具体目标为进一步制定生态文明规划，强化生态红线管理；进一步加快发展生态产业，转变经济发展方式；进一步推进生态工程建设和管理，夯实生态文明基础；进一步创新生态文明制度，健全生态保护机制；进一步开展生态文明创建，弘扬优秀生态文化。

1. 婺源县生态文明建设基本情况

2017年11月，婺源县委、县政府印发出台了《中共婺源县委 婺源县人民政府关于贯彻落实〈国家生态文明试验区（江西）实施方案〉的实施意见》（婺发[2017]15号）。全力推进生态文明建设，取得了积极成效。婺源县获得了国家生态文明建设示范县、江西省绿色低碳示范县等生态称号，思口镇列入江西省农村第一、二、三产业融合发展试点示范镇、塘村村列入江西省级农村低碳社区试点。截至2017年1月，婺源县共计获得国家生态县、国家重点生态功能区、中国国际生态乡村旅游目的地、中国全面小康十大示范县、中国十大魅力县城、中国民间文化艺术之乡、全国义务教育发展基本均衡县、全国十大生态产茶县、全国重点产茶县、全国文化先进县、全国法治先进县、国家卫生应急示范县、全国平安建设先进县、中国最美丽县城、中国氧吧城市、中国歙砚之乡等荣誉称号。

婺源县，今属江西省上饶市下辖县，是古徽州一府六县之一。位于江西东北部，与皖、浙两省交界，地势由东北向西南倾斜，地处赣东北低山丘陵区，乐安河上游。山地、丘陵占总面积的83%。县境地处中亚热带，具有东亚季风区的特色，气候温和、雨量充沛、霜期较短、四季分明。婺源东邻国家历史文化名城衢州市，西毗瓷都景德镇市，北枕国家级旅游胜地黄山市和古徽州府、国家历史文化名城歙县，南接江南第一仙山三清山和铜都德兴市。婺源代表文化是徽文化，素有"书乡""茶乡"之称，是全国著名的文化与生态旅游县，被外界誉为"中国最美的乡村"。

婺源县土地面积2967km²，其中有林地378万亩，耕地32万亩，素有"八分半山一分田，半分水路和庄园"之称。全县辖16个乡（镇）、1个街道、1个工业园区、197个村（居）委会，人口36万。婺源是唯一一个以县城命名的国家AAA级景区，全县共有一个AAAAA级景区，江湾、篁岭、李坑、汪口、思溪延村、大鄣山卧龙谷、灵岩洞、严田古樟等12个AAAA级景区，还有一批精品景区。2016年，婺源县全年完成生产总值91.27亿元，增长8.5%；财政总收入13.69亿元，同口径增长10.3%；固定资产投资100.84亿元，增长12.7%；社会消费品零售总额48.85亿元，增长12.7%；城镇居民人均可支配收入21 676元，增长8.3%；农村居民人均可支配收入10 750元，增长9.6%；人均储蓄存款29 500元。

2. 婺源县生态文明建设主要做法

（1）强化机制建设

为系统推进婺源县生态文明建设，不断加强顶层设计。一是制定相关政策，跟进省市部署，2017年11月，婺源县委、县政府印发出台了《中共婺源县委 婺源县人民政府关于贯彻落实〈国家生态文明试验区（江西）实施方案〉的实施意见》（婺发[2017]15号）。2018年6月印发了《2018年婺源县国家生态文明试验区（生态文明先行示范县）建设工作要点》。二是完善考核和追责制度，2017年印发了《关于落实〈江西省生态文明建设目标评价考核办法（试行）〉指标体系责任的通知》，将生态文明建设各项评价考核指标及时分解到各个相关单位。完成了2017年婺源县科学发展综合考核美丽中国江西样板建设省、市考核，开展了2017年县各部门、各乡镇生态文明建设工作考核评价制度。

在人才引进方面，通过制定出台《婺源县高层次人才引进暂行办法》、婺源县人民政府《关于大力推进大众创业万众创新若干政策措施的实施意见》等科技优惠政策，统筹资金设立高层次人才引进专项基金600万元，为人才引进和集聚提供财力支持。同时，为策应乡村振兴发展，积极聘请了一大批符合生态创新发展需求的顾问，为婺源县的"乡村振兴"提档升级。

（2）强化环境治理

把构筑生态屏障作为重要抓手，着力恢复提升自然生态功能。加强工业园区污染治理、农业面源污染治理、大气污染治理、城乡污水处理、城乡生活垃圾处理、"清河"提升、土壤防治等工作。例如，总投资9000万元的婺源县集镇生活污水收集管网及处理设施建设项目稳步推进，已完成主干管和支管铺设35.127km，工程形象进度44%，有力地提升了城镇污水处理率。婺源县已经成功创建全国生态文明建设示范县、江西省生态文明示范县、江西省绿色低碳示范县、饶河国家湿地公园、江湾镇获批省级生态文明示范基地。

（3）强化产业转型

通过加强发展绿色生态农业，发展绿色低碳工业，发展全域旅游等措施，坚持绿色发展新理念，不断拓展经济发展新空间。一方面婺源县加快扩园调区步伐，工业园区建成面积达$7km^2$，新引进江西瑞运新能源科技有限公司、婺源福能达空气水科技有限公司等一批发展新经济、新动能的企业；另一方面发展绿色生态农业，获得国家级出口食品农产品（茶叶）质量安全示范区称号。这些新材料、新能源企业、"绿色农业"将有效助力婺源县生态文明和经济协调发展，加快生态文明和经济建设脚步，实现产业转型。这些新材料、新能源企业将有效助力婺源县生态文明和经济协调发展，加快生态文明和经济建设脚步，实现产业转型。同时，婺源县还对高层次人才创办的科技型企业给予资金上的扶持，对高层次人才创业的项目予以信贷融资服务等。

（4）强化共建共享

始终把生态文明建设作为第一民生工程，加强生态共享建设，社会共享生态文明建设红利。2009年以来，婺源县累计承办了婺源国际马拉松赛、全国气排球邀请赛等重大体育赛事200余项，吸引包括参赛选手在内的各方人员超过120万人次；2017年婺源县被国家体育总局评为全国群众体育先进县和全省唯一的国家体育产业示范基地。城市近郊免费开放的讲点有婺源县博物馆、婺源县植物园等，此外饶河源国家湿地公园科普宣教馆和蓝冠噪鹛馆均免费向公众开放。让民众享受到生态文明建设带来的红利，加强生态文明建设理念宣传。与此同时，婺源县还展开一系列婺源县宣传片等对外宣传和展示工作，充分释放生态红利，带动经济进一步发展，提高人均收入水平。

(5) 强化生态示范

始终坚持以重大平台为载体，系统推进全面改革创新。已经成功创建全国生态文明建设示范县、江西省生态文明示范县、江西省绿色低碳示范县、饶河国家湿地公园、江湾镇获批升级生态文明示范基地。正在积极争创国家卫生县城、国家森林城市、江西省文明县城等。统筹各项举措，积极稳步推进，协同创新工作。

(6) 强化工作督导

加强生态文明工作督查，开展环境资源行政执法和刑事司法的衔接机制相关研究。通过建立常设联络员、案件信息共享、案件通报、案件移动、重大案件协调、联席会议等多项机制，建议不完善了各执法、司法部门在案件移动、办案协作等方面的协调联动。

3. 婺源县生态文明建设体制机制创新亮点及特色

"生态旅游+"名片效应增强，婺源县积极发挥全国唯一一个全域AAA级景区的比较优势，通过婺源旅游宣传片、婺源旅游攻略宣传等一系列举措，打造"中国最美乡村"的良好印象。

人才引进稳步推进，《婺源县高层次人才引进暂行办法》《婺源县关于大力推进大众创业万众创新若干政策措施的实施意见》等可操行性强的政策出台吸引了一批高层次、高水平人才，为婺源的经济发展建言献策。

强化"绿色农业"发展，婺源县通过开展农药零增长行动、化肥零增长行动等一系列措施确保农产品质量安全，进一步通过促进农产品深加工促进农业增值增效，取得了良好的经济效益。

大力保护生态环境，婺源县是林业重点县，出台了《婺源县"林长制"工作实施方案》等，自2009年以来坚持全面禁伐天然阔叶林，禁伐总面积162万亩，有效地保护了县域生态环境。在水环境治理方面，婺源县出台了《婺源县山塘水库承包养殖管理整治工作实施方案》《婺源县实施"河长制"工作方案》等，从2016年开始在全县山塘水库禁止化肥养鱼，实现"人放天养"。同时，深入开展土地污染防治和全面关停红砖厂等工作。

加大文化遗产保护利用。深入挖掘、传播朱子文化，加大对徽剧、傩舞、"三雕"、歙砚制作和婺源绿茶技艺等国家级非物质文化遗产的保护与传承，2017年全县以旅游商品为主的传统文化企业和商铺5000多家，年销售收入达6亿元。

2017年，出台了《婺源县领导干部自然资源资产离任审计实施办法》，率先在珍珠山乡启动了领导干部自然资源资产离任审计试点工作。

旅游执法创新，为加快改善旅游环境，婺源县组建了旅游市场联合执法调度中心（旅游110），积极开展不合理低价游等专项整治活动。2017年还在全省率先成立旅游诚信退赔中心，推行旅游购物30天无理由退货，赢得了社会各界的广泛赞誉。

4. 婺源县生态文明建设指标体系评估

(1) 利用国家生态文明指标体系对婺源现状进行评估，发现婺源生态文明建设指标层得分多分布在60~100分。其中，空气质量达标率、地表水环境功能达标率、人均公共绿地面积、城市生活垃圾无害化处理率、生态文明建设示范创建比例、生态文明制度创新情况、环境保护投资占财政支出比例、环境信息公开率等8个指标，均在指标评价中得到满分评价，较好地达到了理想目标值。此外，服务业增加值占地区生产总值比例、农村卫生厕所普及率、基本养老保险覆盖率、人均消费生态足迹等 4 项指标得分位于 80 分以上，达到优秀的评价标准。2016 年，服务业增加值占地区生产总值 54.14%，得分为 81.21 分；根据婺源县卫计委提供数据显示，婺源县农村卫生厕所普及率为 96.54%，得分为 90.32 分，2017 年普及率进一步提高至 97.6%；基本养老保险覆盖率逐年提升，2016 年，婺源县基本养老保险覆盖率达到了 97.5%，得分为 97.5 分。《婺源县城市生活垃圾处理费征收和管理办法》的实施，集镇垃圾转运系统建成并投入使用，农村垃圾实现统一处理，婺源县、乡、村生活垃圾实行无害化处理。

在指标层中，有 3 项指标未达到 60 分，分别是生态承载力、城镇化率和 R&D 经费支出占同期 GDP 比例。江西省整体生态环境质量优良，但是位于温带阔叶林带，生态环境较为脆弱，其生态承载力为 0.5736 hm^2/人，进一步要求增强生态环境保护力度；婺源县农村人口较多，从事异地产业的人口较多，其第一产业增加值 12.02 亿元，占 GDP 比值约为 13.17%，因此在城镇化率的得分也较低；R&D 经费支出占同期 GDP 比例为 0.26%，婺源县通过工业绿色转型、发展战略新兴产业，相比于 2015 年的 0.01%有所提升。

（2）婺源县生态环境质量位居江西省前列、管理逐步规范化。城区和乡村环境空气质量优良天数占比均达到 99%以上，空气环境质量优于二级，县域出境断面水质达到地表水Ⅱ类标准，森林覆盖率达 82.64%等。

健全政府决策机制，建立县长办公例会制度，推动电子政务建设，优化网上办公系统，加大政府信息公开力度，政府管理进一步科学化、规范化。自觉接受县人大的依法监督和县政协的民主监督，坚持向县人大报告工作和向县政协通报工作制度，认真听取人大代表和政协委员的意见建议，完善了建议提案办理工作机制，办结人大代表建议 70 件，政协提案 70 件，办结率达 100%，满意和基本满意率达 100%（表 3-4）。

表 3-4 江西省婺源县生态文明建设信息统计表

目标	领域层	指数层	指标层	数值	单位	属性	年份	参考来源	备注
婺源县生态文明指数	生态环境	生态质量指数	生态环境状况指数（EI）	61.8	%	正向指标	2017	江西省生态质量气象评价公报（2017 年 2 月）	
		承载力指数	生态承载力	0.5736	hm^2/人	正向指标	2010	江西省生态足迹分析及预测	江西省数据
		环境质量指数	空气质量达标率	100	%	正向指标	2017	上饶市环境质量月报（2017 年 8 月）	
			地表水环境功能达标率	100	%	正向指标	2017	上饶市环境质量月报（2017 年 8 月）	只有一个乐安河监测断面
	绿色生产	经济发展指数	人均 GDP		万元/人	正向指标		环科院	
			科技进步贡献率	52.91	%	正向指标	2016	上饶市科技创新"十三五"规划	上饶市数据
		产业结构指数	服务业增加值占地区生产总值比例	54.14	%	正向指标	2016	2016 年婺源县主要经济指标	
			战略新兴产业增加值占地区生产总值比例	12.23	%	正向指标	2016	上饶市科技创新"十三五"规划	上饶市数据

续表

目标	领域层	指数层	指标层	数值	单位	属性	年份	参考来源	备注
婺源县生态文明指数	绿色生产	资源能源消耗指数	单位建设用地的地区生产总值		万元/km²	正向指标		统计局	
			单位工业增加值新鲜水用水量	58	m³/万元	负向指标	2015	上饶统计年鉴-2016	上饶市数据
			单位地区生产总值能耗	0.2649	tce/万元	负向指标	2016	婺源县国民经济和社会发展统计公报	
			主要资源产出率		亿元/万吨标准煤	正向指标		统计局	
			非化石能源占一次能源消费的比例	17.9	%	正向指标		上饶统计年鉴-2016	上饶市数据
	绿色生活	城乡人居指数	人均公共绿地面积	15.29	m²/人	正向指标	2015	上饶统计年鉴-2016	上饶市数据
			城市生活污水处理率	71.6	%	正向指标	2016	婺源县国民经济和社会发展统计公报	
			城市生活垃圾无害化处理率	100	%	正向指标	2016	婺源县国民经济和社会发展统计公报	
			农村卫生厕所普及率	83.71	%	正向指标	2015	上饶统计年鉴-2015	上饶市数据
		城乡和谐指数	城镇化率	45.64	%	正向指标	2016	2016年婺源县主要经济指标	
			城乡居民收入比例	202	%	负向指标	2016	2017年政府工作报告	
			基本养老保险覆盖率	97.5	%	正向指标	2016	2017年政府工作报告	
			居民幸福感	1/11	%	正向指标	2014	中国幸福指数报告	上饶市数据
		绿色消费指数	人均消费生态足迹	2.1149	hm²/人	负向指标	2010	江西省生态足迹分析及预测	江西省数据
	绿色治理	制度创新指数	生态文明建设示范创建比例	100	%	正向指标		2016年政府工作报告	
			生态文明制度创新情况		1	正向指标		江西省人民政府办公厅关于改革创新林业生态建设体制机制加快推进国家生态文明试验区建设的意见	
		绿色投资指数	环境保护投资占财政支出比例	4.13	%	正向指标	2016	婺源县国民经济和社会发展统计公报	以节能环保支出计算
			科教文卫支出占财政支出比例	29.43	%	正向指标	2016	婺源县国民经济和社会发展统计公报	缺少文化事业支出数据
			R&D经费支出占同期GDP的比例	0.4	%	正向指标	2015	上饶市科技创新"十三五"规划	上饶市数据
		信息共享指数	环境信息公开率	106	%	正向指标	2016年1~9月	婺源县政府信息公开	超额完成

（四）指数层方面，得分差异明显

在指数层层面，环境质量指数、绿色消费指数、制度创新指数、信息共享指数等4个指数指标得分超过90分，占12个指数层的1/3。

部分指数层指数指标得分较低，承载力指数、经济发展指数、资源能源消耗指数、城乡和谐指数、绿色投资指数等 5 个指标得分位于 70 分以下。承载力指数由生态承载力构成，得分为 57.36 分；经济发展指数由人均 GDP 和科技进步贡献率构成，其中人均 GDP 得分较低，导致得分仅为 62.70 分；资源能源消耗指数由单位建设用地的地区生产总值、单位工业增加值新鲜水用水量、单位地区生产总值能耗、主要资源产出率、非化石能源占一次能源消费的比例等 5 个指标层指标构成，婺源县的工业基础较为薄弱，发展不够充分，因此此项得分偏低；城乡和谐指数由城镇化率、城乡居民收入比例、基本养老保险覆盖率、居民幸福感等 4 个指标层指标构成，得分为 67.89 分；绿色投资指数由环境保护投资占财政支出比例、科教文卫占财政支出比例、R&D 经费支出占同期 GDP 的比例等 3 个指标层指标构成，婺源县在环境保护方面的支出比例较高，科教文卫方面的支出比例在占比方面略有较低的趋势，但是绝对数值保持增长，2016 年的 R&D 经费支出虽然较 2015 年的支出有一定增长，但是仍然须要进一步加大投入。

（五）领域层方面，制度创新指数和信息共享指数的得分为满分，绿色治理的得分超过 90 分

由于婺源县县域第二产业基础薄弱，在绿色生产领域得分不足 70 分，婺源县 2016 年城市污水处理率为 71.6%，低于江西省平均的 87.74 的城市污水处理率，得分仅为 19.80 分；近年来婺源县加强市政管网建设，2017 年其城市污水处理率已经达到了 81.3%，好转趋势明显。2016 年婺源县的城镇化率为 45.64%，得分为 38.46 分，婺源县农村人口较多，从事异地产业的人口较多，其第一产业增加值 12.02 亿元，占 GDP 比值约为 13.17%。

放在全省来看，婺源县的生态环境和绿色治理两项指标得分均高于全省平均水平，但是在绿色生产和绿色生活方面较弱，整体弱于全省平均水平。

三、基于"循环经济"产业的生态文明发展模式

（一）荆门市"循环经济"产业发展现状

2007 年，荆门市被确定为湖北省唯一的国家循环经济试点城市。荆门市产业建设形成了在"循环经济"产业带动下，"城市矿产"和"生态农业"齐抓共管的生态文明建设新局面。荆门"城市矿产"以再生资源回收体系为依托，以技术进步为动力，以打造产业品牌为目标，形成了利用门类众多、初具规模、辐射作用较强的"城市矿产"产业体系，荆门市再生资源利用与环保产业发展已初具规模，形成了再生资源循环利用（包括电子废弃物循环利用、废塑料循环利用等领域）、农业废弃物综合利用（农作物秸秆综合利用）、工业固废综合利用（磷石膏综合利用）、环保产业与城市垃圾综合利用五大细分领域。在"生态农业"方面，荆门人均耕地占有量 2.5 亩，居全省前列，种植业资源、养殖业资源极为丰富，是全国重要的商品粮、优质棉、商品油、商品猪生产基地，为农产品加工业发展提供了充足的上游原材料，农产品加工产值过千亿元。荆门市"中国农谷"战略已经写入长江经济带规划纲要。荆门市初步形成了以"循环经济"产业为

主导的生态文明建设模式。

2016年6月7日,湖北荆门市发文提出《荆门市创建国家生态文明建设示范市规划(2015—2025年)》,设立了生态文明建设的基本目标:到2020年,主体功能区布局基本形成,发展方式转变取得重大进展,生态环境质量明显改善,生态文明意识显著增强,率先在全省建成国家生态文明试验区。具体目标为生态空间合理、产业绿色发展、资源节约利用、绿色生活普及、城市绿色宜居、生态环境优良、生态制度健全。

1. 总体发展状况好

再生资源综合利用的效益在荆门得到了较好展现。一是经济总量迅速增大。2012年,再生资源年综合利用量达550万t,年工业总产值达80亿元,年缴税收超过5亿元。二是境内企业迅速集聚。废物资源综合利用企业已达103家,培育出了以格林美为代表的利用规模较大、经济效益好的"城市矿产"回收利用明星企业。三是产业链条逐渐成熟。形成了以大宗工业固废规模利用为主导的核心产业链条——以磷石膏制石膏粉、石膏板,作水泥缓凝剂,造新型石膏墙体等为补充的磷石膏循环利用产业链;以粉煤灰生产新型建材、纸品、水泥等产品的磷石膏综合利用产业链;对废旧电池、电子废弃物进行"回收—拆解—深加工"的深度利用产业链;对废旧金属、尾矿废渣、纺织品废弃物等小量副产品零星开发利用为辅的多级利用产业链。

2. 区域发展贡献大

荆门"循环经济"产业是生态文明建设的纵深发展,对于创新发展模式、改变增长方式、实现区域经济又好又快发展发挥了极其重要的作用。一是提高了资源效率。2012年与2006年相比,每万元产值资源消耗下降了0.35万t,每万吨资源对地区生产总值的贡献提高了46.5%。二是减轻了环境负荷。2006年以来,荆门共消化各类工业废弃物近5000t,使烟尘、粉尘排放量下降了26.2%、空气质量达标率上升为90.7%、集中饮用水源水质达标率提高到100%,环境质量出现了明显的改善。三是优化了产业结构。全市第一、二、三产业结构由"十五"末的25.2∶36.2∶38.6调整为2012年的16.5∶54.1∶29.4,形成了以第一产业为基础、第二产业为主导、第三产业为支撑的新格局。四是改变了增长方式。依靠专业技术集约发展的创新型增长模式正在形成,按照目前的增长趋势,到2016年,荆门仅格林美产业园各类资源年利用规模将达到104.72万t,可实现高新技术年产值128亿元。

(二)荆门市"循环经济"产业的综合效益

围绕生态立市战略,荆门市加快推进生态示范市的各项创建工作。强化顶层设计,印发《荆门市绿色发展指标体系》《荆门市生态文明建设考核目标体系》,出台《荆门市生态环境保护条例》。以循环经济发展为核心,推进建设生态文明。

生态文明建设指标评估客观地反映了生态文明建设现状,"绿水青山就是金山银山"的生态服务价值评估将从人类直接或间接从生态系统得到生态系统的服务利益考察生态系统的价值。生态服务价值主要包括向经济社会系统输入有用物质和能量、接受和转化来自经济社会系统的废弃物,以及直接向人类社会成员提供服务(如人们普遍享用洁净空气、水等舒适性资源）。生态系统从食物生产、原材料生产、水资源供给、气体调节、气候调节、净化环境、水文调节、土壤保持、维持养分循环、维持生物多样性、提供美学景观等方面体现其生态服务价值。

生态系统服务价值：荆门市全市土地面积 1 233 943.00 hm^2（含沙洋监狱管理局）。其中，农用地 1 020 392.83 hm^2，占全市土地面积的 82.69%，建设用地 140 674.74 hm^2，占 11.40%，未利用地 72 875.43 hm^2，占 5.91%。在农用地中，耕地 502 278.46 hm^2，园地 19 235.47 万 hm^2，林地 380 014.16 hm^2，草地 105.87 hm^2，交通运输用地 14 643.48 hm^2，水域及水利设施用地 86 245.71 hm^2，其他土地 17 869.68 hm^2；在建设用地中，城镇村及工矿用地 97 371.65 hm^2，交通运输用地 6658.58 hm^2，水域及水利设施用地 36 644.51 hm^2；在未利用地中，水域及水利设施用地 42 268.51 hm^2，草地 25 887.98 hm^2，其他土地 4718.94 hm^2。全市人均占有土地 6.15 亩，人均占有耕地 2.5 亩。根据初步核算（谢高地等，2008），荆门市森林生态系统生态服务价值约为 50 亿元，草地生态系统生态服务价值约为 1.3 亿元，农田生态系统生态服务价值约为 17.8 亿元，湿地生态系统生态服务价值约为 22.6 亿元，河流/湖泊生态系统生态服务价值约为 25 亿元，荆门市生态系统生态服务价值合计约为 117 亿元（表 3-5）。

表 3-5　荆门市生态系统生态服务价值

类型	单价[1]［元/（hm^2·a）］	面积[2]（hm^2）	合计（万元）
森林	12 628.69	397 300	501 737.85
草地	5 241.00	25 993.85	13 623.38
农田	3 547.89	502 278.46	178 202.87
湿地	24 597.21	91 800	225 802.39
河流/湖泊	20 366.69	122 890.22	250 286.70
荒漠	624.25	0	0
总计			1 169 653.19

资源来源：1. 谢高地等，2008；2. 荆门市年鉴编辑部，2016

根据初步核算，荆门市生态系统生态服务价值以 2017 年不变价计算，合计约为 357.84 亿元，未来可达到 500 亿～800 亿元，人均约为 10 524 元，人均生态系统生态服务价值与人均 GDP 合计 63 039 元，超过中等收入国家平均水平，接近高收入国家水平。

生态文明建设需要从环境效益、经济效益、社会效益等多个维度进一步考量。在环境效益方面，荆门市通过打造全市域"一带、两屏、四网、六廊"自然生态安全体系；实施污水处理、湿地保护、土壤修复、农村生态、碳汇林业、绿色建筑、绿色交通、绿色产业等工程，有效削减水体、大气、土壤环境污染负荷，有效提升市域环境质量；有效提升生态建设水平，提高人民生活质量，促进经济社会可持续发展，具有显著的环境效益。

生态效益：打造全市域"一带、两屏、四网、六廊"自然生态安全体系；通过实施污水处理、湿地保护、土壤修复、农村生态、碳汇林业、绿色建筑、绿色交通、绿色产业等工程，可有效削减水体、大气、土壤环境污染负荷，有效提升市域环境质量；可有效提升生态建设水平，提高人民生活质量，促进经济社会可持续发展。

"十二五"期间,荆门市累计完成造林绿化 6.99 万 hm^2,湿地面积增加 6508 hm^2,以单一年份计算,年均新增森林面积和湿地面积约 14 000 hm^2 和 1300 hm^2。按照森林生态系统生态服务价值 1.26 万元/($hm^2 \cdot a$)计算,湿地生态系统生态服务价值 2.46 万元/($hm^2 \cdot a$)计算,森林和湿地生态系统生态服务价值年均增加 176.80 万元和 31.98 万元,合计约 208.78 万元。森林覆盖率达到 32.16%,活立木蓄积量 2000 万 m^3。

经济效益:通过荆门格林美"城市矿产"示范基地、中国农谷智慧农业循环经济产业园、京山县"百里生态画廊"建设项目等项目的实施,将极大提升荆门市生态经济规模与质量,助推产业结构调整,促进"循环经济"相关产业、旅游业、现代服务业等新兴产业的发展,根据初步估算,产生的年均间接经济效益可达 50 亿。2016 年,荆门市地区生产总值完成 1521 亿元,增长 8.5%,增速仅次于十堰和宜昌,居全省第 3 位。2017 年上半年,荆门市地区生产总值完成 748.82 亿元,增长 8.1%,增速跑赢湖北省全省的 7.8%,仅次于十堰和鄂州,居全省第 3 位,经济效益明显。

社会效益:通过一系列的政策和举措,"循环经济"产业预计可新增社会就业 500 多个,增加城乡居民收入,对社会发展和经济发展都有着非常积极的作用。并且进一步通过生态创建,改善城市投资环境,提高企业效益,带动经济增长。生态环境质量是当前投资者选择投资区域时考虑的一个重要因素。生态修复及生态创建细胞工程的实施,将有效修复人为因素产生的生态破坏,提升城乡生活环境质量,保护环境、节约资源将成为全社会的自觉行为。

(三)"循环经济"产业对荆门市生态文明的贡献

在产业发展方面,以循环经济四大特色园区为重点,以"生态农业"为特色;在生态环境保护方面,打造全市域"一带、两屏、四网、六廊"自然生态安全体系,共同促进国家循环经济示范城市建设,加快推进以"循环经济"产业为主导生态文明建设。

荆门市以"循环经济"产业为主导的生态文明建设模式具有鲜明的荆门特色。

1. "循环经济"产业总体发展状况良好,循环发展模式日渐成熟

荆门格林美"城市矿产"资源循环产业园国家"城市矿产"示范基地、荆门化工循环产业园、荆门静脉产业园、东宝绿色建筑建材产业园等形成了特色鲜明、发展良好的特色产业园区;"城市矿产"资源循环模式、石化资源循环利用模式、荆襄磷化工循环发展模式、中国农谷生态循环农业模式、农产品深加工及废弃物循环利用模式等一批具有荆门特色的循环经济发展模式,其"城市矿产""生态农业"相关产业发展模式日渐成熟。

2. "循环经济"产业区域贡献大,减量化、再利用和资源化水平提升明显

2017 年,预计全市农作物秸秆综合利用率达到 93.1%,畜禽养殖场粪污资源化利用率达到 75.9%,农业灌溉用水有效利用系数达到 0.53,工业固体废弃物综合利用率达到 78%,城市建成区规范化回收站比例达到 84%,废旧电池回收利用率达到 85.6%。2017 年,"城市矿产"相关产业规模以上工业总产值近 500 亿元,占到荆门市规模以上工业总产值(3377 亿元)的 14%左右,近年来年均复合增长率超过 10%,为荆门市经济增长带来新的动力;2017 年,荆门市农产品加工业产值 1336.7 亿元,占全市工业总产值

四成。"循环经济"产业增速明显加快。

通过探索实践,"城市矿产"资源循环模式、石化资源循环利用模式、荆襄磷化工循环发展模式、中国农谷生态循环农业模式、农产品深加工及废弃物循环利用模式等一批具有荆门特色的"循环经济"发展模式日渐成熟。"城市矿产"资源循环模式入选国家60个循环经济典型模式案例,成为国家循环经济发展的地理标志。

3. 通过落实生态立市理念,生态环境持续改善

按照《省人民政府关于印发湖北省水污染防治行动计划工作方案的通知》的要求,荆门市9个地表水考核断面,2017年监测结果表明:除天门河拖市1个监测断面不达标,其余断面达标,达标率88.9%,与2016年(达标率77.8%)相比,上升了11.1%;2017年,荆门城区空气质量优良天数达标率为77.5%,与2016年(72.4%)相比提高5.1个百分点,荆门城区空气质量综合指数为5.13,与2016年(5.51)相比降低0.38。

综合数据显示,"城市矿产"经济对循环经济节能减排的贡献率近80%,荆门地区正在形成立足湖北、辐射中部、影响全国的"循环经济"产业基地。根据《荆门市高新技术产业"十三五"发展规划》《荆门市产业转型升级"十三五"规划》,到2020年,全市农产品加工业总产值力争突破2000亿元,新建国家级创新平台2家,其他各级技术中心6家,院士工作站达到15家,培育或参与重大科技成果15项,"生态农业"相关产业的发展将有力地促进荆门市经济进一步稳步发展。

四、基于"生态旅游+"产业的生态文明发展模式

(一)婺源县"生态旅游+"产业现状

生态旅游业在江西省具有重要地位,江西省旅发委提请江西省委省政府印发出台了《关于全面推进全域旅游发展的意见》,将助推江西省生态文明试验区建设写入了发展全域旅游的指导思想,将发展生态旅游,促进全域环境保护作为发展重要内容积极推进。以"大旅游、大产业、大消费"的思路,促进旅游与多产业融合发展,做到一产助推旅游、二产支撑旅游、三产激活旅游,发挥旅游业"一业兴、百业旺"的综合产业优势,强化与各行各业的关联互动,形成了"旅游+""+旅游"融合共进态势,逐渐成为发展新经济、培育新动能的强劲动力。江西生物资源丰富,森林覆盖率63.1%,自然保护区及名胜古迹众多,是全国首批全境纳入生态文明先行示范区建设的省份。

近年来,婺源成功创建国家生态保护与建设示范区、国家重点生态功能区、国家生态文明建设示范县、国家级徽州文化生态保护实验区、国家乡村旅游度假实验区、"中国天然氧吧"等。生态文明理念更加深入人心,生态工程扎实推进,生态优势不断凸显,生态经济日趋繁荣,生态红利持续释放,"中国最美乡村"的美誉度、影响力不断提升;以全面深化改革、创新发展为动力;有效整合资源;集成落实政策,完善服务模式,培育创新文化,激发全社会创新创业活力,进一步优化创业创新环境,激发全社会创业创新活力,以创业带动就业、以创新促进发展,促进经济平稳增长、健康发展,走出了一条具有婺源特色的经济社会发展与生态环境相协调的"生态旅游+""人才服务"的绿色

发展之路。

1. 婺源县良好生态环境本底助力"生态旅游+"发展

婺源天蓝、山青、水绿。2015 年成功创建国家生态保护与建设示范区、国家生态县。生态文明先行示范区建设实现"一年开好局"目标，生态文明理念更加深入人心，生态工程扎实推进，生态优势不断凸显，生态经济日趋繁荣，生态红利持续释放，"中国最美乡村"的美誉度、影响力不断提升，走出了一条具有婺源特色的经济社会发展与生态环境相协调的绿色发展之路。

为进一步提升生态质量，婺源还在全县范围内实行"禁伐天然阔叶林"，对人工更新困难的山场实行全面封山育林。在农村，实施面源污染"十大整治"工程，垃圾规范化、标准化收集处理，所有规模畜禽养殖场全部实现粪便、污水无害化处理，对整改不到位、不达标的企业予以关闭，所有山塘水库全面禁止化肥养鱼。通过工业园区污染整治、农业面源污染治理、大气污染治理、城乡污水处理、城乡生活垃圾处理等一系列强化环境治理措施，把构筑生态屏障作为重要抓手，着力提升婺源县的自然生态功能。

近年来，婺源围绕乡村生态旅游带动农村做文章，将有一定旅游资源基础的乡村以乡村旅游点进行打造，发展"一村一景"，基本实现"景点内外一体化"和"空间全景化"，有序建设了严田、庆源、漳村、诗春、菊径、官桥、游山、冷水亭、玉坦、曹门等一批秀美乡村，打造了一批摄影村、影视村、驴友村，发展了莒莙、鄣山、水岚、洙坑、梅田等"零门票"红色旅游乡村点。

2. "人才服务"助力"生态旅游+"健康发展

一方面，婺源县通过制定出台《婺源县高层次人才引进暂行办法》《婺源县关于大力推进大众创业万众创新若干政策措施的实施意见》等科技优惠政策，统筹资金设立高层次人才引进专项基金 600 万元，为人才引进和集聚提供财力支持。同时，为策应乡村振兴发展，积极聘请了一大批符合生态创新发展需求的顾问，为婺源县的"乡村振兴"提档升级。

另一方面，婺源县通过打造精品旅游吸引游客。全县共有一个 AAAAA 级景区，江湾、篁岭、李坑、汪口、思溪延村、大鄣山卧龙谷、灵岩洞、严田古樟等 12 个 AAAA 级景区，还有其他一批精品景区。近年来，在发展全域旅游过程中，婺源找准风光秀美、徽韵浓厚的特点，对乡村旅游进行提档升级，大力发展民宿产业，使之成为全域旅游又一道靓丽的风景线。如今，婺源理尚往来、廿九阶巷、晓起揽月等 100 余家精品民宿、500 多家以农家乐形态为主的大众民宿已经形成巨大的产业集群效应，撑起了婺源旅游经济新亮点。

2017 年 3 月婺源篁岭景区荣膺"2017 华东十大最美赏花胜地"称号。4 月，篁岭景区被农业部评为 2017 中国乡村超级 IP 示范村。8 月，篁岭景区被文化部评为 2017 年亚洲旅游"红珊瑚"最佳小镇。9 月，由中国餐饮文化研究专业委员会牵头，婺源县人民政府主办的"篁岭杯"篁岭天街食府获"中国徽菜传承名店"荣誉称号。按照 A 级景区标准，打造一批摄影、写生、影视水口村。全域旅游西拓取得突破进展，珍珠山乡被国家体育总局评选全国首批运动休闲特色小镇，"旅游+体育、旅游+养生、旅游+文化产业、旅游+互联网、旅游+金融"等特色产业持续开展。

3. 全域旅游明确"生态旅游+"前进方向

婺源县积极策应全省打造"美丽江西",全市建设"大美上饶",县委、县政府实施"发展全域旅游、建设最美乡村"战略,把旅游业作为"第一产业、核心产业"进行发展,打造美丽江西"婺源样板"。出台了《关于加快发展全域旅游的实施意见》,明确今后五年全域旅游的发展目标和路径,按照"西拓、北进、东精、中优"旅游发展格局,通过"点、线、面"结合引导全域旅游差异化和特色化发展。聘请笛东规划设计(北京)股份有限公司编制了《婺源县全域旅游总体规划》,已完成了前三阶段汇报修改,下一步准备组织专家评审。

在生态文明建设过程中,婺源发挥全域2967km^{2}是一个国家AAA级景区的比较优势,实施"发展全域旅游、建设最美乡村"战略,把旅游业作为第一产业来打造,做到"产业围绕旅游转、结构围绕旅游调、功能围绕旅游配、民生围绕旅游优",带动经济社会协调、融合、健康发展。全域旅游发展迎来发展的春天,全县旅游接待人次连续十几年排在全省前列,2017年1~10月全县接待游客1883.5万人次,同比增长17.4%;门票收入4.73亿元,同比增长17.02%;旅游综合收入117.11亿元,同比增长46.59%。2017年预计接待游客2000万人次,增长14%,门票收入5亿元,增长15%,旅游综合收入160亿元,增长45%。

4. 强化旅游监管维护"生态旅游+"良好发展

《旅游产业发展扶持奖励暂行办法》《婺源民宿扶持办法》等法规政策条例的出台,旅游市场联合执法调度中心(旅游110)的组建,进一步强化了婺源县旅游监管,维护了婺源县良好的旅游秩序。通过对"不合理低价团"利益链条的分析研判,明确了非法利益链条的关键节点为旅游购物店,并将其锁定重点打击对象,对景区企业和旅行社进行了一对一约谈,对全县所有购物店进行深入检查,严厉打击私授回扣、偷税漏税、物价虚高、以次充好、造假卖假等违法行为。2017年还在全省率先成立旅游诚信退赔中心,推行旅游购物30天无理由退货,赢得了社会各界的广泛赞誉。

(二)婺源县"生态旅游+"产业综合效益

在生态文明建设过程中,婺源发挥全域2967km^{2}是一个国家AAA级景区的比较优势,实施"发展全域旅游、建设最美乡村"战略,把旅游业作为第一产业来打造,做到"产业围绕旅游转、结构围绕旅游调、功能围绕旅游配、民生围绕旅游优",带动了经济社会协调、融合、健康发展。

生态文明建设指标评估客观地反映了生态文明建设现状,"绿水青山就是金山银山"的生态服务价值评估将从人类直接或间接从生态系统得到生态系统的服务利益考察生态系统的价值。生态服务价值(Costanza et al.,1997)主要包括向经济社会系统输入有用物质和能量、接受和转化来自经济社会系统的废弃物,以及直接向人类社会成员提供服务(如人们普遍享用洁净空气、水等舒适性资源)生态系统从食物生产、原材料生产、水资源供给、气体调节、气候调节、净化环境、水文调节、土壤保持、维持养分循环、维持生物多样性、提供美学景观等方面体现其生态服务价值。

生态系统服务价值：婺源县 2010 年林地面积 24.40 万 hm^2，占土地总面积的 82.43%；耕地面积 2.03 万 hm^2，占土地总面积的 6.87%；牧草地面积 28.00 hm^2，占土地面积的 0.01%。婺源县河流属饶河水系，为婺源河上游，河流总长度 516.40km，流域面积 2.62km^2。2005 年末婺源县其他用地 7067.91hm^2，占土地总面积的 2.39%，而在其他用地中可开发为耕地的荒草地 1967.61 hm^2，仅占土地总面积的 0.66%。根据初步核算（谢高地等，2008），婺源县森林生态系统生态服务价值约为 30.82 亿元，草地生态系统生态服务价值约为 14.67 万元，农田生态系统生态服务价值约为 7214.04 万元，湿地生态系统生态服务价值约为 4839.77 万元，河流/湖泊生态系统生态服务价值约为 533.61 万元，荒漠生态系统生态服务价值约为 318.39 万元，婺源县生态系统生态服务价值合计约为 32.11 亿元（表 3-6）。根据初步核算，婺源县生态系统生态服务价值以 2017 年不变价计算，约为 73 亿元，人均 19 589 元。人均生态系统生态服务价值与人均 GDP 合计 48 974 元，与 2017 年江西省人均 GDP 相比，高出 21%，达到中等收入国家水平。

表 3-6 婺源县生态系统生态服务价值

类型	单价 [元/（hm^2·a）]	面积 (hm^2)	合计（万元）
森林	12 628.69	244 013.33	308 156.87
草地	5 241.00	28	14.67
农田	3 547.89	20 333.33	7 214.04
湿地/荒草地	24 597.21	1 967.61	4 839.77
河流/湖泊	20 366.69	262	533.61
荒漠	624.25	5 100.3	318.39
总计			321 077.35

资料来源：1. 谢高地等，2008；2. 婺源县人民政府，2010

上述所采用生态服务价值评估方法中主要采取了直接利用价值进行评估，忽略了生态环境生态资产的间接利用价值、社会文化价值等，如遗传价值、控制侵蚀价值、保持沉积物价值、避难所价值、文化价值、娱乐价值、人文景观价值和自然景观价值等，根据人们将来直接或间接利用某种服务的支付意愿或者人们确保某种服务继续存在的支付意愿作为参考，婺源生态系统生态服务价值将达到 150 亿元，人均 43 634 元，人均生态系统生态服务价值与人均 GDP 合计，进一步增加到 63 019 元，超过中等收入国家平均水平，接近高收入国家水平。未来，随着经济水平的发展和生态环境保护意识的提高，婺源生态系统、生态资产和生态服务价值将持续增长，可达到 200 亿~300 亿元。与谢高地等（2008）计算得到的结果相近，以 2017 年不变价计算中国人均生态价值量为 48 000 元。

生态文明建设须要从环境效益、经济效益、社会效益等多个维度进一步考量。婺源县先后印发出台了《关于认真做好封山育林的决定》《婺源县自然保护小区（风景林）管理办法》《江西婺源饶河源国家湿地公园管理办法（试行）》等制度、文件，有力地保护了名木古树资源，实现森林资源的持续增长，至 2017 年婺源县活立木蓄积增至 1837.7 万 m^3，森林覆盖率上升到 82.64%。

生态效益：全县森林覆盖率高达 82.64%，空气、地表水达国家一级标准，负氧离子浓度高达 7 万～13 万个/cm^2，是个天然大氧吧。有草、木本物种 5000 余种，国家一、二级重点保护野生动植物 80 余种。境内有世界濒临绝迹的鸟种蓝冠噪鹛，有世界最大的鸳鸯越冬栖息地鸳鸯湖。《婺源县蓝冠噪鹛自然保护小区管理办法》的出台有力地保护了蓝冠噪鹛的生存环境，自 1993 年重新发现以来，已发展到 2015 年 3 个种群，约 200 只的规模。

经济效益：在乡村旅游的发展带动下，婺源县从事旅游商品、餐饮住宿的个体工商户近 4000 家，城乡居民人均存款 2.05 万元，以旅游业为主的第三产业占全县 GDP 比例达 49.8%。旅游产业呈现快速上升，2010 年接待游客 530 多万人次，仅 2017 年上半年，全县接待游客 1129 万人次，实现综合收入 52 亿元，同比分别增长 21.7%、19.4%。

从 2001 年"婺源文化与生态旅游区"作为一个整体，被评为国家 AAA 级旅游景区；2008 年婺源县进一步提出把全县 2967km^2 地域打造成"世界文化生态大观园"的奋斗目标；2013 年又制定了《"建设中国最美乡村，打造中国旅游第一县"行动纲要》。2005 年婺源县接待游客 243.7 万人次，实现旅游综合收入 3.39 亿元；接待游客人次和旅游综合收入，在 2013 年分别达到 530 万和 23 亿元，相比 2005 年，分别增长了 2.17 倍和 6.78 倍；2017 年则更进一步，接待游客人次和旅游综合收入分别达到 2178 万和 160 亿元，分别增长了 8.94 倍和 47.2 倍。以旅游业为主的第三产业占全县 GDP 比例达 56.2%。经济效益显著攀升，实现了从生态资产到经济资产的转变。

社会效益：婺源直接有 8 万多人从事农家乐、导游、交通运输等旅游相关产业，同时也带动 8 万人间接就业。其中，秋口李坑全村 260 多户就有 500 多人从事旅游业，做导游、撑竹船、开宾馆、办茶楼、卖特产等，户均年增收 6000 元。

（三）"生态旅游+"产业婺源县生态文明的贡献

1. 江西婺源生态文明建设的特征分析

作为"中国最美乡村"，生态是婺源县最大的优势和发展基础。近年来，该县大力推进生态文明建设，实施"资源管护、节能替代、造林绿化"三大工程，全县森林覆盖率高达 82.64%，空气、地表水达国家一级标准，负氧离子浓度高达 7 万～13 万个/cm^3。主要特征如下。

（1）呵护生态环境，涵养"青山绿水"。婺源探索实施天然阔叶林长期禁伐工程，率先在全国创建了 193 个自然保护小区，完成长江防护林、退耕还林工程造林 40 万亩，封山育林 180 万亩，绿化公路 500 多千米。同时，通过实施以电代柴、改燃节柴和改灶节柴工程，使 85%以上的家庭实现了以电代柴、以气代柴；关闭 200 家木竹加工企业，年均减少林木采伐 5 万 m^3；建设饶河源国家湿地公园，呵护鸟类共有的"天堂"。

（2）营造生态家园，共享"景观村落"。2008 年以来，婺源结合旅游发展优势，投入 6 亿元实施景观村建设工程，把全县的村庄建设成新农村，把新农村打造成景观村，把景观村打造成富裕村。婺源在新农村建设中注重做好与古村落保护相结合、与乡村旅游开发相结合、与生态环境相结合等"三个结合"。

（3）发展生态经济，挖掘"另一桶金"。直接或间接带动每年 10 多万人就业；仅 2017

年上半年，婺源接待游客 1299.6 万人次、门票收入 3.2 亿元、旅游综合收入 79.37 亿元；在发展生态旅游的同时，婺源发展壮大生态农业，在 1.97 万亩速生丰产针阔混交林基础上，发展山上种树，树下种蘑菇、栽药材的"立体林业"。

2. 典型产业经验分析

婺源县把全县作为一个文化生态大公园来打造，推进"生态旅游+"、强化人才服务、生态环境保护相结合、共促进，走出了一条独具特色的"生态旅游+"和"人才服务"并举的生态文明建设模式。

婺源生态文明建设模式的特点如下。

（1）"生态旅游+"产业发展稳步推进，内涵丰富，包括"旅游+民宿""旅游+体育""旅游+养生""旅游+农业"（"龙头企业+基地+农户""专业合作社+基地+农户""超市+公司+基地+农户"等模式）。

（2）高层次人才聚集，生态旅游规模进一步扩大。一方面，制定科技优惠政策吸引高层次人才在婺源创业就业。另一方面，婺源发挥全域旅游的优势，吸引一大批游客前来婺源旅游参观。

（3）"绿色农业"持续良性发展。"绿色农业"产业大力发展，有机茶、山茶油、木雕中医药、竹木加工等产业发展较快。

（4）生态环境质量持续保持优良。生态环境指数 2017 年比 2016 年的 71.6% 提高近 10 个百分点。

五、基于特色产业的生态文明建设存在的问题及建议

（一）特色产业主导的生态文明建设存在的问题

荆门市和婺源县在不断深化生态文明建设理论，如可持续发展理论、循环经济理论研究的同时，开始加快生态文明建设实践的步伐，并取得了良好进展。但是，从对两地生态文明建设评估和现场实地调研的初步调查结果来看，荆门市和婺源县的生态文明建设与发展尚处于初级阶段，生态文明建设与发展还面临着很多困难。

1. "循环经济"产业为主导的生态文明建设存在的问题

荆门市生态文明建设问题多集中于环境污染控制、生态保护、城市环境质量、生态制度体系以及再生资源利用等问题。荆门是一座自然环境本底良好的城市，同时又是一座以重化工为"底色"的城市，特别是中心城区生态负荷日趋加重、环境污染严重。在建设新型城镇化和一体化过程中，通过循环经济的推进和提升，重点攻克以下短板制约。

（1）环境质量不优，生态赤字较重，环境承载力不足。空气质量达标率不够高，中心城区大气污染问题突出，颗粒物浓度居高不下。地表水环境功能达标率较低，仍有多处国控省控断面水质不合格，竹皮河等流域仍为劣五类水体。此外，实地调研获悉，农村环境综合整治任务繁重，村组以分散式饮用水源为主，水质达标率不高；环境风险仍然较为突出，汉江"水华"仍有发生。

（2）发展方式粗放，城市能级不高。"高投入、高消耗、高污染、高排放"的粗放增长方式仍然存在，"重经济轻环境、重速度轻效益、重利益轻民生"的发展方式依然没有除根，以牺牲生态环境为代价，片面追求 GDP 高速增长，导致人口、资源、环境的矛盾仍然较为严峻。荆门市主要资源产出率这项指标得分为 58.76 分，万元生产总值能耗、水耗远超过世界平均水平，能源利用效率低于国内平均水平，万元生产总值能耗为 0.6753tce，万元工业增加值用水量为 $132m^3$。

（3）城乡发展不均衡，城市规划滞后。城市生活污水处理率、农村卫生厕所普及率等涉及民生问题的基础设施建设不足，部分乡镇配套管网不到位，支管网和入户管网未完全配套或者未完全接通，收集率不够，导致已运行污水处理厂进水浓度和符合率等指标达不到省定要求。城镇化率这项指标的得分仅为 54.02 分，城镇化水平较低；人均公共绿地面积虽有增长，但仍须要进一步加强建设。城乡居民收入差距过大，有待进一步缩小城乡发展差距，提升居民幸福指数，提高居民幸福感；新城新区、新型农村社区等建设步伐有待进一步加快。

（4）再生资源回收体系及基础设施建设有待加强。再生资源回收体系不完善，网点布局无序、管理有待加强，没有形成相对集中的再生资源集散地，不利于再生资源得到及时、充分利用；部分低值再生资源回收率较低，许多可以回收利用的品种，没有得到有效地回收利用；再生资源回收的相关基础设施建设落后，且破坏较为严重，须要进一步完善和监管。

（5）在良好生态环境基础上的经济发展模式尚未形成。虽然荆门市确立了"生态立市、产业强市、资本兴市、创新活市"的"四市路径"，生态环境有所改善，但是荆门作为一座传统重工业城市，石油、化工、水泥产业围城，以及过去对煤矿、磷矿、石膏矿的无序开采，导致荆门市社会经济发展与生态环境承载力不足的矛盾日益凸显。

2."生态旅游+"产业为主导的生态文明建设存在的问题

婺源县生态文明建设问题多集中于生态环境维护、社会经济建设、生态制度体系等方面。婺源县生态环境良好，同时具有良好的区位优势和交通优势，在经济建设和推进新型城镇化一体化过程中，通过将生态文明建设融入经济、政治、文化、社会建设各方面和全过程，重点攻克以下短板制约。

（1）生态承载力脆弱，环境容量压力较大。婺源县整体生态环境良好，森林覆盖率较高，但是生态承载力较为脆弱，生态补偿压力较大；在城镇化加速建设的过程中煤资源能源消耗和污染物排放总量仍在增加，环境容量压力较大。

（2）绿色生产发展不足，发展方式粗放。婺源县属于典型性的传统农业县，工业发展起步较晚，支柱产业尚未形成产业链，产品结构较为单一，上下游产业链尚未建立；企业以劳动密集型和技术中低层次为主的传统加工业，产品的技术含量和附加值较低，能源资源消耗较大。

（3）绿色生活指数得分偏低，城乡发展不均衡。婺源县基础设施建设不够完善，污水处理管网建设不足，农村生活垃圾处理能力不足；城镇化率不高，城乡居民收入差距偏大。

（4）科教文卫事业有待加强，基础研发能力薄弱。婺源县财政收入基础较为薄弱，在科教文卫方面的支出虽然有增长，但是占财政支出比例减小；缺少骨干龙头企业，和大型科研机构，基础研发能力投入不足，工业经济发展受限。

（5）"生态旅游+"产业融合度不足。在发展全域生态旅游过程中，婺源县形成了"旅游+""+旅游"融合共进态势，形成了"旅游+体育、旅游+养生、旅游+文化产业、旅游+互联网、旅游+金融"的产业，仍须要做大做强"生态旅游+"产业，进一步促进婺源县生态经济转型。

（二）基于特色产业的生态文明建设的政策建议

1. 基于"循环经济"产业的生态文明建设的政策建议

（1）大力发展"循环经济"和"城市矿产"，加快城市可持续发展步伐。在工业化和城镇化推进过程中，社会经济发展对生态环境要素需求持续增加，大气、水和固体废弃物污染造成的环境问题已经超过环境承载能力，生态环境需求旺盛与环境承载容量不足的矛盾更加突出。加快经济转型升级，加快传统行业绿色升级转型，提高资源能源效率，推进战略性新兴产业加速发展，提高绿色发展质量和效益，提升经济发展质量，进一步加强"循环经济"产业稳定有序发展。制定适合荆门市发展的战略规划，牢固树立"四市路径"战略观念，推动荆门市经济优化升级转型，以生态立市、产业强市、资本兴市、创新活市，进一步转变经济发展方式，提升经济发展质量。

深挖"城市矿产""生态农业"相关产业潜力，利用其产品进行深加工，盘活传统石化产业持续发展，深度结合相关产业，优化产业链条，拓宽领域，形成相关产业集群发展。继续打造延伸循环产业链条，推动行业间循环衔接，实现原料互供、资源共享，建立跨行业的循环经济产业链。抓住"中国制造2025"的国家战略机遇，积极推进"互联网+"与装备制造产业的融合发展，全面提升生产过程智能化水平。引导企业有序推进前沿技术开发利用；依托高校资源，深化市校合作、校企合作。加大创新人才引进培育力度，进一步提升领军型、高端型、成长型创新创业团队总量，带动就业率提高，增加人均收入。

（2）统筹城乡区域发展，深耕"生态农业"发展模式，提升城乡人居和谐指数。从顶层设计入手，完善政策支撑体制机制，进一步加强生态文明建设法律政策体系；构建生态环境治理和监管体系，着力加强生态环境保护投入，以"生态农业"为抓手，深化基于"循环经济"产业为主导的生态文明建设模式。

推动修订相关法律及其配套制度，从全生命周期管理需求考虑，将"城市矿产"资源循环利用等要求前置于产生源及全过程，明确和强化责任主体的法律责任和义务，推进生产、消费责任延伸制度建设。同时，强化国家财政专项资金、政府性投资，加大国家财政预算在"城市矿产"、农产品深加工领域的投入，引导社会资本进入"城市矿产""生态农业"产业市场，进一步以产业强市、资本兴市，加强荆门市生态文明建设。建立较为完善的循环经济政策体系，形成有利于全市循环经济发展的体制机制，构建起以农业、工业、服务业为支撑的新型循环型产业体系，资源节约和环境保护并重的经济增长方式得到普遍推广，将荆门市建设成为经济快速发展、资源高效利用、生态环境优良、具有鲜明特色的国家循环经济示范城市。

城乡协调发展是构建和谐社会的重要标志，城乡关系和谐是一个国家经济社会发展、现代化程度的综合性体现。进一步统筹推进荆门市城乡产业结构的战略性调整，继续发挥比较优势，大力促进农业农村发展，同时把城市产业结构优化升级和农业农村问题结合起来，进一步缩小城乡差距，提升城乡人居和谐指数。大力发展县域特色经济，加快"生态农业"相关产业发展，加强耕地管理，推进城乡产业结构调整，促进农业增效、农民增收，改变国民收入的分配格局，进一步加快新城新区、新型农村社区等建设步伐。

（3）加强生态保护力度，构建优良生态环境系统。2018年6月24日，《中共中央国务院关于全面加强生态环境保护坚决打好污染防治攻坚战的意见》发布，对全面加强生态环境保护、坚决打好污染防治攻坚战作出安排部署。生态环境问题是长期形成的，根本上解决需要一个较为长期的努力过程。既要集中精力做好近期的污染防治工作，也要从源头预防根本上避免生态环境问题。加大财政经费在生态环境保护方面的投入；同时明确各个职能部门的责任，进行有机合作，推动和落实相关政策；进一步增强人民群众的生态环境保护意识。

建立健全环境质量监测体系，加强对重点污染面源监控管理，从源头上对企业排污进行监管；进一步加强环境治理工作，配套污染治理工程，加大财政经费在生态环境保护方面的投入；同时明确各个职能部门的责任，进行有机的合作，推动和落实相关政策；进一步增强人民群众的生态环境保护意识。在水环境治理方面，借鉴其他环境优良地区"治污水、防洪水、排涝水、保供水、抓节水"的"五水共治"的先进经验，系统治理竹皮河等流域水污染状况，保持漳河水库等流域一类水质。在大气环境治理方面，进一步推行清洁生产，减少废气污染物排放，降低大气中颗粒污染物含量。

2. 基于"生态旅游+"产业的生态文明建设的政策建议

（1）加快"生态旅游+"产业发展，增强"人才服务"意识，充分体现生态环境和人才协同效应。发挥生态优良、气候宜人、环境优美的优势，以生态旅游为抓手，积极推进服务产业发展，持续推进第一、二、三产业融合发展进程。

以传统产业绿色转型、加快新兴产业发展为契机，加大招商引资力度，完善相关优惠政策，优化投资环境，科学合理地释放生态红利，进一步促进"生态旅游"和"绿色农业"相关产业发展；丰富产业产品结构，建立上下游产业链，形成众多中小企业围绕大型骨干企业的发展格局，促进产业的整体发展。此外，人才也是"生态旅游"和"绿色产业"发展的关键之一。一方面，引进高层次适应婺源发展需求的人才是发展的突出问题，招才引智需要切实提高服务人才的工作水平，突出"人才服务"的战略性地位，为人才搭建创新创业的平台载体，进一步发挥好企业留住人才的主体作用；另一方面，加强旅游宣传工作，突出生态环境本底良好的优势，吸引更多旅游人次，带动当地消费，促进就业，进一步科学合理地释放生态系统生态服务价值。

（2）制定多样化的"生态旅游+"模式，提升城乡发展水平，提高发展质量。在加大生态旅游景区景点开发、完善景区景点配套设施和加强旅游推介宣传的同时，应继续加大力度做大做强"生态旅游+体育、+养生、+文化、+互联网、+金融"等特色产业，以"生态旅游+"模式促进体育、养生、文化、互联网、金融、国际交流与合作等产业的发展,以其他产业的发展进一步加强融合"生态旅游+"模式建设,进一步共同促进婺源县生态经济转型统筹城乡发展、区域发展,突出"生态旅游+农业"产业,通过农业龙头企业带动、农民专业合作社联动、种养大户引导三种方式,鼓励农户积极参与农业产业。通过抱团发展,实现帮扶带动、互惠共赢,提升城乡发展水平,进一步缩小城乡差距。

以生态为核心资源、以旅游为消费方式、以融合为产业发展方向,做强"生态旅游+"模式。以"生态旅游+体育"为例,以观赛追赛为本体,强化运动爱好者、户外发烧友体验,打造体育夏令营、游学、培训,深挖体育赛事周边,开展全民运动等一系列措施,做强"生态旅游+体育"的发展模式。以"生态旅游+养生"为例,以优良生态环境为本底,建立以高端养生为核心的休闲养生产业体系,发挥高端人群的聚集作用,充分挖掘人才智库效应,形成画家、音乐家等为主体的聚落,进一步促进文化、教育、体育等事业的发展。

加强国际合作,建立生态环境和绿色经济等领域国际和国家级学术、技术和产业交流论坛,引入先进理念、推广婺源生态文明发展模式,提升国际国内影响力。

(3) 制定生态文明发展战略,强化生态红线管理,补足生态文明建设中的短板,提升生态资源直接和间接价值以及环境质量。制度设计对推进全面建成人与自然和谐的小康社会具有重要的指导意义。把生态文明建设放在突出地位,融入婺源经济建设、政治建设、文化建设、社会建设各方面和全过程,加速婺源建设进程;构建全过程的生态文明绩效和责任追究体系,全面落实生态保护红线制度,加快突出问题治理,保证婺源的生态环境质量不下降。

因地制宜、大胆探索,充分发挥婺源全国唯一一个全域 AAA 级景区的比较优势,提升生态文明建设制度化、长效化水平,大力推动基于"生态旅游+"产业为主导的生态文明建设,长效持久释放生态系统生态资产的间接利用价值,引导婺源经济快速健康发展。"生态旅游+"和生态文明建设具有天然的耦合关系,是生态文明建设的有效载体,借助"绿水青山",积极发展以"生态旅游+"产业为主导的休闲、康养、旅游、体育等产业,加大婺源优良生态环境本底宣传,吸引更多优质高层次人才创新创业。加强婺源"生态旅游"名片效应,吸引更多旅游人次,进一步合理释放生态红利,促进更多的人关注身心的修养,吸引生活在喧嚣城市里的人们去生态环境优美的地方净化身心和灵魂。通过消费偏好转型使得生态红利被发现,并不断拓展延伸,实现婺源经济快速健康发展。

建立健全环境质量监测体系,加强对重点污染面源监控管理,从源头上对企业排污进行监管;进一步加强环境治理工作,配套污染治理工程,加大财政经费在生态环境保护方面的投入;同时明确各个职能部门的责任,进行有机的合作,推动和落实相关政策;在国家、省、市制定管理办法的基础上将进一步细化管理办法并严格落实,建立督察考核和责任追究工作机制;进一步增强人民群众的生态环境保护意识,确保环境质量"稳中有升"。

第四章 基于生物质能的生态文明发展模式

一、生物质能的发展与生态文明建设的关系

(一) 生物质能与生态文明相辅相成

首先,建设生态文明体系、优化能源结构、开发可再生能源、进行清洁能源的替代,必须大力开发生物质能,促进生物质能产业的发展;所以,生态文明建设是生物质能清洁、高效开发利用的必然结果(杜祥琬等,2015),生物质能的开发利用是生态文明建设的必经之路。其次,生态环境的质量是生态文明建设的重要指标,而生物质资源是生态环境的重要组成部分;同时,在生态文明建设过程中,加大对生物质资源的开发利用,有助于提高居民收入,解决社会就业压力,具有很好的社会效益、环境效益、生态效益和经济效益;所以生物质能的发展为生态文明的建设提供环境基础和文化保障,生态文明建设是生物质能发展的目标和导向。

(二) 生物质能承担着生态文明建设的责任与使命

"绿水青山就是金山银山",保护生态环境需要我们大家共同努力,"蓝天保卫战"的成败关系着亿万人民的健康与福祉,而生物质能在这场保卫战中发挥着不可替代的作用。生物质能的应用能够有效减少化石能源消耗、降低温室气体和环境污染物排放,经济、环境和社会效益非常显著。以京津冀地区为例,若对地区内未被有效利用的农作物秸秆、城镇居民生活垃圾等废弃物均实现高效能源化利用,能够替代 2 亿 t 民用动力煤,减少京津冀地区约 60%的大气污染物排放。以河南省兰考县为例,每年在兰考县及周边地区收购农作物秸秆、花生壳、树皮及树枝等农林废弃物 35 万 t,为当地农民创收 8000 多万元,减少碳排放 21 万 t 左右的 CO_2 当量。生物质秸秆燃烧后的草木灰用于农作物化肥,过滤废渣每年 2 万 t 全部由当地建筑材料公司回收,用于生产混凝土多孔环保砖。

生物质能是农村能源供给侧结构性改革的重要突破口,将成为我国农村县域经济发展的新增长点。在商业化技术方面,利用生物质原料已经能够稳定生产高品质、高清洁的电能、热能、燃气、燃油及冷源 5 种核心能源商品。在我国农村地区,绿色能源商品十分短缺,尤其是热能、燃气、燃油及冷源 4 种能源商品长期供不应求。大力发展生物质能,能够使农村能源供给侧结构性改革从分布式、分散式能源运营与管理体制机制变革中取得突破,使人民群众共享能源革命成果,分享生态文明建设的红利。

(三) 生物质能是生态文明建设的纽带

作为农业大省,河南省的生态文明建设及发展的重点在农村。基于生物质能建设

生态文明具有天然的优势,是绿色、循环、低碳发展的重要纽带。推动基于农业废弃物的生态文明建设,有利于加速社会主义新农村建设、优化生态产业建设、解决三农问题。通过深入分析河南省生物质资源潜力、发展现状,剖析生态效益纽带潜能;进行生物质能的绿色高效开发和利用,发展绿色经济、保护环境、提高社会认同;进而研究找到农业、工业和第三产业的有机契合点,推进生态文明建设。最终探索、建立和完善一套适合河南省资源状况和地区经济发展,以生物质能为基础纽带的生态文明建设体系。

(四)生物质能适应河南省大发展趋势

生物质能是唯一可以被运输和固定碳的可再生能源,具有储量大、分布广、环境友好、近碳零排放等特点,在6种可再生能源中占有重要地位。河南省是农业大省,生物质能原料极其丰富,来源广泛,农作物秸秆量占全国1/10以上。这些生物质资源虽然储量巨大,但目前大部分被废弃,既浪费资源又污染环境,所以,充分利用现代技术,实现未利用生物质资源充分利用,将成为生物质产业下一步发展的重点,也是我省循环经济发展的重要物质保证。生物质资源不仅是一种可再生能源,而且可用于开发出适应未来市场且环境友好的石油和天然气的等价物或替代品等生物质材料,所以,充分利用现代技术开发生物质材料、生物肥料、生物农药等环境友好的石油化工材料替代品是最佳选择,这对中部地区战略崛起、中原经济区建设及粮食生产核心区建设具有重要的作用。同时,河南省生态环境污染严重,所以修复并控制生态环境质量已成为生态文明建设的重要任务。但是在生态环境修复与控制过程中存在一些问题,而以未利用生物质为原料添加专效微生物菌群,改善土壤理化性状和土壤结构;或将农作物秸秆有效开发利用,替代原煤、原油,对于缓解能源紧张、治理有机废弃物污染、保护生态环境、促进人与自然和谐发展都具有重要意义。这将有利于生态文明的建设。

二、河南省生态文明建设现状与发展目标

(一)河南省生态文明建设现状及成效

1. 河南省生态环境现状分析

河南省地处山丘向平原、暖温带向亚热带双重过渡地带,复杂多样的气候条件和地貌类型为全省自然生态环境特征的形成奠定了多种多样的物质基础。全省总面积16.70万 km^2,其中平原9.30万 km^2,占总面积的55.69%,全省耕地面积7926.40万 hm^2,粮食总产量664.90亿 kg。2018年全省18个省辖市降水pH年均值为6.75,酸雨发生率为0;与上年相比,全省酸雨发生率无变化,降水pH年均值增加0.19个单位。全省林业用地面积502.00万 hm^2,其中森林面积416.50万 hm^2,在全国列第21位,人均森林面积仅为全国平均水平的1/5,森林覆盖率24.94%,活立木总蓄积26 564万 m^3,森林蓄积20 719万 m^3。全省现有省级以上森林公园118个,面积30万 hm^2;其中国家级森林公园31个,面积13.33万 hm^2;省级森林公园87个。全省已建立不同级别、不同类型自然保护区30处,总

面积 78.90 万 hm^2，约占全省面积 4.72%；其中，国家级自然保护区 13 处，面积 44.75 万 hm^2；省级自然保护区 17 处，面积 34.15 万 hm^2。全省有维管束植物近 4000 种，分属 198 科 1142 属，其中列入国家重点保护植物名录的有 27 种（国家一级 3 种，国家二级 24 种），列入省重点保护植物名录的有 98 种；已知的野生陆生脊椎动物 520 种，其中两栖动物 20 种、爬行动物 38 种、鸟类 382 种、兽类 80 种；列入国家一级重点保护野生动物 15 种。全省湿地总面积 62.79 万 hm^2（不包括水稻田），占国土面积的比率（即湿地率）为 3.76%；建立国家级湿地公园 35 处（其中试点单位 28 处，正式通过验收挂牌 9 处），省级湿地公园试点单位 13 处，总面积 8.80 万 hm^2，保护湿地面积 7.00 万 hm^2。河南省矿产资源比较丰富，是全国重要的矿产资源省份之一，已发现矿产资源 127 种，探明储量的有 75 种，其中约 50 种矿产储量居全国前 10 位。

河南省地处我国中部地区，四季分明，气候适宜，丰富多样的自然资源和生态环境能够支撑区域自然生态系统的可持续发展。然而，随着工业化和城镇化的快速推进，河南省在社会经济得到快速发展的同时，也面临着资源约束加大、生态环境压力严峻的挑战。河南省经济快速发展与生态环境承载力之间的矛盾日渐突出。现阶段，河南省生态环境问题突出表现在大气、水资源和土壤污染恶化等方面。

（1）空气污染严重

河南省是全国重要的能源基地之一，长期的矿产资源开发与重化工业的粗放型生产模式导致了资源高消耗、废气高排放和环境高污染的状况，其突出表现是空气污染严重，遭受酸雨和雾霾带来的生态环境恶化日益加深。按《环境空气质量标准》（GB3095—2012）中细颗粒物（$PM_{2.5}$）、可吸入颗粒物（PM_{10}）、二氧化硫、二氧化氮、一氧化碳、臭氧六项因子评价河南省全省城市环境空气质量，全省城市环境空气质量首要污染物为 $PM_{2.5}$。根据《2018 年河南省生态环境状况公报》显示，全省 PM_{10}、$PM_{2.5}$ 年均浓度分别为每立方米 103 μg 和 61 μg，同比分别下降 2.8%和 1.6%，优良天数比例达到 56.6%；全省共经历 11 次重度及以上污染过程，全省 18 个省辖市平均重度及以上污染天数 25 天（含沙尘），较 2017 年增加 2 天。较往年同样不利的气象条件下的污染程度明显降低，在长达半个月之久的污染过程下，日均空气质量均未达到爆表级别。1 月中旬和 11 月 24 日～12 月 3 日，全省出现大范围严重雾霾天气，对交通运输和空气质量造成严重影响。

（2）水资源失衡且污染严重

河南省人均水资源拥有量仅为全国平均水平的 1/8，更远低于全球平均水平，全国人均水资源拥有量是 $2100m^3$，而河南省人均水资源拥有量仅为 $252.5m^3$。由于对重工业和粗放型经济增长方式的依赖，工业废水排放量长期居高不下。而近年来，随着化肥、农药使用量的增加，农业生产污染和生活废水污染也显著增加，水环境污染持续恶化。

《2017 年河南省生态环境状况公报》提到，2017 年河南省全省废水排放量达 40.91 亿 t。化学需氧量（COD）排放量达 43.09 万 t，其中工业废水中 COD 排放量 3.12 万 t，城镇生活污水中 COD 排放量生源 39.14 万 t，农业 COD 排放量 0.68 万 t；氨氮排放量达 6.21 万 t，其中工业废水中氨氮排放量 0.23 万 t，城镇生活污水中氨氮排放量 5.94 万 t，农业氨氮排放量 0.02 万 t。2018 年，考核河南省的 94 个地表水断面中，Ⅰ～Ⅲ类水质断面 60 个，占 63.8%，劣Ⅴ类水质断面 1 个，占 1.1%，分别达到高于 53.2%和低于 15.9%

的国家考核目标要求；集中式饮用水水源地达标率 97.7%，达到国家要求的高于 95.6% 的目标；南水北调水源地丹江口水库水质持续保持Ⅱ类及以上标准，入库河流水质达到国家考核要求。过度的污水排放导致海河等河流水污染程度持续上升，全省地表水为中度污染，其中，海河流域 2007～2018 年水污染严重，水质较差，Ⅴ类水所占比例较大，基本为 64% 左右，黄河流域和长江流域水质良好，特别是长江流域，近年来水质基本保持Ⅲ类以下所占比例较大。水资源的污染既影响了民众的生活质量，也制约了区域经济的可持续发展。

（3）水土流失问题严重，土地资源供给压力增大

河南省地处中原，气候适宜，土地肥沃，是中国最古老的农业生产发源地之一，土地开发利用程度高，是国家重要的粮食主产区，但后备耕地资源严重不足。

河南省粮食产量占全国总产量的 1/9，而耕地面积仅为全国耕地总面积的 6.24%，人均不到 1.22 亩。在追求经济快速增长过程中，存在着未征先占、乱占滥用、耕地过度浪费等现象，随着城镇化的加速推进，土地资源供应更为紧张。河南省涉及黄河、淮河、海河、长江等四大流域，长期以来的洪涝灾害等自然因素和毁林开荒、乱砍滥伐、过度放牧、掠夺性开发使用等人为因素造成严重的地表破坏和水土流失，加剧了耕地面积锐减和人地矛盾的加剧。

（4）生态环境脆弱

河南省在工业化、城镇化和农业现代化过程中面临着生态环境不断加剧的困扰。工业废弃物方面，2017 年全省工业固体废物产生量 15684.71 万 t，危险废物产生量 188.96 万 t；农用化肥施用折纯量 706.7 万 t，农用塑料薄膜使用量 15.73 万 t，农药施用实物量 12.07 万 t，农用柴油使用量 108.84 万 t；滥用化肥、农药、农膜导致土壤板结、生态破坏，渗透到地下或随地表径流造成池塘、河流等严重的水污染。难以降解的大量农膜、残留农药对土壤和生态环境造成严重危害。生态环境恶化降低了居民生活质量，亟待推进生态文明建设。

总之，现阶段，尤其是在工业化和城镇化推进过程中，河南全省生态环境问题依然严峻。长期以来形成的粗放型经济增长方式造成严重的生态环境问题，一方面是社会经济发展对生态环境要素需求持续增加，另一方面是大气、水和固体废弃物污染造成的环境问题已经超过环境承载能力，生态环境需求旺盛与环境承载容量不足的矛盾更加突出。着力推进资源节约、生态环境保护，实现生态文明建设目标更加迫切。

2. 生态环境改善主要措施

（1）强化污染减排，推进污染防治

河南省人民政府出台了《河南省"十二五"主要污染物排放总量控制规划》《河南省"十三五"生态环境保护规划》等，开展"污染减排工程促进年"活动，强力推进 252 个主要污染物减排项目建设，2000 余家规模化畜禽养殖场新建污染治理设施，全省 179 家企业开展清洁生产审核；出台《河南省碧水工程行动计划（水污染防治工作方案）》《河南省流域水污染防治规划（2011—2015 年）》《河南省重金属污染综合防治"十二五"规划分年度实施方案》等。高度重视环境综合整治工作，开展集中式饮用水水源地基础环境状况调查，及时研判环境形势，解决环境问题；每年确定污染严重的流域、区域、行

业作为整治重点，集中力量，多策并举，强力推进，通过淘汰落后产能和对企业进行深度治理，削减污染物排放总量。

（2）开展循环经济试点建设，推进节能环保

河南省整体被列为国家循环经济试点省，共有 8 家单位被列为国家级循环经济试点（钱发军，2010），相继出台《河南省循环经济试点实施方案》等文件，推进重点工程建设，通过开发利用低碳技术，培育五大循环产业链，通过抓好重点领域和关键环节，构建循环型社会体系；强力推进产业结构调整，将发展循环经济与产业结构升级结合起来，积极探索工农业复合型循环经济发展模式，加快节能减排重点工程建设，强化监督管理和目标责任考核。

（3）加强环保基础设施建设，提升基础能力

2018 年全省启动搬迁改造企业 96 家，退出电解铝产能 106 万 t，压减水泥产能 1138.5 万 t，关停落后煤电机组 11 台 107.7 万 kW，整治取缔"散乱污"企业 8043 家。进一步扩大超低排放改造行业范围，全面启动 35 蒸吨/小时及以下燃煤锅炉拆改，积极推进重点行业特别排放限值改造和挥发性有机物治理，完成提标治理项目 1423 个。完成"双替代"112 万户，取缔散煤销售点 283 个。严格管控扬尘污染，全省98%的工地安装在线监控监测设备，常态化开展城市清洁行动。深化机动车污染治理，淘汰老旧车辆35.1 万辆，取缔"黑加油站点"2412 家，抽检柴油货车 18.4 万辆，查处不合格车辆 1.05 万辆。强化重污染天气应急应对，修订完善重污染天气应急预案和管控清单，坚持"一厂一策、一企一策"，实施差异化错峰生产，重污染天气管控企业由2017 年的 12 442 家增加到 22 817 家，有效消减了污染峰值，减轻了重污染天气的影响，加强了环保基础设施建设，提升基础能力（河南省生态环境厅，2018）。

（4）完善监管机制，加大信息公开力度

全面实施主要污染物排放总量预算管理，实现环境资源的量化管理；建立完善"责任网格化、制度体系化、执法模板化、管理分类化、技能专业化"的环境监察执法模式；完善环境监控运行管理体系，确保监控系统的稳定运行和数据质量；完善水环境生态补偿机制，增加考核制度，改进考核方法。定期召开新闻发布会，通过网站及时公布全省的环境质量状况、污染减排指标完成情况、环境综合整治进展情况及通过挂牌督办、列入黑名单、区域限批等措施对环境违法案件的查处情况。

（5）提升废弃物资源化利用水平，开展生态文明美丽乡村建设

2013 年 1 月河南省人民政府颁布了《河南生态省建设规划纲要》，2014 年 4 月河南省省委省政府出台《关于建设美丽河南的意见》。其中《河南生态省建设规划纲要》指出：加强畜禽粪便、农作物秸秆和林业剩余物的资源化利用，着力推进畜禽粪便的沼气化利用、秸秆的"四化"（肥料化、饲料化、原料化、能源化）利用以及林业剩余物的材料化利用，逐步建立"植物生产—动物转化—微生物还原"的农业循环系统。在平原、丘陵地区加大"养殖-沼气-种植""秸秆-养殖-沼气-种植""秸秆-沼气-种植"等循环农业模式推广力度，建设驻马店、周口、漯河等农业废弃物综合利用示范区，提高农业废弃物资源化利用水平。在山地区积极推广"山区复合型生态农林牧业"模式。大力推动农村地区发展生物质能，在全省科学布局一批生物能源化工示范工程，建设一批循环型高效农业产业化示范园区。

3. 河南省生态文明建设的主要成效

(1) 各项指标均有所优化

从 2012 年开始全省环境保护工作围绕中原经济区建设和经济社会发展大局,坚持以科学发展观为主题,以加快转变经济方式为主线,强化污染减排、促进产业结构调整、深化污染防治、逐步改善环境质量,严格环境监管、解决突出环境问题,加强农村环保,不断推进生态建设,努力做到保护生态环境、保障科学发展、保护群众环境权益、提高环境质量水平。截至 2018 年各项指标均有所优化,全省四大流域中海河流域、淮河流域、黄河流域为轻度污染,长江流域为优,主要污染因子为化学需氧量、总磷和五日生化需氧量。全省城市地下水水质污染程度基本不变,水质级别为较好;全省城市饮用水源地浓度年均值评价水质级别为优,除周口市由良好变为优,其他 17 个城市的水源地水质级别保持不变。全省水库营养化水平为中营养,三门峡水库属轻度富营养,宿鸭湖水库属中度富营养,彰武水库由轻度富营养变为中营养,千鹤湖由贫营养变为中营养,其他湖库营养化状态保持不变。大气环境质量持续改善,全省 PM_{10}、$PM_{2.5}$ 年均浓度分别为 $103\mu g/m^3$ 和 $61\mu g/m^3$,同比分别下降 2.8%和 1.6%,优良天数比例达到 56.6%;全省 18 个省辖市降水 pH 年均值为 6.75,酸雨发生率为 0。与上年相比,全省酸雨发生率无变化,降水 pH 年均值增加 0.19 个单位(权克,2012)。按《声环境质量标准》(GB3096—2008)进行评价,全省城市区域昼、夜间声环境质量级别分别为较好、一般,城市功能区噪声测点昼、夜间达标率分别为 79.9%、57.0%,城市道路交通噪声昼、夜间达标率分别为 86.8%、70.8%。全省 18 个省辖市的 26 个辐射环境质量自动监测基站 γ 辐射空气吸收剂量率连续监测结果在 78.31～192.76 nGy/h,平均为 102.83±10.30 nGy/h,与天然放射性本底调查结果相比无明显变化。全省 19 个电磁辐射环境质量自动监测站监测的辐射综合场强范围为 0.30～3.43 V/m,均值 1.47±0.92 V/m,电磁辐射环境质量状况良好,环境电磁辐射水平均低于国家标准规定的公众限值。

(2) 污染减排成效显著

按《环境空气质量标准》(GB3095—2012)中细颗粒物($PM_{2.5}$)、可吸入颗粒物(PM_{10})、二氧化硫、二氧化氮、一氧化碳、臭氧六项因子评价全省城市环境空气质量,全省城市环境空气质量首要污染物为 $PM_{2.5}$;18 个省辖市的 $PM_{2.5}$、PM_{10} 浓度年平均值均超二级标准,二氧化硫浓度年均值达到二级标准的城市有安阳、济源,其他城市浓度年均值达到一级标准的城市;二氧化氮浓度年均值超过二级标准的城市有焦作、洛阳、安阳、鹤壁、新乡、郑州 6 个城市,其他 12 个城市的二氧化氮浓度年均值达到二级标准;一氧化碳年 95 百分位分数浓度均达到二级标准。全省省辖市中除焦作、安阳的环境空气质量级别为中污染之外,其他 16 个城市环境空气质量级别总体为轻污染,大气环境质量需要持续改善。

对重点河流实施"一市一策、一河一策",水污染防治攻坚和河长制联合发力,劣 V 类水质大幅度减少,重点河流水质明显改善。全省共完成 149 个流域重点工程项目、125 处省辖市建成区和 115 处县级黑臭水体整治、2998 家畜禽规模养殖场粪污配套设施整治任务。开展集中式饮用水水源地环境保护专项行动,完成整治任务 456 个。完成 12 个生态湿地建设工程项目、524 个直接入河排污口整治任务、6667 座加油站防渗改造任务。推进农村环境综合整治，2018年全省共完成2440个农村环境综合整治任务。

（3）循环经济建设稳步推进

2017年全省一般工业固体废物综合利用量11 537.22万t，利用率达73.0%，危险废物综合处理量为467 726万t，危险废物综合利用率74.7%；综合利用各类秸秆5913.0万t，利用率达70.1%。2016年农村可再生能源利用情况中沼气池产气总量141 506.48万m^3，户用沼气池383.12万户，沼气工程6233个，太阳能热水器602.78万m^3，生活污水净化沼气池480个；非化石能源占一次能源消耗比例不断升高，初步形成多层次相关联、多环节相连接、多产业相耦合的循环经济发展格局，因地制宜探索出多种循环经济发展模式。

（4）基础能力提升程度显著

截至2018年年底，全省建成危险废物利用处置单位105家，其中3座省级危险废物集中处置中心（年设计处置能力11.67万t），无害化处置危险废物5.34万t；24家医疗废物处置中心（年设计处置能力8.96万t），处置医疗废物6.39万t；78家持有危险废物经营许可证单位（年设计资源化综合利用处置能力491.55万t），累计处置危险废物65.42万t，资源综合利用154.55万t。全省7家纳入国家基金补贴的废弃电器电子产品拆解处理处置企业年设计拆解处置能力1487万台/套（列入废弃电器电子产品第一批目录），共拆解列入第一批目录的废弃电器电子产品703.43万台，实现了14.36万t一般固体废物综合利用和2.83万t危险废物的无害化处置。

（5）生态保护意识不断增强

全省已有28个县（市）被命名为国家级生态示范区，23个县正在开展生态县创建工作，洛阳市栾川县、信阳市新县被命名为省级生态县；有24个乡镇和7个行政村分别获得国家级生态乡镇和生态村称号，159个乡镇和1036个行政村获得省级生态乡镇和生态村称号，23个省辖市和县荣获国家园林城市称号。

4. 河南省生态文明建设的典型示范工程

（1）洛阳市：推动绿化惠民，转变发展理念

洛阳市积极应对林业建设面临的新挑战，更新发展理念，调整工作重点，加快民生林业发展。一是根据市场经济规律和群众满意度，转变工作重心。根据市场需求和群众需要来调配林业资源、制定林业规划，先后把城郊森林、廊道绿化、核桃基地和花卉苗木基地建设作为林业生态建设的重点，推动"身边增绿"和"农民增收"，让全市人民切身感受到林业发展带来的好处。二是推动林业工作从重管理向重服务转变。在服务中心、服务大局、服务基层、服务群众上创造性地履行职责，将林业建设与结构调整、农民增收有机结合，把群众满意作为检验工作成效的标准，强化服务意识，提高服务效率，优化发展环境，积极构建服务型政府。三是推动林业工作从重任务向重成效转变。因地制宜、科学规划，在丘陵区大力发展名、特、优、新生态经济林，在平原川区大力营造速生丰产林、干果基地、时令鲜果和花卉产业基地。经过多年培育，在水果产业发展上，"洛宁的苹果孟津的梨，偃师的葡萄甜似蜜"成为有口皆碑的地方品牌。在城市周边发展林果、花卉为主的生态经济林，在增加森林覆盖率的同时提升森林质量和效益，注重生态效益与经济效益、社会效益的有机统一，调动社会各界投身林业建设的积极性，形

成良性循环。

（2）南阳市：建设生态文明，发展生态经济

南阳市是全国绿化模范城市，也是河南省唯一入选全国生态文明建设试点地区的省辖市。作为南水北调中线工程渠首所在地和核心水源地，南阳既是生态富集区，也是生态敏感区，在发展过程中坚持生态优先的原则，大力发展绿色经济，生态文明建设取得显著成效。一是坚持造林绿化。全市把林业生态建设作为推动生态文明建设的重要着力点，大力推动自然保护区、森林公园和湿地公园建设，2016年南阳市生物丰度指数为41.49，植被覆盖指数为86.92，水网密度指数为28.81，土地胁迫指数为8.04，污染负荷指数为100.00，生态环境状况指数（EI）为54.37，生态环境状况等级为一般。南阳市县域生态环境状况等级以"良"为主，在12个县区中，生态环境状况等级为"良"的有8个，"优"的有1个，"一般"的有3个。2017年，创建完成省级生态乡镇6个，省级生态村40个，市级生态村406个；全市共有8个自然保护区。其中，国家级自然保护区5个：伏牛山国家级自然保护区、南阳恐龙蛋化石群国家级自然保护区、宝天曼国家级自然保护区、丹江湿地国家级自然保护区、桐柏高乐山国家级自然保护区；省级自然保护区3个：西峡大鲵省级自然保护区、内乡湍河湿地省级自然保护区、桐柏太白顶省级自然保护区。三是发展绿色经济。南阳市坚持生态建设和经济建设同步推进，实现生态富市和生态强市，2017年全市生产总值3377.70亿元，比上年增长6.8%。其中，第一产业增加值537.30亿元，增长4.6%；第二产业增加值1442.97亿元，增长5.6%；第三产业增加值1397.43亿元，增长9.2%。三次产业结构为15.9∶42.7∶41.4，第三产业增加值占生产总值的比例比上年提高1.7个百分点。人均生产总值33 577元，比上年增长6.7%。

（3）鹤壁市：发展循环经济，转变发展方式

鹤壁市将发展循环经济作为转变经济发展方式的重要战略举措，通过工业经济体系、城市循环体系和农业经济体系的循环利用，探索新型工业化道路。一是完善政策和体制变革。建立激励约束机制，把循环经济指标量化纳入考核范围，在政策上给予发展循环经济的企业倾斜，同时增加技术研发投入，重点突破循环关键链接技术。二是综合利用资源和废弃物。充分利用资源，初步形成煤电化材、食品工业、金属镁等循环经济产业链。三是推进污染减排。强化政府和企业的责任，一方面，建立政府节能减排工作责任制和问责制，加大环保执法力度，淘汰落后产能，另一方面，在所有企业全面推行清洁生产审核，全方位监督和管理。同时，积极推进城市节能和生活节能。2018年鹤壁市环境空气优、良达标天数为195天，达标率为56.9%，较2017年51.2%上升5.7个百分点。2018年鹤壁市环境空气质量级别为轻污染，综合质量指数为6.40，首要污染物为细颗粒物；鹤壁市水质级别总体评价为轻度污染；城市集中式饮用水源地水质达标率100%，级别为优，是全省饮用水质量最好的地区之一。全市森林覆盖率32.6%，天蓝、地绿、景美的生态基础更加夯实。全市现有国家级森林公园1处，省级森林公园6处，总面积17 821.94hm^2。2018年，面对复杂的外部经济环境和繁重的改革发展任务，在市委、市政府的正确领导下，全市上下以习近平新时代中国特色社会主义思想为指导，深入贯彻党的十九大精神和习近平总书记视察指导河南时的重要讲话精神，全面落实省委、省政府各项决策部署，统筹推进稳增长、促改革、调结构、惠民生、防风险、保稳

定工作,经济社会保持平稳健康发展,在中原更加出彩中走在前出重彩迈出了坚实步伐。2018年全市生产总值861.90亿元,按可比价格计算,比上年同期增长5.9%。其中,第一产业增加值60.05亿元,增长3.4%;第二产业增加值542.36亿元,增长5.8%;第三产业增加值259.49亿元,增长6.9%。三次产业结构为7.0∶62.9∶30.1,二、三产业比例比上年提高0.1个百分点。

(二)河南省生物质能发展现状及问题

河南省是我国的人口大省、农业大省,生物质资源极为丰富。2016年年底,河南省全省总人口数10 722万人,其中农村人口为5781万人,占总人口的53.92%,全省农作物播种面积14 425千hm^2。生物质能原料来源比较广泛,有农业剩余物、林业剩余物、畜禽粪便、工业有机废弃物、城市有机垃圾、能源植物等。农业剩余物是指主要农作物的副产品,包括稻谷、小麦、玉米、其他谷类、大豆、绿豆、花生、油菜籽、芝麻、棉花、麻类、烟叶等;林业剩余物是指林地生产和林业生长过程中剪枝和采伐而产生的剩余物。河南省农作物秸秆资源实物总蕴藏量较大,生物质秸秆资源分布不均匀。从生物质秸秆蕴藏潜力来看,蕴藏潜力量较大的是南阳、周口、驻马店三市,生物质秸秆总数占全省的35.3%;其次是商丘、信阳、新乡、安阳、开封和许昌等市;生物质秸秆分布较少的地区是鹤壁、三门峡、济源等市。从生物质资源利用角度来看,河南省秸秆生物质资源可利用量最大的是周口和驻马店两个地区,其可利用量约占全省可利用总量的1/4;其次是南阳、商丘、信阳、新乡和安阳五个地区;济源生物质资源可利用量最少,仅占全省可利用总量的0.03%。

1. 河南省生物质资源总体概况

(1) 河南省主要农作物产量与林业生产情况

河南省农业剩余物资源量丰富,可开发潜力巨大。2014年河南省农业剩余物生物质可用于能源资源的理论可获得量总计为$9.3×10^7$ t,其中秸秆资源量为$8.2×10^7$ t(吴明作等,2014),养殖资源量为$1.1×10^7$ t。表4-1列出了河南省1996~2016年的主要农作物产品产量,表4-2列出了河南省1996~2016年林业生产情况,数据分别来自于《河南省统计年鉴》(1996~2016),根据这20年农产品产量数据和林业生产情况可知,河南省农林业废弃物量极其丰富。表格中所指的其他谷类包括高粱、谷子和大麦。

(2) 河南省农林剩余资源量和资源密度情况

河南省生物质的能源资源量分布差异较大,具有明显的地域性(朱纯明,2011)。河南省生物质资源量从西南向东北以及中南向西北区域呈现逐渐减少的趋势。吴明作等(2014)计算得到了河南省农林生物质能资源密度,其分布格局见表4-3,资源量统计特征见表4-4。

通过表4-3可知,各个市的资源量与资源密度的空间分布格局并不完全一致,这主要是由于总资源量与土地面积的差异引起的。对受运输距离限制较大的秸秆资源量而言,全省的资源密度为64.50t/km^2,超过90.00 t/km^2的城市有鹤壁市、焦作市、濮阳市、许昌市、漯河市、商丘市、周口市,其他城市均达到12.03 t/km^2以上。根据河南省当地生物质发电需求，除了鹤壁市、焦作市、濮阳市、许昌市、漯河市、商丘市、周口市可建设 2.5 万 kW 的发电装机以外，其他地区均可建设 0.6 万 kW 的发电装机，而总量丰富的南阳市、信阳市因其面积较大而资源密度较小，亦可建设乙醇企业等。若能同时使用养殖剩余物，则相应的生物质能利用规模可扩大，布局也相应改变，但需要相应的利用技术作为支撑。

表 4-1　1996～2016 年河南省主要农作物产量　　　　（单位：万 t）

种类	1996年	1997年	1998年	1999年	2000年	2001年	2002年	2003年	2004年	2005年	2006年
稻谷	314.8	342.9	369.7	333.0	318.8	202.7	202.7	240.2	358.2	359.8	404.6
小麦	2026.8	2372.4	2073.5	2291.5	2236.0	2299.7	2248.4	2292.5	2480.9	2577.7	2936.5
玉米	1038.3	807.7	1096.3	1156.6	1075.0	1151.4	1189.8	766.3	1050.0	1298.0	1541.8
其他谷类*	37.5	20.6	33.3	32.2	40.0	51.1	52.5	47.0	48.5	41.3	25.9
大豆	91.1	95.2	112.1	115.2	115.8	107.6	97.8	56.7	103.5	58.1	67.8
绿豆	3.7	3.0	4.4	3.7	13.1	9.4	12.0	7.1	8.9	10.0	6.5
花生	218.6	218.3	258.8	292.9	335.9	295.1	336.2	228.2	306.3	338.3	353.1
菜籽	41.1	42.0	339.0	31.4	33.8	42.6	56.0	69.8	78.1	87.8	79.2
芝麻	18.2	15.5	19.1	24.5	22.0	23.9	27.6	11.0	22.7	22.1	25.8
棉花	73.6	79.0	72.8	70.7	70.4	82.8	76.5	37.7	66.7	67.7	81.0
麻类	11.2	13.7	7.7	4.9	3.6	2.4	5.4	3.3	3.7	3.8	4.1
烟叶	27.7	41.6	31.1	28.4	27.6	32.0	27.5	21.8	25.8	28.8	23.0

种类	2007年	2008年	2009年	2010年	2011年	2012年	2013年	2014年	2015年	2016年
稻谷	436.5	443.1	451.0	471.2	474.5	492.5	485.8	528.6	531.5	542.2
小麦	2980.2	3051.0	3056.0	3082.2	3123	3177.4	3226.4	3329	3501	3466
玉米	1582.5	1615.0	1634.0	1634.8	1696.5	1747.8	1796.5	1732.1	1853.7	1753
其他谷类	24.2	17.2	18.8	18.9	14.1	13.8	14.0	15.0	16.4	18
大豆	85.0	88.7	86.0	86.4	88.0	78.1	72.9	54.6	49.9	50.6
绿豆	5.9	6.9	6.4	6.4	6.5	6.0	5.4	4.1	3.6	3.7
花生	373.6	384.6	412.6	427.6	429.8	454.0	471.4	471.3	485.3	509.2
菜籽	85.9	97.1	93.1	88.9	77.3	87.6	89.2	86.4	86.1	81.7
芝麻	22.3	22.2	26.2	23.2	24.1	26.8	26.9	25.9	27.3	27.2
棉花	75.0	65.1	51.8	44.7	38.2	25.69	19.0	14.7	12.6	10.1
麻类	4.8	4.4	4.6	3.9	4.4	3.7	3.7	2.9	2.9	2.7
烟叶	23.9	26.7	29.7	28.8	29.3	30.2	34.7	30.0	28.9	28.3

注：其他谷类包括高粱、谷子和大麦

由表 4-4 可知各地区的生物质资源量，无论是秸秆资源量、养殖资源量还是资源总量，变异系数分别为 8.6～32.7，13.3～29.8，11.2～28.6。秸秆资源量中信阳市最大值与平均值、最小值的比值最高的，分别为 1.72 与 3.67；养殖资源量中最大值与平均值、最小值的比值最高的，分别为 2.04（信阳市）与 3.44（驻马店市）；资源总量中最大值与平均值、最小值的比值最高的，分别为 2.00（信阳市）与 3.30（驻马店市）。

表 4-2　1996～2016 年河南省林业生产情况

种类	1996年	1997年	1998年	1999年	2000年	2001年	2002年	2003年	2004年	2005年	2006年
人工造林面积/千 hm²	306.7	108.5	179.4	201.8	206.5	117.6	238.8	300.2	260.4	173.4	155.3
幼林抚育面积/千 hm²	784.9	890.7	488.7	538.5	978.0	989.7	1059.9	1139.2	1033.5	1239.0	1278.6
成林抚育面积/千 hm²	429.5	534.8	593.2	573.6	694.86	47.8	751.9	850.7	874.5	959.9	1219.6
木材采伐量/万 m³	305.0	315.0	315.0	324.8	306.0	328.0	318.0	60.0	59.6	55.9	198.0
竹材采伐量/万根	41.9	59.0	68.0	71.0	158.0	198.6	236.0	44.7	40.0	506.5	36.0
种类	2007年	2008年	2009年	2010年	2011年	2012年	2013年	2014年	2015年	2016年	
人工造林面积/千 hm²	41.4	320.8	382.1	211.5	193.5	206.0	253.1	260	154.8	97.7	
幼林抚育面积/千 hm²	1868.2	1080.0	1066.7	973.2	586.7	768.5	324.0	349.1	—	—	
成林抚育面积/千 hm²	1333.3	1188.7	1160.8	951.1	710.2	514.7	400.7	264.6	217.1	300.4	
木材采伐量/万 m³	131.0	151.6	110.3	149.7	279.0	278.5	243.1	228.8	228.9	274	
竹材采伐量/万根	40.7	55.0	451.2	76.5	167.5	159.8	125.9	151.4	153.9	154	

表 4-3　河南省农业剩余物资源密度　　　　　　　　　　　　　　　　（单位：t/km²）

城市	全省	郑州市	开封市	洛阳市	平顶山市	安阳市	鹤壁市	新乡市	焦作市	濮阳市
秸秆资源	64.53	49.55	85.51	29.64	48.89	86.48	98.66	87.40	96.85	106.54
养殖资源	492.37	326.68	751.44	268.43	562.78	316.63	399.96	473.84	565.76	562.63
总资源	556.90	376.23	836.95	298.07	611.67	403.10	498.62	561.24	662.61	669.17
城市	许昌市	漯河市	三门峡市	南阳市	商丘市	信阳市	周口市	驻马店市	济源市	
秸秆资源	109.13	121.11	12.03	44.02	103.78	39.53	111.26	77.82	24.36	
养殖资源	784.40	691.53	164.23	511.69	832.86	250.66	776.49	663.26	203.96	
总资源	893.53	812.65	176.26	555.72	936.64	290.20	887.76	741.08	228.33	

表 4-4　河南省农业剩余物资源统计特征　　　　　　　　　　　　　　　（万 t）

城市	秸秆资源量			
	平均值	变异系数	最大值/平均值	最大值/最小值
全省总计	1071.50	16.6	1.23	1.68
郑州市	36.89	8.6	1.10	1.31
开封市	53.58	14.4	1.19	1.71
洛阳市	45.08	18.0	1.20	1.89
平顶山市	38.54	15.8	1.20	1.89
安阳市	64.11	16.0	1.22	1.50
鹤壁市	21.53	15.2	1.20	1.63
新乡市	71.40	13.2	1.21	1.46
焦作市	39.43	11.0	1.14	1.48
濮阳市	44.62	13.4	1.18	1.57
许昌市	54.52	9.5	1.14	1.38
漯河市	31.70	15.7	1.18	1.64
三门峡市	12.63	18.5	1.23	1.85
南阳市	117.10	19.7	1.27	1.73
商丘市	111.09	19.8	1.23	2.07
信阳市	74.82	32.7	1.72	3.67
周口市	133.06	19.4	1.24	2.09
驻马店市	116.73	29.4	1.39	2.77
济源市	4.70	14.7	1.28	1.64

续表

城市	养殖资源量			
	平均值	变异系数	最大值/平均值	最大值/最小值
全省总计	8176.03	13.7	1.29	1.66
郑州市	243.25	14.9	1.23	1.59
开封市	470.85	20.0	1.29	2.03
洛阳市	408.23	19.7	1.32	1.90
平顶山市	443.58	29.3	1.59	2.88
安阳市	234.71	15.5	1.20	1.55
鹤壁市	87.27	22.9	1.27	2.03
新乡市	387.08	17.9	1.33	1.79
焦作市	230.32	22.0	1.28	2.06
濮阳市	235.63	17.2	1.28	1.95
许昌市	391.89	20.4	1.27	2.24
漯河市	180.97	15.0	1.20	1.77
三门峡市	172.38	24.6	1.44	2.23
南阳市	1361.11	27.9	1.53	2.17
商丘市	891.50	13.3	1.18	1.56
信阳市	474.38	29.8	2.04	2.57
周口市	928.61	14.2	1.17	1.48
驻马店市	994.89	19.8	1.20	3.44
济源市	39.39	14.9	1.23	1.89

城市	总量			
	平均值	变异系数	最大值/平均值	最大值/最小值
全省总计	9247.54	12.5	1.27	1.62
郑州市	280.15	13.3	1.21	1.55
开封市	524.43	18.4	1.26	1.91
洛阳市	453.31	18.8	1.30	1.88
平顶山市	482.12	28.0	1.55	2.66
安阳市	298.82	15.0	1.20	1.51
鹤壁市	108.80	20.8	1.25	1.91
新乡市	458.47	16.4	1.29	1.66
焦作市	269.75	18.7	1.24	1.85
濮阳市	280.25	15.0	1.24	1.76
许昌市	446.41	18.2	1.22	2.03
漯河市	212.67	14.1	1.19	1.68
三门峡市	185.01	23.6	1.42	2.14
南阳市	1478.20	25.2	1.50	2.02
商丘市	1002.58	11.6	1.18	1.54
信阳市	549.20	28.6	2.00	2.54
周口市	1061.67	11.2	1.16	1.37
驻马店市	1111.62	19.8	1.20	3.30
济源市	44.09	12.3	1.19	1.66

(3) 生物质资源消耗现状分析

根据文献（崔保伟和郭振生，2012）可知，河南在生物质秸秆资源利用中，秸秆还田比例高达 62.6%，秸秆饲用、生活用能、工业原料的比例分别为 11.5%、10.8%、2.0%，秸秆有效利用率为 90.0%。河南是我国生物质资源最丰富的省份，目前主要用于生产燃料乙醇，其中河南天冠集团是利用生物质资源制备燃料乙醇的代表性企业。在世界各国中利用生物质生产固体、液体和气体燃料以及利用情况各不相同。根据近两年美国可再生燃料协会统计的生物质能消费现状可知，生物质资源主要用于制备燃料乙醇、生物柴油及生物燃料等。我国生物质资源非常丰富，但其开发利用还比较低。从图 4-1 可知，2017 年我国一次能源消费中煤炭占 64.4%、原油占 19.8%、天然气占 7.0%、水能和核能分别占 3.3%和 2.2%，而生物质能仅占 1.9%，相比于美国、巴西、加拿大等国生物质资源消费仍有较大差距。因此，随着传统能源枯竭及能源消费结构失衡，以生物质能为首的可再生能源亟待开发利用。

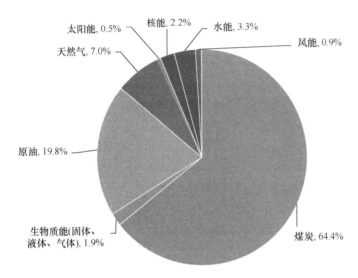

图 4-1　2017 年中国一次能源消费结构

(4) 河南省生物质资源开发利用情况

河南省生物质能开发利用起步较早，其开发利用技术主要涵盖了生物质成型燃料、生物质液体燃料、生物质气体燃料和生物质发电等方向，涉及成型燃料、生物柴油、燃料乙醇、纤维乙醇、沼气、生物质发电等。2004 年在全国率先实现了乙醇汽油的全覆盖，成功创造了乙醇汽油推广的"河南模式"。

河南省建立发展了一批在生物质能研发方面具有较强实力的科研机构和高校，从事生物质能研发和产业推广的企业上百家。生物质能产品总产值超过 100 亿元，折合标煤达 420 多万 t。目前生物质能利用技术及规模水平方面达到国内先进水平，其中燃料乙醇、沼气和秸秆成型燃料等技术和装备居国内领先地位，在生物质能转化和利用方面取得多项成果，获得国家科技进步奖、河南省科技进步奖、国家能源科技进步奖、国家专利发明奖等多项国家和省部级奖励，为河南生物质能规模化利用和产业发展以及河南生态文明建设提供重要的技术支撑。

2. 生物质能发展潜力分析

草谷比是估算生物质能资源储量的关键，因为不同年份生长条件和技术条件不同，导致谷草比在不断变化。通过参考现有文献中关于河南省的谷草比（蔡飞等，2013）（表4-5）及国内同类研究林业剩余物的折算系数（表4-6）来估算河南省生物质资源储量。

表4-5 主要农作物谷草比

农作物	稻谷	小麦	玉米	其他谷类	大豆	绿豆	花生	油菜	芝麻	棉花	麻类	烟叶
谷草比	1	1.1	1.5	1.6	1.6	2	0.8	1.5	2.2	9.2	1.7	1.6

表4-6 各类林业剩余物的折算系数

林业工作	造林截杆	幼林抚育	成林抚育	木材采伐	竹材采伐
折算系数	2.5t/hm^2	0.5t/hm^2	0.72t/hm^2	0.45t/m^3	0.005t/根

生物质资源潜力由农林剩余物资源储量指标表示，生物质资源储量为各种农作物产量与谷草比乘积以及林业剩余物与折算系数乘积的总和。根据表4-1、表4-2、表4-5和表4-6求得河南省1996～2016年不同年份的资源储量（表4-7）。由表4-7可知目前河南省生物质资源储量为10386.1万t，与2014年的9300万t相比，在两年时间里河南省农林剩余物储藏量增加了1086万t，农林剩余物资源量及发展潜力巨大。

表4-7 1996～2016年河南省生物质能资源潜力　　（单位：万t）

时间	资源	时间	资源	时间	资源
1996	6 152.8	2003	5 459.7	2010	8 269.8
1997	6 167.6	2004	6 683.3	2011	8 964.4
1998	6 283.0	2005	7 149.5	2012	9 009.7
1999	6 584.7	2006	8 136.7	2013	8 880.3
2000	6 448.2	2007	8 285.3	2014	8 778.8
2001	6 613.8	2008	8 370.3	2015	8 668.1
2002	6 633.8	2009	8 326.0	2016	10 386.1

3. 近期生物质能行业发展情况分析

由于数据的局限性，对全省生物质资源利用情况进行统计分析存在一定的难度。所以，以河南省兰考县、永城市为例，通过调研生物质能的开发利用情况来分析河南省近期生物质能行业的发展情况。

（1）生物质能利用已初具规模

河南省兰考县拥有丰富的农林资源。粮、棉、油产量位居全国百强县之列，已被确定为国家优质粮食产业工程项目县。兰考县又是著名的"泡桐之乡""瓜果之乡"，蔬菜、树莓、桑蚕、食用菌、莲藕、小杂果等特色生态农业发展迅速。

兰考县生物质秸秆资源丰富。根据调研显示，兰考县年粮食产量54万t，年产秸秆量 42 万 t 左右；2015 年林木覆盖率达到 26.1%，全县造林面积 1.5 万亩。尤其适合规模化生物质清洁能源工程的建设，可为生物天然气生产提供稳定的原材料来源。兰考县规划在 13 个乡镇建设 16 个生物质天然气能源站，每个能源站日产沼气 2.5 万 m^3，提纯生物天然气 1.1 万 m^3，0.6 万 m^3 沼气。规划建设 500 kW 沼气发电装置，利用发电余热配套发展集装箱养鱼项目，同时，项目产生的沼渣和沼液可进一步生产有机肥，形成以农林生产等生物质资源和畜禽养殖等有机废弃物为原料，采用先进技术工艺在乡镇和村庄建设不同规模的大中型沼气生产装置，制取生物天然气和有机肥，实现农作物秸秆的全量化利用（图 4-2）。目前，兰考县生物质资源利用的企业已成立 5 家，企业建设项目投资大概在 2 亿元左右，每年在兰考及周边地区收购农作物秸秆、花生壳、树皮及树枝等农林废弃物 35 万 t。

图 4-2 兰考县代表性的生物质资源利用企业

2015 年河南永城市秸秆、畜禽养殖业废弃物、林业废弃物和蔬菜垃圾等生物质资源总量为 268.1 万 t，可供应总量为 187.6 万 t，其中秸秆量 106.5 万 t、畜禽养殖业废弃物（干重）28.1 万 t、林业废弃物 42 万 t、蔬菜垃圾 10.3 万 t。在农村能源革命示范区建设规划的迫切需求下，目前永城市已有大中型的生物质能开发利用工程建立。同时，根据规划，在进一步提高秸秆和畜禽粪便集成收集水平的基础上，到 2025 年力争在永城市共布局建设 20 个大型生物天然气工程。年产生物天然气 14 400 万 m^3，年发电 34 560 万 kW·h 时，年产沼渣肥 100 万 t。

（2）生物质能利用整体效益显著

根据实地调研兰考县某生物质资源利用企业，该项目投资 2 亿元，建成后可每年在兰考及周边地区收购农作物秸秆、花生壳、树皮及树枝等农林废弃物 35 万 t，为兰考地区农民创收 8000 多万元，每年碳减排 21.6 万 t CO_2 当量，生物质秸秆燃烧后的草木灰用于农作物化肥，过滤废渣每年 2 万 t 全部由兰考当地建筑材料公司回收用于生产混凝土多孔环保砖。在农业秸秆、树皮、树枝等农林废弃物收储、运输、经营等环节共解决和涉及农村产业链用工 1060 人左右，涉及贫困人口 224 人，解决了就业压力、促进农民增收。这不仅可促进生物质等行业的生产发展，实现生物质秸秆资源的综合利用，降低产业发展对高碳化石资源的需求，减轻对生态环境的压力；还引领了当地产业发展，增加了地方财政收入和提高农村居民生活水平，具有明显的经济效益、社会效益和环境效益。

（3）生物质能发展前景广阔

通过调研发现，河南大多数生物质开发利用的企业经营良好，产品除了满足本省需求以外，在湖北、河北、安徽和陕西等周边省份也有一定的市场；其中以河南天冠为代表的生物燃料乙醇目前供应河南、湖北、河北等周边省市。天冠集团位于河南省南阳市，是中国生物能源产业的开拓者和先行者。成功开发燃料乙醇并率先推动燃料乙醇在我国大规模推广，实现了传统乙醇行业到新兴生物能源产业的历史性跨越，为我国推动农业发展、能源替代以及环境改善作出了积极贡献。多年来，天冠集团逐渐形成了以生物质资源为基础，以生物能源及生物化工为主导，以综合利用和精深加工为双翼的"一体两翼"发展格局。4万t纤维乙醇产业化示范项目成功实现了纯生物质生产，为生物能源大规模替代一次性石油资源奠定了技术基础，成为最具代表性的生物能源和化工产品研发生产基地、循环经济和低碳产业示范基地。"十三五"期间，天冠集团以低碳、循环、可持续发展为核心，完善了"生物炼制、能化并举"的战略发展规划，实现了将整个生物质的生产转化过程，打造成为绿色、低碳、环保的循环经济产业链，形成"取之自然-用于自然-回归自然"的持续发展良性循环。随着"十三五"时期可再生能源的开发需求快速增长以及传统能源资源的枯竭，生物质能的开发利用前景广阔。

4. 河南省生物质能发展存在的问题

在能源发展新时代，我国能源行业应贯彻十九大报告精神，以能源发展"十三五"规划为指引，构建清洁低碳、安全高效的现代能源体系。优化能源结构，实现清洁低碳发展，是推动我国能源革命的本质要求，是我国经济社会转型发展的迫切需要。根据规划，到2020年我国非化石能源消费比例提高到15%以上，天然气消费比例力争达到10%，煤炭消费比例降低到58%以下。目前，中国节能减排的压力非常大。据BP石油公司统计，2010年中国已超过美国成为世界上最大的能源消费国，能源消费量占全球的20.3%。河南省尽管煤炭资源比较丰富，煤炭储量居全国第十位，但河南煤炭开采历史悠久，开采强度较大，煤炭产量曾连续19年居全国第二位，进入21世纪以来，煤炭产量退居至第三、第四位，已由煤炭外销大省变成了煤炭净调入省，部分地表和浅部查明资源逐渐枯竭，后备资源危机初步显现。同时河南又是农业和人口大省，风能资源匮乏，可大规模利用的风能资源很少，太阳能资源一般，而且河南要保证粮食生产，不可能有土地来开发太阳能资源。所以在河南城镇化建设过程中，开发生物质能将是必然趋势。

（1）生物质资源丰富，但利用水平较低

河南是农业大省，农村能源资源非常丰富。近年来，河南一直保持着全国粮食总产量第一的纪录。2017年粮食总产量达6524.25万t，棉花总产量达4.4万t，油料总产量达586.95万t，可产生秸秆高达1亿t，除去用作饲料等其他行业的秸秆，也有约5000万t的秸秆可作为能源使用，折合2400万tce。另外，河南还有大量的林业废弃物，2017年造林面积达180.93千hm^2，成林抚育面积300.75千hm^2，采伐木材246.03万m^3，产生林业废弃物1000多万t；仅农林废弃物就折合将近4000万tce，如果再加上生活垃圾、人类粪便、生活污水中的生物质能，农村能源的总量可达8000多万tce。然而，由于河南能源结构不合理，能源分布不均衡，农村能源的资源优势仍然没有得到充分的利用开发。

生物质资源利用的一个突出特点是要因地制宜，要结合当地可再生能源资源的分布情况进行高效开发利用。秸秆作为能量密度低、分散广的资源,不宜收集和存储,这就增加了秸秆等生物质资源的收集成本;随着河南经济的快速发展,商品能源在农村使用越来越广泛导致大量秸秆等生物质被直接燃烧,大部分农村秸秆被农民在田间焚烧,只有一部分被用来直接燃烧作为生活能源。农村利用秸秆直接燃烧作为生活用能的效率很低,通常不超过20%,经过特殊设计的省柴灶效率也不过30%,相比于生物质锅炉高达85%以上的热效率,利用率十分有限。牲畜家禽粪便只有部分作为有机肥还田,大部分随污水流失,不但造成了能源的损失,而且严重污染了农村环境。另外,河南省农作物一年两熟,在收获季节和种植下茬作物时需要及时清理田间地头,如果大量的农作物秸秆没有及时清理出去,就会占用耕地影响下一季的农业生产,这就造成了大部分的秸秆和薪材等生物质能被丢弃、随意焚烧,引起大气污染,使生物质资源白白浪费。

(2)河南生物质能主要利用方式问题诸多

河南农村一方面蕴藏着巨大的生物质能,一方面却缺少可利用的能源,这阻碍着农村的经济发展,其主要的问题是对农村生物质能开发利用的技术落后。有效的生物质能的利用形式主要有直接燃烧、生物质热解、生物质气化和沼气等几种形式,其中利用最广泛的是生物质直燃发电和沼气。

生物质直燃发电。生物质直燃发电是把生物质(如秸秆、薪柴等)取代传统的燃料煤,直接进入锅炉燃烧,产生高温高压的蒸汽进入推动汽轮发电机组做功发电。由于农业生产存在季节性的特点,要实现连续发电,生物质电厂必须在收获的季节存储大量生物质,但是秸秆的密度较低,占用的空间过大。另外秸秆分布分散,收购和运输半径较大。目前河南省近20家生物质发电企业,普遍存在因秸秆问题而出现营运不佳的状况。

1)生物质秸秆供应不稳定。由于规划不合理,近年来,经常出现发电企业之间无序争夺秸秆资源的情况。造纸行业利润较高,也和发电企业恶性竞争抬高秸秆收购价格,导致河南省大多数生物质发电厂经常出现由于秸秆供应不稳定而中断发电的情况。

2)农忙季节收购秸秆困难。夏秋是收获秸秆的旺季,但目前还没有合适的收获秸秆机械,需要消耗大量的劳力;同时,收获秸秆的季节也是农忙季节,农村本身就因青壮年外出打工而劳动力紧缺,农民从经济角度考虑费力费时收集出售秸秆得不偿失,所以农民收集秸秆的积极性不高,大部分秸秆就地焚烧或腐烂在地里。

3)秸秆的运输费和到场价格高。生物质发电厂秸秆收购的半径以50公里为宜,规划的不合理以及激烈的竞争,导致一些电厂秸秆的收购半径必须扩大到160公里以外才能保证电厂的持续生产,秸秆的运输费大大增加。目前,河南的农业生产大多仍以家庭为单位,发电企业不可能直接面向成千上万农户进行收购,只能通过秸秆收集商贩进行收购,有时候是小收集商出售给大收集商,大收集商再出售给电厂。中间环节越多,秸秆到场的价格就越高,造成秸秆的到场价格是农民直接出售秸秆价格的两倍还多。电厂如果不直接面向单个农民签订长期秸秆收购协议,秸秆的收购价格就难于保证。再加上农户质量意识差,有时为了自身利益往秸秆里加水、加土,使得秸秆的收购质量难于保证,也增加了发电企业的经营负担。

生物质沼气。生物质沼气技术是把生物质通过厌氧发酵获得清洁可燃烧气体的技术，是一个复杂的微生物学过程。废弃的有机物（秸秆、粪便、有机污水）在密封、无氧的沼气池内，被沼气发酵细菌首先分解为糖和各种类型的酸，并最终生成沼气。沼气发酵除了沼气可以做燃料外，剩下未分解的沼渣是非常好的有机肥，沼液中有丰富的有机物和对病虫害有抑制作用的物质，可以用来浸种和灌溉。在农村发展沼气技术，变"三废"为"三宝"，同时还改善了农村的生活环境，所以我国一直都非常重视沼气在农村的推广工作，但河南农村目前沼气发展成效并不明显。

1）沼气发酵过程要求条件严格。沼气发酵是一个复杂有机过程，细菌的生长繁殖和沼气池内发酵过程均需要满足一定条件，才能获得较大的产气率。沼气生产要保证严格的厌氧条件，沼气细菌在有氧条件下几秒钟就会死亡；要保证有充足的发酵原料和一定的发酵浓度，只有原料充足而且营养搭配适当才不会影响细菌的正常繁殖，发酵料液浓度在 6%~10%的范围内才能大量产生沼气。另外沼气发酵还要控制沼液合适的温度和一定的酸碱度，同时要经常搅拌。河南省在农村大量推广的农户小型沼气池很难满足这些条件。

2）河南省农村沼气发酵装置简陋、工艺简单。目前农村使用最广泛的是水压式埋地沼气池，主要是一些养殖户为了处理牲畜的粪便而建的沼气池。这种沼气池投资较少，工艺简单，甚至出料、进料的设备都没有，更不要说控制温度、pH 的自动化设备了，所有的操作都是靠人力手工，劳动强度大、产气率低、产气量不稳定、使用寿命短。很多养殖户是因为国家有补贴才建的沼气池，自己投入很少，在没有国家补贴的地方，养殖户的牲畜粪便还是任意排放。

3）农民专业知识缺乏，管理不善。工艺设备越简单，自动化程度越低，往往需要更多的专业知识和完善的管理才能保证产品的质量。农村的养殖户都是以家庭为单位进行生产的，农民的知识水平较低，主要的精力都放在主业养殖上了，没有专门的人员去学习沼气专业知识和对沼气系统的专门管理，除了把粪便送进沼气池就很少对沼气进行管理了，甚至连沼渣都不出。另外，农民的环境意识较差，建成初期这些沼气池还可以使用，等过几年以后由于缺少维护，产气量很少，沼气池也就废弃了，这也是国家在农村推广沼气多年而效果不佳的原因。

（三）河南省生物质能与生态文明发展目标

1. 生态文明建设指导思想

以邓小平理论和"三个代表"重要思想、科学发展观及习近平新时代中国特色社会主义思想为指导，全面贯彻落实《河南省"十三五"能源发展规划》提出的发挥河南省资源和区位优势，顺应能源发展新形势，优化"四基地、一枢纽、两中心"总体布局，到 2020 年河南省要基本形成清洁低碳、安全高效的现代能源体系，力求最大限度降低能源活动对环境的不良影响，坚持把生态文明建设放在更加突出的战略位置，立足于河南省生态区位重要、原生态民族文化多彩、生物质资源丰富等特点，秉承生态优先、文化提升、创新发展、集聚发展、绿色发展、和谐发展的理念，依据"以改革促发展、以发展促生态、以生态促和谐"的发展思路，加强空间结构和产业结构调整，推动生态工业和生态城镇的聚集发展、现代农业的高效发展、特色旅游业的高端发展，努力把生态美丽河南建设成为生态良好、生产发展、生活富裕的全国生态文明示范省，对保障全省经济社会持续健康发展、全面建成小康社会、大力推动能源生产和消费革命及生态文明建设具有重要意义。

2. 生态文明建设战略定位

河南省生态文明建设的战略定位是把河南省建设成为全国生态文明建设示范省、民族文化旅游发展创新试点、全国承接以生物质能为主的产业转移与创新示范省、生物质能产业体制改革与城乡统筹示范区、民族团结进步繁荣发展示范区，打造生态安全省、文化繁荣省、绿色富裕省、优美宜居和社会和谐省。

3. 生态文明建设目标

通过深入分析河南省生物质资源潜力、发展现状及生态效益，列出生物质能的绿色高效开发及利用研究的方向；探索出农业、工业和第三产业的有机契合点，推进生态文明建设；建立和完善适合河南省资源状况和地区经济发展，并以生物质能为基础纽带的生态文明建设体系；提出河南省生态文明建设体系的战略政策建议。建成生活品质优越、生态环境健康、生态经济高效、生态文化繁荣的生态美丽河南，全面达到全国生态文明建设示范省的要求。

三、基于生物质能的生态文明发展模式

（一）生物质能的集约化综合高效利用模式

根据国家能源战略部署，依托河南省现有资源条件和产业现状，未来生物质能开发应以技术为纽带，生物质能合理化、规模化利用为途径，生物质能装备创新为依据，生物质能产业体系建设为载体，生物质能产业化发展新途径为借鉴，生物质能示范工程建设为契机，提升自主创新，发展绿色区域和新能源体系，进行综合开发、阶梯利用、集约整合，打造生物质能领域高起点的研发和技术推广平台，有力推进生物质能产业向着集约化综合高效方向发展。

（二）生物质能的分布式利用模式

根据中国能源研究会分布式能源专业委员会、中国通信工业协会能源互联网分会于2017年8月在北京主办的"第十三届中国分布式能源国际论坛"了解，该论坛旨在为分布式能源单位提供交流分布式能源新技术、新装备、新项目的成功经验的平台，推动中国分布式能源健康和规模发展。国家能源局领导在论坛中表示，分布式能源具有能源利用效率高等优势，是我国未来能源发展的一种重要趋势，要积极推动分布式能源成为重要的能源利用方式。

"十三五"时期，我国能源消费增长换挡减速，保供压力明显缓解，供需相对宽松，能源发展进入新阶段。《能源发展"十三五"规划》指出，传统能源产能结构性过剩问题突出，可再生能源发展面临多重瓶颈，天然气消费市场亟须开拓，能源清洁替代任务

艰巨，能源系统整体效率较低。而我国分布式能源起步较晚，目前以天然气分布式能源项目为主。根据相关统计，截至2016年年底，全国共计51个天然气分布式能源项目建成投产，装机容量将达到382万kW；根据相关规划，到2020年年底，全国将建成天然气分布式能源项目147个，装机容量将达到1654万kW。为实现《能源发展"十三五"规划》目标，河南省作为生物质资源极为丰富的大省，开展生物质能分布式综合利用是未来我国生物质能技术的重要发展方向，具有生物质能利用效率高、环境负面影响小、生物质能供应可靠性和经济效益好等特点。

（三）秸秆高效气化清洁能源利用示范县集中布局-整县推进模式

河南是全国的粮食生产大省，农林剩余物资源丰富，造成秸秆区域性、季节性过剩问题突出。目前，河南省秸秆利用率低，随意丢弃和焚烧严重，不但严重污染大气，还造成了资源的浪费；因此，在河南省布局建设一批秸秆产量大、利用能力强、基础条件较好的县，集中规划建设秸秆高效气化清洁能源利用示范工程，形成农村清洁能源供应体系。实施秸秆热解气化多联产、秸秆沼气多联产等能源利用重点项目，对于示范带动全省秸秆规模化利用、改善农村用能结构、保障农村能源革命的顺利实施，强化大气污染治理、提升农村生态文明水平具有重要的推动作用；实施秸秆高效气化清洁利用是贯彻落实党的十九大会议精神，以"创新、协同、绿色、开放、共享"五大发展理念为指导，是推动乡村振兴战略、农村能源革命、农村清洁能源供给、建设美丽乡村、改善农村生态环境质量和生态文明建设的重要保障。

（四）生物质全组分清洁深加工模式

目前，生物质的开发利用有生物质成型燃料（何晓峰等，2006；胡建军等，2008；李在峰等，2015；Haykiri-Acma et al.，2013）、生物质液体燃料（Chen et al.，2017；陈高峰，2014；Ao et al.，2018）、生物质燃气和发电（Luk et al.，2009．吴创之等，2006；王久臣等，2007；刘亚飞等，2009；胡燕，2012）等，在此研究技术基础上，建立了生物质全组分清洁深加工模式，技术路线大至分3条，如图4-3所示。

1. "生物质—生物质液体燃料—生物质高值化学品"产业链模式

以生物质资源为原料定向液化制备生物汽油、生物柴油和生物航空燃油等清洁液体燃料，并联产高附加值化学品；建立以生物质资源为基础，到生物液体燃料，再到高值化学品的关键技术和整体工艺装备产业链，涉及生物质原料的清洁预处理技术及装备，生物质液体燃料高效催化转化技术及装备，液体燃料低能耗分离系统，高值化学品的催化合成关键技术及设备，高效催化剂的制备等技术。

2. 生物质成型燃料定向气化间接液化制备醇类燃料及复配技术产业模式

以生物质致密成型燃料为原料定向热解气化制备高值燃气，生物质燃气间接液化制备低碳混合醇，低碳混合醇再与汽柴油复配。建立生物质气化燃料的定向调质高效成型预处理技术及装备，生物质成型燃料定向热解气化、燃气高效净化脱除焦油技术及设备，生物质合成气催化重整工艺体系及合成气成分的有效调整及控制技术，低碳混合醇高效制备清洁分离系统及汽柴油复配技术。开发一整套生物质调质成型、定向气化及催化重整、清洁高效合成液体燃料整体工艺及成套装备，实现生物质到低碳醇液体燃料的清洁高效转化。

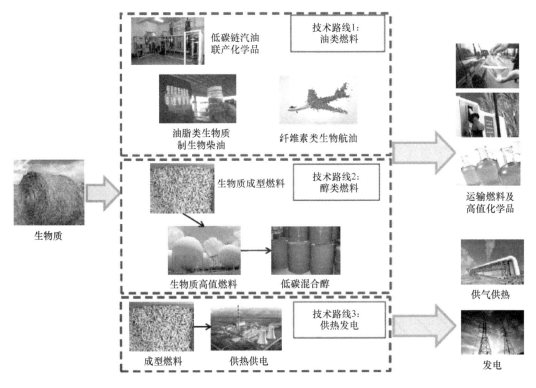

图 4-3　生物质全组分清洁深加工技术路线

3. 生物质成型燃料及供热供电技术产业模式

以生物质成型燃料为原料高效燃烧后的蒸气进行供热供电产业化生产。建立一定规模的生物质成型燃料智能化供热系统，生物质成型燃料混燃发电系统及在混燃发电系统中的生物质燃烧量计量检测和监控技术。实现生物质能的清洁供暖和高效供电，加快农林废弃物的可持续利用步伐。

四、基于生物质能的生态文明发展的典型案例工程

（一）案例一：汝州秸秆成型燃料生产基地

农业废弃物是木质纤维素生物质的最重要的组成部分，河南省农业废弃物资源量丰富，是一笔巨大的可再生资源。把大量的农业废弃物转化为高值的液体燃料再用于车用燃料和供热发电是生物质能转化技术的核心组成，也是建立基于生物质能发展的生态文明建设体系的关键因素。生物质能产业的发展与农村经济和亿万农民密切相连，该产业

发展潜力大，为实现精准脱贫提供了有效途径。

农村废弃物分布广而散，能源密度低，故收集困难，且运输成本高，造成难以实现大规模的推广应用，且由于生物质种类不同、液体燃料转化技术及利用方式的不同，有必要建立一套完善的秸秆类农业废弃物从原料的生产到收集、运输，再到转化利用体系，实现秸秆的全生命周期评价。

为此，建立了秸秆—生产—收集—储存—运输—转化—供热发电利用综合分析和利用系统。其整体工艺如图4-4所示，农作物从幼苗期到生长期再到成熟期，粮食收获，秸秆堆晒、打捆、运输到生产线，压缩成型、预处理后的农业废弃物经水解、醇解、热解、酶解、发酵、气化再间接液化等技术制备液体燃料，粗合成的液体燃料经萃取、蒸馏、分离提纯制备生物油、醇类燃料、乙酰丙酸、航空燃油等液体燃料，其中乙酰丙酸可以经进一步的酯化反应和加氢反应制备乙酰丙酸酯类燃料及高值化学品γ-戊内酯等，制备的液体燃料可作车用燃料及供热发电。

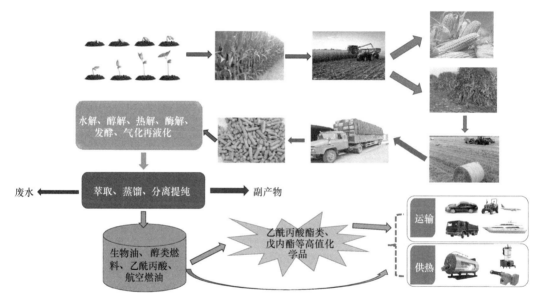

图4-4　秸秆综合化利用整体路线图

随着散煤的替代和低碳能源政策的落实，生物质供热将成为主要的利用形式之一，有很大的发展前景。生物质供热在国际上发展最快也是最成熟的技术之一，更是最有可能实现产业化的生物质利用形式。在生物质发电方面，与国外技术相比，缺乏先进燃烧技术优化设计软件，集成控制系统特别是智能化操作系统及相关的过程感知、评判、预警、调控等应用配件，主要依赖进口，发电效率存在差距较大，混燃发电由于政策和监测技术缺乏而发展极其迟缓。为此，建立了以生物质成型燃料为原料高效燃烧后的蒸气进行供热供电产业化生产体系。建立一定规模的生物质成型燃料智能化供热系统，生物质成型燃料混燃发电系统及在混燃发电系统中的生物质燃烧量计量检测和监控技术。实现生物质能的清洁供暖和高效供电，加快农林废弃物的可持续利用步伐。

针对河南省汝州市农作物秸秆产出及分布特点，选择合适的区域，建立了以玉米秸秆等为主要原料的 4 个成型燃料试验厂。通过调试运行，形成 1 个稳定生产能力为 2 万 t、3 个生产能力为 1 万 t 的农作物秸秆成型燃料生产线，最终完成年产 5 万 t 的农作物秸秆成型燃料生产体系或基地。在汝州市杨楼乡黎良村建立成型燃料试验厂，并形成 2 万 t 以玉米秸秆、小麦秸秆为原料的成型燃料示范生产线，覆盖面积 4 万亩；汝州市王寨乡樊古城村建立成型燃料试验厂，并形成 1 万 t 以玉米秸秆为原料的成型燃料示范生产线，覆盖面积 2.4 万亩；汝州市庙下乡文寨村建立成型燃料试验厂，并形成 1 万 t 以玉米秸秆为原料的成型燃料示范生产线，覆盖面积 2 万亩；汝州市温泉镇张寨村建立成型燃料试验厂，并形成 1 万 t 以玉米秸秆为原料的成型燃料示范生产线，覆盖面积 2.6 万亩。

建立以生物质资源为基础定向液化制备生物液体燃料（生物汽油、生物柴油、生物航油）并联产高附加值化学品的关键技术和整体工艺产业链。可逐渐替代对化石能源的需求，减轻对环境的压力，更是循环经济及生态文明建设要求下的必然产物。

建立以生物质资源为基础到生物液体燃料再到高值化学品的关键技术和整体工艺装备产业链（图 4-5），涉及生物质原料的清洁预处理技术及装备、生物质液体燃料高效催化转化技术及装备、液体燃料低能耗分离系统、高值化学品的催化合成关键技术及设备、高效催化剂的制备等技术。

图 4-5　生物质高值化学品资源化利用路线

（二）案例二：兰考县生物质综合利用

生活垃圾一直是农村面临的比较头疼为问题，处理不当，不但污染环境，还严重影响了乡村容貌。迫于建设美丽乡村的内在要求和"三农问题"的解决，迫切需要建立生活垃圾-供热发电工程综合化利用生态模式（图 4-6）。

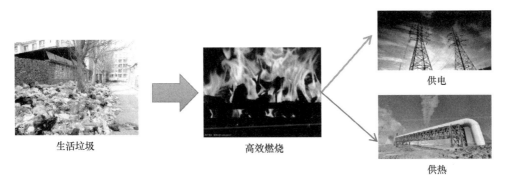

图 4-6　生物质热电产业化利用路线

兰考垃圾资源化利用模式为垃圾处理的成功案例。全县的垃圾收储运系统由政府部门运作，在每个村设立一个垃圾仓，投置多个移动垃圾箱，移动垃圾箱的分布根据村民的密集程度平均按间距约为 10~15m 放置一个；每个乡镇建 1~2 个垃圾中转站。村民的生活垃圾先就近倒入移动垃圾桶，由专门的环卫工人将垃圾箱中的垃圾收集运送到垃圾仓，通过垃圾运输车再将垃圾仓中的垃圾运输到垃圾中转站，每天约有 200 多辆垃圾环保车将垃圾中转站收集的全部垃圾运输到光大垃圾处理厂。

垃圾处理厂处理的垃圾无须分类，送来的垃圾先在发酵罐中发酵 1 周后，采用国际先进成熟的机械炉排垃圾焚烧处理技术，配备 2 台日处理量 300t 的垃圾焚烧炉和 1 台 15MW 的汽轮发电机组进行焚烧发电，烟气净化系统采用 SNCR+半干式旋转喷雾反应塔+干法脱硫+活性炭+布袋除尘器的处理工艺，烟气排放按新国标或欧盟 2000 最高之标准执行，年发电量约 7700 万度，其中 6500 万度并网发电，上网电价为 0.65 元/度；垃圾焚烧渣经去除重金属后用于制作环保砖，垃圾渗透液采用高压反渗透膜污水处理系统净化后反流回垃圾焚烧炉，实现了污水零排放；焚烧过程产生的灰分经压块后填埋，实现了垃圾的全组分的综合开发与利用。目前整个兰考日产生垃圾量为 400~500t，而光大垃圾处理厂一期的日均垃圾处理规模就达到了 600t，能够吸纳兰考的全部垃圾，全部建成相当于一个 15 兆瓦的发电厂。光大在河南其他地区还建立了生物质和垃圾两线并一线式基础资源共享发电厂。

兰考建立的良好的生物质发电的收储运系统，以政府为导向，企业为先导、市场为动力建立了较为完善的生物质收储运系统。初期瑞华电力在兰考县堌阳镇建立了占地约 20 亩的示范点，购置了地磅、机械用于加工各种类型的秸秆，建立粉碎标准（包括长度、厚度、泥土含量、水分含量等），让愿意从事秸秆收集加工的农民来参观学习，比如哪一类型的秸秆用何种机械，如何加工、粉碎，以及粉碎标准等，经过三四年的运营，市场已经培育成熟。客户收集秸秆后按照粉碎标准自行加工后，送到厂区，98%客户签有合同，建立了完善的收购标准，价格体系。目前年收购 7 万~8 万 t，年发电量 2 亿度左右，年发电 7000~8000 小时，运营良好，上网电价 0.75 元/度。

以瑞华为先导建立了较为完善成熟的收储运体系，收集的秸秆先打碎或打捆，先处理碎秸秆，炉膛一次给料不能太多，因为秸秆很轻，如果一次给料太多，容易堵塞且很难进入炉膛，其他未处理秸秆先存放起来，下半年是秸秆大量收购的季节，有玉米秸秆、玉米芯、花生壳、花生瓤、棉花秆，上半年主要是林业作物，树皮和板材厂的边角废料及少量花生壳。生物质发电项目很好地带动了兰考地区的经济发展，为当地农民提供了更多的就业机会，且企业经济性收入良好，企业规模约 130 人，在建厂初期主要以外地员工为主，兰考当地人主要从事门卫、保洁、厨师等行业，而现在企业 47%的员工为当地兰考人，有的当地人甚至已经进入科研管理岗位。在农业秸秆、树皮、树枝等农林废弃物收储、运输、经营等环节总共解决和涉及农村产业链用工 1060 人左右。公司年碳减排 21.58 万 t CO_2 当量。

（三）案例三：南阳生物燃料乙醇生产

2017 年 9 月 13 日，由国家发改委、国家能源局、财政部等十五个部委联合印发了

《关于扩大生物燃料乙醇生产和推广使用车用乙醇汽油的实施方案》，到 2020 年，全国范围将推广使用车用乙醇汽油，基本实现全覆盖，市场化运行机制初步建立。推广 E10 乙醇汽油有助于减缓对石油资源的依赖，促进农业发展，在二氧化碳减排、降霾及大气污染治理中发挥重要作用。

生物燃料乙醇生产的三大类原料主要包括以谷物、薯类为主的淀粉质原料，以甘蔗、甜高粱为主的糖质原料和以秸秆、籽壳为主的纤维类原料。在可持续发展和"不与人争粮，不与粮争地"的原则下，E10 乙醇汽油战略的提出为秸秆类非粮原料生产燃料乙醇的大规模生产迎来了契机，同时也提出了挑战。

目前有关木质纤维素生物质能利用方面的技术问题主要体现在：①对于原料的生物质能转化特性和转化机制尚缺乏充分的基础研究；②还没有形成高效的组分分离技术（预处理技术）；③生物炼制技术尚处于起步阶段，还需要大量基础性实验和理论研究。所以，以木质纤维素为原料的第二代生物质燃料开发既是全球研发的热点，也是难点。

为此，建立以秸秆类生物质为原料定向热解气化制备高值燃气，生物质燃气间接液化合成低碳混合醇及混合醇与汽柴油复配的关键技术与整体工艺产业链（图 4-7）。建立生物质气化燃料的定向调质高效成型预处理技术及装备，生物质成型燃料定向热解气化、燃气高效净化脱除焦油技术及设备，生物质合成气催化重整工艺体系及合成气的成分的有效调整及控制技术，低碳混合醇高效制备清洁分离系统及汽柴油复配技术。开发了一整套生物质调质成型、定向气化及催化重整、清洁高效合成液体燃料整体工艺及成套装备，实现生物质到低碳醇液体燃料的清洁高效转化。建立一定规模的纤维素类生物质醇类燃料示范工程，实现农林废弃物的能源化资源化利用。

图 4-7　生物质醇类燃料能源化利用路线

河南南阳天冠集团拥有国内最大的年产 80 万 t 燃料乙醇生产能力，建成了国际上最大的日产 50 万 m^3 生物天然气工程和国际领先的 4 万吨级纤维乙醇产业化师范工程、万吨级生物柴油装置，形成了从农业种植加工-生物能源-生物化工及下游产品及废弃物资源化利用的全产链。

天冠集团年产 30 万 t 燃料乙醇生产线是国家"十五"重点工程和河南省产业结构调整的标志性项目（图 4-8）。各项制备均完全达到设计要求，部分指标优于初设指标，并得到了国家八部委和省市领导的充分认可。目前可满足河南全省、湖北、河北部分地市的燃料乙醇的供应，有力地保障了国际车用乙醇汽油推广试点工作的燃料乙醇市场供应，为国家实施的能源替代战略作出了积极贡献。全力探索了后石油时代和石油后时代人类对绿色液体能源的替代渠道，随着乙醇汽油的推广，可有效减少汽车尾气的污染。

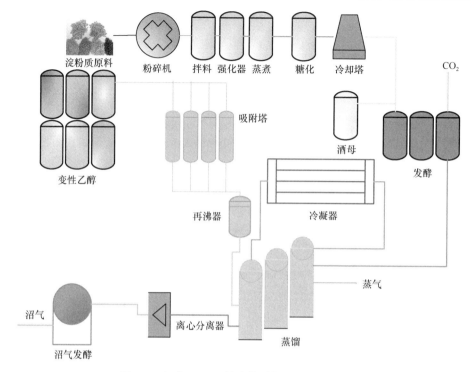

图 4-8　年产 30 万 t 的生物质燃料乙醇生产线

五、综合效益分析

(一) 河南汝州生物质成型燃料生产综合效益分析

1. 经济效益分析

在汝州市杨楼乡黎良村建立了 2 万 t 以玉米秸秆、小麦秸秆为原料的成型燃料示范生产线，覆盖面积 4 万亩；在汝州市王寨乡樊古城村建立了 1 万 t 以玉米秸秆为原料的成型燃料示范生产线，覆盖面积 2.4 万亩；在汝州市庙下乡文寨村建立了 1 万 t 以玉米秸秆为原料的成型燃料示范生产线，覆盖面积 2 万亩；在汝州市温泉镇张寨村建立了 1 万 t 以玉米秸秆为原料的成型燃料示范生产线，覆盖面积 2.6 万亩。总共年生产 5 万 t 生物质成型燃料（图 4-9、图 4-10），每年为企业净收入 400 多万元，年替代标煤 2.5 万 t。

2. 环境效益分析

图 4-11 为年产 5 万 t 玉米秸秆成型燃料的生命周期温室气体分析，由图 4-11 可知该示范基地利用生物质秸秆固定的二氧化碳为成型燃料和使用排放出二氧化碳的 96%，说明秸秆成型燃料的生命周期存在少量的温室气体的排放，但在很大程度上减少了温室气体的排放。图 4-12 为年产 5 万 t 玉米秸秆成型燃料的生命周期标准排放物分析，由图 4-12 可知标准排放物总量在秸秆的压缩成型过程最多，其次为成型燃料的燃烧利用过程。其中，二氧化硫的量在标准排放物中占的比例最大，主要产生于压缩过程的用电，即电厂的排放。PM_{10} 主要产生于成型燃料的燃烧利用。氮氧化物主要产生于成型燃

料的燃烧利用和成型压缩过程的电厂排放。所以，该基地可减少温室气体排放 5.5 万 t、二氧化硫排放 500t。

图 4-9 年产 1 万 t 成型燃料生产线

图 4-10 年产 2 万 t 成型燃料生产线

3. 社会效益分析

该项目的运行科消耗的秸秆每年为当地农民增收 1000 多万元，解决劳动就业 300

多人。该基地促进了秸秆等生物质能的规模化利用，对促进生态文明建设、农业经济发展、建设美丽乡村具有重要的意义，社会效益、生态效益巨大。

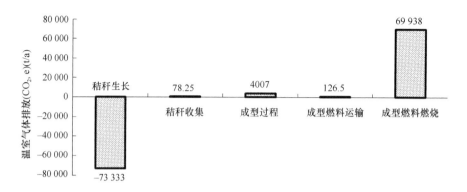

图 4-11　年产 5 万 t 玉米秸秆成型燃料的生命周期温室气体分析

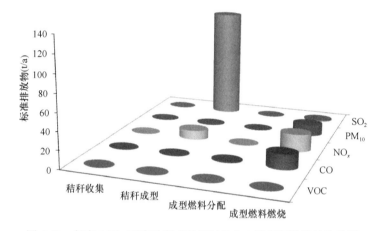

图 4-12　年产 5 万 t 玉米秸秆成型燃料的生命周期标准排放物分析

（二）河南省兰考县生物质利用企业综合效益分析

该项目的运行不仅可促进生物质等行业的生产发展，实现生物质秸秆资源的综合利用，降低产业发展对高碳化石资源的需求，减轻对生态环境的压力；还引领了当地产业发展，增加地方财政收入和提高农村居民生活水平，具有明显的经济效益、社会效益、环境效益。

根据实地调研兰考县某生物质资源利用企业，该生物质资源利用项目投资 2 亿元，建成后可每年在兰考及周边地区收购农作物秸秆、花生壳、树皮及树枝等农林废弃物 35 万 t，为兰考地区农民创收 8000 多万元，每年碳减排 21.6 万 t CO_2 当量，生物质秸秆燃烧后的草木灰用于农作物化肥，过滤废渣每年 2 万 t 全部由兰考当地建筑材料公司回收用于生产混凝土多孔环保砖（图 4-13）。

同时，在农业秸秆、树皮、树枝等农林废弃物收储、运输、经营等环节共解决和涉及农村产业链用工 1060 人左右，涉及贫困人口 224 人，解决了就业压力和促进农民增收。

图 4-13 兰考县某生物质资源利用企业效益分析

（三）河南南阳天冠生物质燃料乙醇生产综合效益分析

1. 经济效益分析

河南天冠 4 万 t 纤维乙醇产业化示范项目成功实现了纯生物质生产，为生物能源大规模替代一次性石油资源奠定了技术基础，成为最具代表性的生物能源和化工产品研发生产基地、循环经济和低碳产业示范基地。该项目每年如果把河南省的 2000 万 t 秸秆等农业废弃物用作生物质能，收集成本按照每吨 200 元，则 2000 万 t 可为当地农民增收 40 亿元，覆盖农民 1000 多万人，人均增收约 400 元；这些农业废弃物转化为生物质能，一方面，大大缓解了农作物秸秆等生物质随意焚烧带来的空气污染，另一方面，替代了化石能源，起到节能减排的作用。农业废物资源的能源化利用促进其规模化利用，对促进农业经济、低碳经济的发展具有重要的意义。

2. 环境效益分析

进行生物质资源的利用会减少二氧化碳排放，实现农业废弃物资源化处置，缓解对传统化石能源的过度依赖，解决农村环境、改善生态等问题，最终实现绿色、低碳、清洁的能源环境。为大力发展清洁能源和可再生能源系统起决定性作用，也为能源发展与生态文明建设的高度融合打下坚实的基础，是着力推进清洁能源高效发展的重要途径之一；不仅可以减缓我国能源紧张局面，减轻生态保护和环境污染的压力，而且还可以满足农民对水、电、热、气的能源需求，改善农村生存环境，提高农民生活质量，促进城乡协调，实现社会经济的可持续发展。生物质的能源规模化利用，具有双向清洁作用，以秸秆为例，如果不被利用就难免被就地焚烧，随意焚烧时会释放大量的二氧化碳，导致大气中二氧化硫、二氧化氮、可吸入颗粒物三项污染指数明显升高，还会引起非常明显的雾霾现象，危害人体健康，影响民航、高速等交通的正常运营，2000 万 t 的秸秆可替代标煤约 1000 万 t，减排二氧化碳 2200 万 t，减排二氧化硫 20 万 t。

3. 社会效益分析

通过河南天冠生物质资源利用项目，可实现资源的生态循环，有效减少农村生活垃圾及固体废弃物的堆放，同时也可降低因垃圾回收和处理不当引起的污染；有利于清洁能源的广泛普及，2000 万 t 的秸秆等生物质能利用产业可满足 5 万～10 万人就业，缓解就业压力和相关产业的环境保护压力，促进农村地区经济的持续发展，为全省提供显著的社会效益,对农业大省的经济发展方式的转变起到积极的作用。

六、基于生物质能的生态文明存在的问题及建议

(一)基于生物质能的生态文明建设存在的问题

河南省在不断深化生态文明建设理论,如可持续发展理论、循环经济理论研究的同时,开始加快生态文明建设实践的步伐,并取得了良好进展。但是,从对省内一些市、县因发展生态示范区建设的初步调查结果来看,河南省生态文明建设与发展尚处于初级阶段。全省范围内生态文明建设与发展还面临着很多困难。归纳起来,河南生态文明建设面临的主要问题有:缺乏符合河南打造全国生态文明示范区和生态省建设目标要求的、高水平的建设规划,尤其缺乏详细的、科学的、可操作的实施方案;工业企业规模小,工艺设备较为落后、能耗高、污染物排放量大,发展工业循环经济缺乏规模和技术支撑;耕地资源相对缺乏,经营分散、技术落后、设施不够完备,农副产品利用率低,发展农业循环经济基础薄弱;自然生态环境比较脆弱、水资源时空分布不均、自然灾害频繁;城市与城市、城市与乡镇、城市与农村之间的人居环境差距明显;人口整体文化科技素质偏低,缺乏具有鲜明特色和竞争力的生态文化和文化产业体系;科学、高效、稳定的能力保障体系尚未建立。具体分为以下几点。

1. 生态文明意识有待提高

"高投入、高消耗、高污染、高排放"的粗放增长方式仍然存在,"重经济轻环境、重速度轻效益、重利益轻民生"的发展方式依然没有除根,以牺牲生态环境为代价,片面追求 GDP 高速增长,导致人口、资源、环境的矛盾日益突出。生产者的生态文明意识不强,一方面,一些单位过度消耗自然资源,无节能量化考核标准,用水、用电、燃油以及办公用品消耗等浪费现象严重;另一方面,一些企业违法排污加重环境污染。管理层生态文明意识不强,土地开发格局不合理,生产空间偏多、生态空间和生活空间偏少,由于盲目开发、过度开发、无序开发,加之相关法律、政策和考核体系还不能适应生态文明建设的要求,一些地区已经接近或超过资源环境承载能力的极限。另外,大部分农民按照"靠天吃饭"的传统农业生产方式进行生产,他们并不了解"生态农业"这种新思想、新理念;广大农民的受教育程度较低,整体素质也不高,使得他们对于生态农业新知识缺乏全面、系统的认识;所以农民生态意识比较薄弱。

2. 能源资源约束趋紧

河南省人口基数大,资源能源相对不足,重要资源的人均占有量均低于全国平均水平,能源、水资源和环境容量是影响全省长期持续发展的三大制约因素。如人均水资源占有量不足全国平均水平的 1/5,远低于国际公认的水资源紧张警戒线,多数地区地下水超采现象严重。人均耕地面积仅相当于全国平均水平的 1/4,可利用的后备耕地资源严重不足,土地人口承载压力较大,能源利用效率低于国内平均水平;能源矿产等资源开发程度过高,在已探明矿产储量中,探明的石油储量已消耗 67.1%,天然气已消耗

53.4%。粗放式生产使得保障能源和重要矿产资源安全的难度日益增大。一方面，资源面临枯竭、能源渐趋紧张；另一方面，能源资源的消费量不断增加，经济社会发展的瓶颈约束更加明显，发展难以为继。

3. 农村生态环境污染比较严重

首先，河南省农业的生产过程中，大量使用化肥、农药、塑料薄膜等，2017年河南省农用化肥施用折纯量为706.7万t，农用塑料薄膜使用量为15.73万t，农药施用实物量为12.07万t，农用柴油使用量108.84万t，农业灌溉供水量123.58亿m^3。化肥和农药的使用固然可以提高粮食产量，然而大部分的化肥和农药都留在了空气、土壤、河流中，会造成土壤污染、环境污染和生态污染。其次，随着河南省经济水平的不断提高，农民的生活水平也有了一定程度的改善，同时也会在日常消费中产生大量的生活垃圾，比如塑料袋、生活垃圾和污水等。如果任由农村环境污染下去，不仅对农业生态文明的建设造成消极的影响，同时也不利于农民的身体健康。最后，河南省产业层次较低、结构性污染突出，工业内部资源能源型加工业比例较大，服务业比例偏低，全省污染物排放强度总体偏高，加之乡镇生活污水处理、垃圾处理设施以及医疗废物、其他危险废物污染防治设施建设滞后，超出环境自净能力，水、土壤、空气污染不断加重。2017年全省废水排放量40.91亿t，废水COD排放量43.07万t，废水中氨氮排放量6.21万t，二氧化硫排放量28.63万t，氮氧化物排放量66.29万t。全省地表水和地下水污染及饮用水安全问题日益严重；部分地区重金属、土壤污染加重，污染面积扩大，持久性有机污染比较严重；部分城市空气污染严重，雾霾等极端天气增多。随着全省工业化、城镇化进程的加快和经济总量的不断增加，能源资源消耗和污染物排放仍会持续增加，生态环境承载能力面临严峻挑战。

4. 生态系统退化

人类的过度开发导致生态系统不能正常的循环和更新，污染物大量排放与有限的环境容量之间矛盾凸显。全省森林覆盖率处于中等偏下水平，森林生态系统质量不高。水土流失、土地沙化面积比较大，自然湿地萎缩、河湖生态功能退化、生物多样性锐减等问题十分严峻，全省自然灾害频繁，因气象、水文、地质、生物和人为活动造成的灾害损失每年平均高达30亿~40亿元，受灾最严重的年份高达80亿元以上，生态建设和环境保护的任务仍十严峻。全省水土流失面积占国土总面积比例不断上升；资源开采和地下水超采造成土地沉陷和破坏；生物多样性减少，濒危动植物物种数增加，生态系统缓解各种自然灾害的能力减弱。

5. 制度不健全

一是环境产权制度不明晰，环境经济政策体系不完善。现行土地制度存在农村土地产权不完整、土地流转机制不健全、征地制度不合理、政府垄断城市建设用地供应、城市土地使用制度不完善等问题。水资源管理制度和空气质量管理制度的环境产权界定不清，利益主体不明，生态补偿机制很不完善。二是市场调节没有建立起来，价格偏低，产权不明确，缺乏合理的市场评价体系，环境执法成本高、违法成本低，监管机制不健全。三是以 GDP 为考评的行政激励制度不合理。对生态文明的认识不足、重视不够，过分倚重经济发展指标，生态环保指标在干部的政绩考核体系中所占比例偏低，资源消耗高、利用率低的发展模式持续占主导，导致环境污染严重。

6. 以生物质能为主体的清洁能源发展落后

河南省是国家确定的 14 个大型煤炭基地之一，煤炭资源分布不平衡，保有资源储量大部分分布于豫西和豫北地区。而油气资源相对较少，石油基础储量 5400 万 t，占全国的 1.8%，主要分布在东濮凹陷和南阳盆地。因此，河南省的能源供给是以煤炭为主，煤炭占能源总产量的比例保持在 80%以上。石油、天然气、水电所占比例较小，而且近几年来产量逐渐减少。2015 年河南省能源生产总量为 11 231 万 tce，其中煤炭、石油、天然气、水电分别占 89.3%、5.2%、0.5%和 5.0%。与全国煤炭占比相比（70%以上），河南省煤炭占比高于全国平均水平（图 4-14）。以生物质能源为典型代表的清洁能源的发展远远落后，以高污染性煤炭为主体的能源结构极大地限制了河南省生态文明建设的进程。

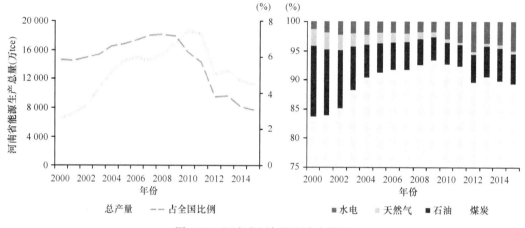

图 4-14 河南省历年能源生产情况

基于河南省能源生产情况（图 4-15），河南省的能源消费结构呈现出以煤为主的特征，2000~2012 年每年煤炭的消费比例高达 80%以上，2013~2015 年稍微有所降低。煤炭在燃烧过程中产生很多污染物，有二氧化碳、二氧化硫、氮氧化物、汞及其他重金属，对大气产生严重污染。虽然近年来石油和天然气的比例有所增加，但是以煤炭为主体的消费结构并未改变。2015 年，河南省煤炭、石油、天然气、水电分别占能源消费总量比例的 76.5%、13.1%、4.5%和 5.9%。

综上所述，全省的生态系统已难以承载传统发展方式的消耗和破坏，只有加大生态文明建设力度，才能从根本上解决资源环境瓶颈制约，继而保证经济社会的持续健康发展。

（二）基于生物质能的生态文明建设的政策建议

1. 制定生物质能发展战略规划，推动能源优化升级

河南省在生物质能发展中要制定详细的发展战略目标，提出明确的规划，为生物质

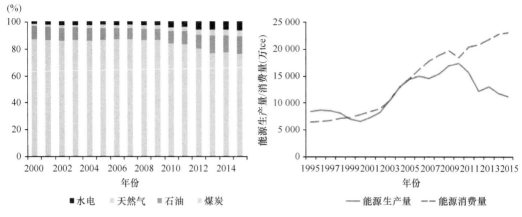

图 4-15 河南省历年能源消费情况

能产业的发展提供宽松的环境,让生物质能产业各主体各司其职,实现目标。河南省应该在国家可再生能源总体目标和中长期规划指导下,组织相关部门对生物质能进行详细调查和评估,确定生物质能产业在可再生能源总体发展规划中的地位和目标。加快制定生物质能的专项发展规划。进而把规划落实到有关地方和部门的可再生能源发展规划上,落实到政府部门组织实施的有关项目上,为社会各方提供能源产业发展的"路线图"。

生物质能建设所涉及的政府部门分散在省发展和改革委员会、省能源规划建设局、省农业农村厅、省林业局等多个部门,这些机构往往负责某一方向或单一技术的推广应用,缺乏对生物质能发展的全局协调和谋划。要把生物质能的建设作为"生态文明建设"及"农村能源革命"的重要任务来抓,必须明确各个机构的责任,进行有机的合作,推动和落实相关政策。建议成立生物质能建设领导小组,统筹各个部门之间的协调管理工作,明确各单位职责,研究制定生物质能建设发展的重大政策和方案,加强宏观指导,制定有利于促进生物质能发展的经济政策,形成分工合理、密切配合、整体推进的工作格局。

2. 加强生物质能产业的创新研发力度,突破相关技术瓶颈

集中精力发展一批适合河南省资源优势、科研平台条件和产业基础优势的生物质能技术,积极开发应用生物质能的先进技术,提高创新能力。把技术创新作为提升产业综合竞争力的重要手段,积极提升河南省生物质能产业的整体技术水平。为了提高生物质能产业自主创新能力和核心竞争力,突破生物质能产业结构调整和产业发展中的关键技术装备制约,强化对国家能源产业、农业资源综合利用重大战略任务和重点工程技术的支撑和保障,应集中精力发展一批适合河南省资源优势、科研平台条件和产业基础优势的生物质能技术,重点发展纤维素类生物质液体燃料制备技术,如燃料乙醇、丁醇、生物柴油、酯类等,攻克生物质液体燃料清洁制备与高效分离等技术,推动农林废弃物的资源化利用,建设纤维素类生物质乙醇燃料示范工程;着力攻克生物质航油提炼技术和降低成本的难题;积极推进农村生物沼气提质提纯技术及沼气发电和混烧发电等生物质发电技术。另外,要不断提高生物质能开发利用队伍的技术水平,加大对技术培训机构等的支持力度,在重点院校增设生物质能高效开发利用专业,在试点企业开展生物质能

开发利用技术培训，推进生物质能的高效开发利用。

建议在科研经费方面给予特别支持。创新是生物质能发展的根本驱动力。经过多年实践，其技术、模式等核心创新已经取得全面突破，但其未来发展仍然面临关键工艺、核心设备及材料等的持续创新问题，需要足够的科研经费支持。

3. 建立分布式生物质能低碳化网络系统，倡导多能互补协同发展

发展生物质要重视整体利用和分散利用相结合，因地制宜，多途径、多角度提升生物质能的综合利用程度。河南省生物质能的发展离不开当地的具体条件，而河南省人口多，各地区的自然资源、社会经济发展水平差异大，生物质能发展必须结合各个地区生物质资源的区域特征，因地制宜，构建可持续发展的分布式低碳能源网络。开展生物质能分布式利用模式具有利用效率高、环境负面影响小、经济效益好的特点。

农村各地区资源、气候、经济发展水平、生活质量需求、环境容量等各方面存在较大差异。应面向农村用户多种用能需求，根据不同地区、不同气候特点以及不同的经济社会发展状况，统筹开发、互补利用传统能源和新能源，因地制宜推广适合本地区的生物质能创新应用模式和途径。探索"互联网+分布式能源模式"创新，推广以农林剩余物、畜禽养殖废弃物、有机废水和生活垃圾等为原料的分布式供能模式。围绕新农村建设，因地制宜实施传统能源与生物质能等可再生能源的协同开发利用，推动能源就地清洁生产和就近利用，提高生物质能的综合利用效率。

4. 建立健全法律政策为生物质能的发展保驾护航

河南省应从能源法制保障、发展规划、发展转型等方面，立法先行，理顺生物质能相关主体权益关系，提升能源监管能力和水平，尽快改革完善生物质能定价机制，加快生物质能发电应用，出台减免生物质能产业环节税费、税收等产业扶持政策。同时应认真宣传贯彻《中华人民共和国可再生资源法》，研究制定地方配套法规，提高各级政府部门和全社会对生物质能及其战略地位的认识，鼓励社会各界自愿开发利用生物质能。积极利用国家促进生物质能发展的价格、补贴、投资、信贷、税收等激励政策，研究、制定适合河南的配套政策，鼓励和支撑生物质能源的开发利用。

为推动生物质能产业的发展，建议河南省设立生物质能产业技术支持专项资金，在生物质能产业建设和发展期间，每年扶持专项资金，对示范区项目采取投资、补助、贴息等形式，引导社会和企业资金支持生物质能产业项目建设。借鉴发达国家扶持生物质能发展的经验，参照我国新能源和战略新型产业扶持政策，制定和完善河南省生物质能发展的扶持措施，切实加大扶持力度和强度，进而促进生态文明建设。建议在基建投资、资源节约及循环经济建设资金、环保专项资金、节能装备资金上对生物质能示范项目建设实现优惠政策，保障建设用地需要，给予优惠的土地供应政策；同时，对生物质能产业技术具有重大示范效应的生物质能项目立项、产业扶持等方面给予优先考虑。

政府部门应加大对生物质能企业投资力度，利用政府对生物质能行业的资金投入，带动民间投资、风险投资等对于生物质能的资金支持。政府的投资应涉及生物质能产业的多个环节，提高投资额，建立生物质投融资中心，保障投融资活动的顺利进行。加大银行对于生物质能产业的信贷支持，建立金融机构和生物质能企业的合作机制，利用信

贷资金促进生物质能行业的有效发展。降低融资标准，优先扶持有核心实力的生物质能企业上市融资。

建议生物质能原料享受免税政策。该行业享受的税收优惠政策主要依据《资源综合利用企业所得税优惠目录》和《资源综合利用产品和劳务增值税优惠目录》执行，但生物质原料未被纳入所得税优惠目录，增值税优惠目录对该行业利用的农林废弃物品种也未实现全覆盖。因此，建议修订和完善行业优惠政策目录，将农林废弃物品种全部纳入，并取消技术标准中对农林废弃物的比例要求等，调动农民收集农林废弃物的积极性，支持该产业健康、公平发展。

5. 构建生物质能行业准入标准，建立产品质量体系

建立适合河南省生物质能行业发展的准入标准，对生物质能企业的生成和销售环节做出严格的控制和把关，促进生物质产业提高生产效率，做到合理有效的发展。对于产能落后的企业及时淘汰，支持生物质能企业并购重组，形成规模经济，提高产业结构效率。建立生物质能产品质量检验中心，由生物质能制备的产品可做不同规定。生物质能产品检验是生物质能产业的重要环节，为保证产品质量，需要对产品性能测试、系统安装测试、产品及零部件设计制定标准，对产品质量把关，推动生物质能产业的蓬勃发展。

建议借鉴发达国家经验，修订有关环保排放标准的规定。从全生命周期来看，生物质能产业可以实现零增量碳排放，若配建大型环保设施，反而会造成该产业全生命周期内的能耗大幅增加。

6. 加强生物质能人才的培养力度

河南省生物质能产业的健康发展离不开科技创新，而科技创新归根结底离不开人才。因此，河南省应高度重视对生物质能产业的相关人才的培养，并建立专门的团队和平台。鼓励生物质能企业培训与高校教育相结合，以校企合作的形式培养专业人才，通过教育政策调整，在高校设立与生物质能产业发展相关专业，培养生物质能方面复合型高素质人才。对于生物质能领域的专家、研究人员、掌握技术或工艺流程的工人及企业有经验的管理人员，应给予高度重视，并进行进一步的培养和教育，使之成为满足河南省生物质能产业发展的重要人才。

7. 提高人们的生物质能的环保意识

在党的十八大报告中强调了生态文明建设并提出"美丽中国"的说法。党的十八届三中全会指出："紧紧围绕建设美丽中国深化生态文明体制改革，加快建立生态文明制度"，再次强调了美丽中国建设。而美丽河南，是美丽中国建设在河南的具体实践，是贯彻和落实党中央政策理念和习近平总书记系列讲话精神的重要举措，也是河南省生态文明建设的重要目标。培育人民群众的生态意识文明和生态文明理念，一方面，通过宣传党中央的有关生态文明的法制理念，使更多的民众响应党中央的号召，进而在全社会开展丰富多彩的环保活动和教育活动；另一方面，通过传统文化的宣传和公共参与机制的建立，唤起人们对河南的热爱，热爱家乡的山山水水，倡导低碳环保的生活和绿色生态的消费方式，使更多的民众凝聚美丽河南共识，形成推进美丽河南建设的良好氛围。

经济较发达地区的农民认为收集、翻晒秸秆很麻烦，既占地方、又浪费时间和劳动力，宁愿多买化肥施肥，将省下的时间、精力从事养殖、办企业或外出打工，以增加经济收入，而将秸秆一烧了之；此外，河南地区的夏收夏种季节性强、时间短、劳动力紧张，导致大量秸秆需要短时间内处理而被焚烧。经济不发达地区的农民由于没有地方叠放或担心秸秆资源带来大量草虫等原因，只留足一年所需的燃料，其余的则在田间地头直接焚烧；导致秸秆等生物质能的严重浪费。所以要加快生物质资源的开发利用，首先应加大力度宣传生物质能的利用价值、利用技术以及秸秆焚烧、丢弃对当地农业和环境造成的危害。充分利用网络、电视、报纸、杂志等多种媒体，采取多种形式发放宣传材料等措施，宣传先进生物质能利用技术的典型案例和成功经验，让农户更全面地了解生物质能产业化及综合利用的好处，提高农民节能环保意识，鼓励农民接受新能源技术应用，并积极参与新能源投入。同时深入基层，定期对农业生产者开展教育培训，并开展农业技术咨询活动，帮助农业生产者解答各种农业难题，提高农业生产者对生态农业理论知识的掌握程度，提高农业生产者节约资源意识和保护环境意识，培养农业生态文明建设所需要的专业型农民，从而促进河南省农业生态文明建设的发展。

第五章　基于水环境的生态文明发展模式

一、水环境与生态文明的关系

（一）水环境是生态文明建设工作的考核重心

党的十九大以来，生态文明写入宪法，成为关系中华民族永续发展的根本大计。生态文明建设是一项系统工程，涉及生态保护、环境治理、经济发展、社会建设、文化弘扬和制度创新等方方面面。在 2018 年召开的全国生态环境保护大会上，习近平总书记指出，要"加大力度推进生态文明建设、解决生态环境问题，坚决打好污染防治攻坚战，推动我国生态文明建设迈上新台阶"，生态环境保护成为生态文明建设的重要一环。

水环境是生态文明建设中的重要内容和核心领域（陈明忠，2013；詹卫华等，2013）。水环境是生态环境中重要考量指标，无论是国家生态文明考核体系、绿色发展体系，还是生态文明试点建设示范市县和生态文明先行示范区等国家重点战略部署，水环境无一不占有相对突出的比例。比如，《生态文明建设考核目标体系》中，生态环境保护目标类单项分值最高，此分类中关于水的指标占比近一半。足可见水环境在生态文明建设中的重要地位，是生态文明建设的重要考量要素。

（二）水环境是影响生态文明建设的重要因素

水环境质量与经济社会多方面息息相关。影响水环境质量的因素众多，包括生活源、工业源、农业面源、农村面点源等，涉及区域经济社会发展的多个方面。全国生态环境保护大会上，习近平指出，要全面推动绿色发展。因为绿色发展是构建高质量现代化经济体系的必然要求，是解决污染问题的根本之策。所以，水环境质量问题的解决，最根源在于生产和生活方式的改变。比如，调整经济结构和能源结构，优化国土空间开发布局，调整区域流域产业布局，培育壮大节能环保产业、清洁生产产业、清洁能源产业，推进资源全面节约和循环利用，实现生产系统和生活系统循环链接，倡导简约适度、绿色低碳的生活方式，反对奢侈浪费和不合理消费等路径。

水环境的长效治理依赖于生产和生活方式的改变。综上来看，水环境治理的过程也是产业结构生态化转型、居民生活消费习惯绿色化提升的过程，同时也是技术创新推动经济社会转型逐步落实的过程。同时，水环境治理涉及跨区域协作治理，有利于推动生态文明体制机制改革的创新。所以，水环境治理与保护和生态文明建设之间的关系十分紧密，是影响生态文明建设的重要因素。

（三）生态文明建设是实现长效治水的根本保障

长效治水需要统筹技术、资金和制度多方因素。考虑水环境治理不单只是完善末端配套治理设施，否则就陷入头痛医头脚痛医脚的工作套路。实现水环境长效治理必须从源头抓起，建立起集"源头-过程-末端"——加强源头污染排放减量、过程污染排放控制和末端污染排放治理为一体的系统性治理工程。这项工程需要技术指导、资金支持和制度保障方可完成。

2015年，中共中央、国务院印发《生态文明体制改革总体方案》，明确到2020年，构建起由自然资源资产产权制度、国土空间开发保护制度、空间规划体系、资源总量管理和全面节约制度、资源有偿使用和生态补偿制度、环境治理体系、环境治理和生态保护市场体系、生态文明绩效评价考核和责任追究制度等八项制度构成的产权清晰、多元参与、激励约束并重、系统完整的生态文明制度体系，推进生态文明领域国家治理体系和治理能力现代化，努力走向社会主义生态文明新时代。生态文明制度改革形成的优秀做法，如跨流域治理体制、市场化机制、绿色金融体系等，为水环境治理提供了坚实保障，否则，单纯的水环境治理工作是无法调动社会各方面资源，来完成一项如此庞大和系统的工程。

二、安徽省生态文明建设现状及目标

（一）安徽省生态文明现状及成效

1. 安徽省生态文明建设基础

全省经济发展水平良好，未来仍有提升发展潜力。安徽省2017年GDP总量超2.7万亿元，增速8.5%，同期居全国第六、中部第二。同时，安徽省2017年GDP总量和人均GDP在中部六省分别居第四、第五位，仍须依托生态文明发展路径，进一步提高经济发展质量、提升人民生活水平（图5-1）。

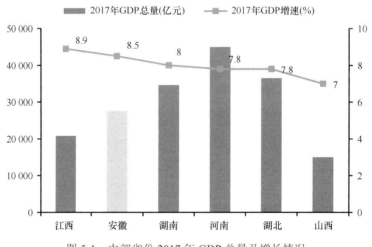

图5-1 中部省份2017年GDP总量及增长情况

区域科技创新能力较强，能够支撑生态文明工作。根据近年来的《中国区域创新能力评价报告》的研究结果，围绕研发支出、发明专利申请量和授权量、每万人口发明专利拥有量等指标对各区域开展评价，安徽省的区域创新能力连续5年位居全国第九、中部第一，能够从技术等层面有效支撑生态文明重点领域工作的开展，包括区域资源节约利用、生态环境高效治理、经济发展质量提升等。

2. 安徽省生态文明建设现状评估

采用第三章第三节中的生态文明建设指标体系评价方法，对安徽省的生态文明建设现状进行评估。

领域层包含四类指标，即生态环境、绿色生产、绿色生活和绿色治理。每个领域细分为相应的指数层和指标层。

生态环境领域包含生态质量指数、承载力指数、环境质量指数三个部分。2015年，安徽省生态环境状况指数（EI）为70.76%（徐升和布仁图雅，2016），依据《生态环境状况评价技术规范》（HJ 192—2015），安徽省生态环境状况指数为良，表明安徽省植被覆盖度较高，生物多样性较为丰富。2015年安徽省人均生态承载力为0.513 4 hm^2/人（鲁帆等，2018），其中耕地对生态承载力的贡献最大，而草地和水域是安徽省的薄弱环节，这与近年来安徽省水污染加剧造成水域生态承载力不断下降有关。空气质量达标率为77.9%，首要污染物为细颗粒物，其中黄山和池州市空气质量均达到国家环境空气质量二级标准，全省空气质量总体有待改善。安徽省河流湖泊众多，省级地表水环境功能达标率为78.9%，较2014年上升5.3个百分点，其中淮河流域、长江流域、新安江流域水功能区达标率分别为71.6%、80.5%、96.0%，地表水环境质量仍有待提升。

绿色生产领域包含经济发展指数、产业结构指数、资源能源消耗指数三个部分。2015年安徽省人均GDP为35 997元/人，远低于全国平均水平50 251元/人，在中部六省排名靠后，低于湖北省50 653.8元/人、湖南省42 753.9元/人、河南省39 122.6元/人和江西省36 724元/人。科技进步贡献率为55%，与全国平均水平持平。服务业增加值占地区生产总值比例为39.1%，远低于全国平均水平50.5%，安徽省仍需进一步加快产业结构调整，扩大服务业规模。单位地区生产总值能耗为0.60tce/万元，略低于全国0.635tce/万元。非化石能源占一次能源消费的比例为3.2%，远低于全国12%的比例，表明安徽省亟须加快能源结构调整，推动可再生能源、核能等清洁能源发展。

绿色生活领域包含城乡人居指数、城乡和谐指数、绿色消费指数三个部分。2015年，安徽省人均公园绿地面积为13.37 m^2/人，与全国平均水平13.35 m^2/人接近。城镇化率为50.5%，低于2015年中部地区的平均水平51.2%，也低于全国平均水平56.1%，城镇化建设水平有待提高。城乡居民收入比例为2.49∶1，低于全国的2.73∶1，在中部六省中，安徽省城乡居民收入比例排在第四位，仍需推行惠民扶贫政策，提高农民收入，缩小贫富差距。中国家庭金融调查与研究中心发布的《国民幸福报告2014》表明，2013年安徽省幸福指数为137.7，位列全国第四，而在清华大学社科学院幸福科技实验室发布的2016年度《幸福中国白皮书》，安徽省幸福指数为54.54%，位列全国第七位，研究说明安徽省居民幸福指数处在全国前列。2015年安徽省人均生态足迹为3.220 9 hm^2/人（鲁帆等，2018），人均生态足迹高于人均生态承载力，说明安徽省生态资源总体处于生态赤字水平，并且生态压力较大，发展不可持续。

绿色治理领域包含制度创新指数、绿色投资指数、信息共享指数三个部分。近年来，安徽省积极开展生态文明制度创新，并开展了多项生态文明试点示范工作，全省生态文明先行示范区4个，分别为蚌埠市、巢湖流域、宣城市、黄山市；生态文明建设示范市县 3 个，分别为宣城市、金寨县、绩溪县；国家生态市县 4 个，分别为霍山县、绩溪县、宁国市、泾县；水生态文明城市建设试点 2 个，分别为芜湖市和合肥市；国家森林城市 6 个，国家循环经济试点 12 个。环境保护投资、科教文卫支出占财政支出比例分别为 2.38%、30.13%，R&D 经费支出占同期 GDP 的比例为 1.96%，比全国平均水平低 1.1 个百分点，在中部六省中，排名第一。2015 年，安徽省坚持把政府信息公开作为政府施政的基本准则，着力提高经济社会发展重点领域、重点工作的公开透明度和公众参与度，全省主动公开政府信息 238 万条，受理政府信息公开申请 9205 件（表 5-1）。

表 5-1 安徽省生态文明建设指标统计表

目标	领域层	指数层	指标层	数值	单位	年份	属性	数据来源
生态文明指数	生态环境	生态质量指数	生态环境状况指数（EI）	70.76	%	2015	正向指标	徐升和布仁图雅，2016
		承载力指数	人均生态承载力	0.513 4	hm^2/人	2015	正向指标	鲁帆等，2018
		环境质量指数	空气质量达标率	77.9	%	2015	正向指标	《2015 年安徽省环境状况公报》
			地表水环境功能达标率	78.9	%	2015	正向指标	《2015 年安徽省水资源公报》
	绿色生产	经济发展指数	人均 GDP	35 997	元/人	2015	正向指标	《安徽省 2015 年国民经济和社会发展统计公报》
			科技进步贡献率	55	%	2015	正向指标	《安徽省"十三五"科技创新发展规划》
		产业结构指数	服务业增加值占地区生产总值比例	39.1	%	2015	正向指标	《安徽省"十三五"服务业发展规划》
		资源能源消耗指数	单位工业增加值新鲜水用水量	96.8	m^3/万元	2015	逆向指标	《2015 年安徽省水资源公报》
			单位地区生产总值能耗	0.60	tce/万元	2015	逆向指标	《安徽统计年鉴—2016》
			非化石能源占一次能源消费的比例	3.2	%	2015	正向指标	《安徽省能源发展"十三五"规划》
	绿色生活	城乡人居指数	人均公园绿地面积	13.37	m^2/人	2015	正向指标	《安徽统计年鉴—2016》
			城市生活污水处理率	96.68	%	2015	正向指标	《安徽统计年鉴—2016》
			城市生活垃圾无害化处理率	99.55	%	2015	正向指标	《安徽统计年鉴—2016》
			农村卫生厕所普及率	67.14	%	2015	正向指标	《安徽统计年鉴—2016》
		城乡和谐指数	城镇化率	50.5	%	2015	正向指标	《安徽省 2015 年国民经济和社会发展统计公报》
			城乡居民收入比例	249	%	2015	逆向指标	《安徽省 2015 年国民经济和社会发展统计公报》
			基本养老保险覆盖率	100	%	2015	正向指标	《安徽省 2015 年国民经济和社会发展统计公报》
			居民幸福感	54.51/137.7	—	2016	正向指标	《2016 年幸福中国白皮书》
		绿色消费指数	人均生态足迹	3.2209	hm^2/人	2015	逆向指标	鲁帆等，2018
	绿色治理	制度创新指数	生态文明制度创新情况	100	%	2015	正向指标	—
		绿色投资指数	环境保护投资占财政支出比例	2.38	%	2015	正向指标	《安徽统计年鉴—2016》
			科教文卫支出占财政支出比例	30.13	%	2015	正向指标	《安徽统计年鉴—2016》
			R&D 经费支出占同期 GDP 的比例	1.96	%	2015	正向指标	《安徽省"十三五"科技创新发展规划》

（二）安徽省生态文明建设取得的成效

节能减排重点工作基础扎实。安徽省把节能减排作为优化经济结构、推动绿色循环低碳发展、加快生态文明建设的重要抓手和突破口，积极有序推进各项工作，取得良好成效。"十二五"期间万元 GDP 能耗累计下降 21.4%，化学需氧量、二氧化硫、氨氮、氮氧化物等主要污染物排放总量分别减少 10.5%、10.8%、13.6% 和 20.7%，超额完成节能减排预定目标任务，区域的淮河、巢湖流域水质有所改善，为下一步的经济结构调整、环境改善、打造生态文明建设安徽样板奠定了较扎实的工作基础。

顶层设计完善生态文明制度。安徽省在全国较早地提出了生态强省发展战略，积极推进生态文明的制度设计、打造样板工程，颁布了多个重要顶层设计文件（表5-2）。2016年 3 月出台了《安徽省生态文明体制改革实施方案》，提出"十二五"期间构建系统完整的安徽特色生态文明制度体系。2016 年 7 月颁布了《关于扎实推进绿色发展着力打造生态文明建设安徽样板实施方案》，提出以六大工程建设和"三河一湖"（皖江、淮河、新安江、巢湖流域）示范创建为抓手，优化国土空间开发格局，全面促进资源节约利用，加大自然生态系统和环境保护力度，着力打造生态文明建设的安徽样板，从宏观层面为全省生态文明的建设工作绘制蓝图，保障各类建设目标的按期实现。

表 5-2　安徽省生态文明建设重要文件概况表

重点领域	文件	颁布时间	发展目标与重点任务
加强生态文明制度建设	《安徽省生态文明体制改革实施方案》（皖发〔2016〕9号）	2016年3月	到2020年，构建起由自然资源资产产权制度、国土空间开发保护制度、空间规划体系、资源总量管理和全面节约制度、资源有偿使用和生态补偿制度、环境治理体系、生态文明绩效评价考核和责任追究制度等八项制度构成的产权清晰、多元参与、激励约束并重、系统完整的安徽特色生态文明制度体系
	《关于扎实推进绿色发展 着力打造生态文明建设安徽样板实施方案》（皖发〔2016〕29号）	2016年7月	①到2020年，生态文明建设水平与全面建成小康社会目标相适应，资源节约型和环境友好型社会建设取得重大进展。符合主体功能定位的国土开发新格局基本确立，经济发展质量效益、能源资源利用效率、生态系统稳定性和环境质量稳步提升，生态文明主流价值观在全社会得到推行，"三河一湖"生态文明建设安徽模式成为全国示范样板； ②在皖江、淮河、新安江、巢湖流域先行先试，分别为全国探索建立跨地区产业承接合作机制、老工业基地城市绿色转型发展、生态环境优质区绿色发展、大江大湖综合治理提供典型示范
	《安徽省生态环境保护工作职责（试行）》	2016年12月	①各级党委政府生态环境保护工作责任，包括各级党委、县级以上政府、乡镇政府（街道办事处）、开发区管委会四个方面的责任； ②党委职能部门生态环境保护工作职责，包括纪律检查机关、组织部门、宣传部门、机构编制管理部门的工作职责； ③政府职能部门生态环境保护工作职责，包括环保、发改、教育、科技、经信、公安、民政、司法行政、财政等各部门的职责； ④审判、检察机关生态环境保护工作职责
优化国土空间开发格局	《安徽省主体功能区规划》（皖政〔2013〕82号）	2013年12月	①到2020年，国土空间开发新格局基本确立，按照重点开发、限制开发和禁止开发三类主体功能区，构建以江淮城市群为主体的城镇化战略格局； ②到2020年，国土空间开发更加高效，全省开发强度控制在15%，绿色生态空间继续扩大，林地面积扩大到485万 hm^2； ③城乡和区域发展更加和谐，基本公共服务均等化取得重大进展，城镇化率接近60%； ④可持续发展能力增强，全省生态系统稳定性增强，森林覆盖率提高到35%，主要江河湖库水功能区水质达标率提高到80%左右

续表

重点领域	文件	颁布时间	发展目标与重点任务
全面促进资源节约	《安徽省节约用水条例》（省人大常委会公告第29号）	2015年10月1日施行	①《条例》分总则、用水管理、节水措施、服务保障、法律责任、附则等部分； ②针对皖北平原水资源利用中地表水缺乏、地下水超采的突出矛盾，《条例》侧重从限制高耗水产业、加强污水处理和再生利用、加强地下水超采区治理、推进规模农业高效节水等方面作出规定； ③针对大别山区、皖南山区、其他易旱地区中极度缺水地区的水资源问题，《条例》指出这些地区应当重点调整种植结构，建设蓄水、节水工程
	《安徽省"十二五"能源发展规划》（皖政〔2011〕107号）	2011年11月	到2015年，单位GDP能耗比2010年下降16%，单位GDP二氧化碳排放强度比2010年下降17%
	《安徽省人民政府关于进一步强化土地节约集约利用工作的意见》（皖政〔2013〕58号）	2013年9月	①强化土地利用规划管控，坚持布局集中、产业集聚、用地集约、环境友好原则，各类规划要与土地利用总体规划相衔接； ②强化建设用地管理，严格执行各类用地标准、明确开发区新建工业项目供地标准、加大闲置土地处置力度、有序推进低效用地再利用
加大生态系统和环境保护力度	《安徽省水污染防治工作方案》（皖政〔2015〕131号）	2015年12月	①系统推进水污染防治、水生态保护和水资源管理，形成"政府统领、企业施治、市场驱动、公众参与"的水污染防治新机制； ②到2020年，全省水环境质量得到阶段性改善，污染严重水体较大幅度减少，饮用水安全保障水平持续提升，皖北地区地下水污染趋势得到遏制，水生态环境状况明显好转，确保引江济淮输水线路水质安全
	《安徽省大气污染防治行动计划实施方案》（皖政〔2013〕89号）	2013年12月	总体目标：到2017年，全省空气质量总体改善，重污染天气较大幅度减少，优良天数逐年提高，可吸入颗粒物（PM_{10}）平均浓度比2012年下降10%以上；力争到2022年或更长时间，基本消除重污染天气，全省空气质量明显改善

各项建设任务取得初步效果。落实《安徽省主体功能区规划》，优化国土空间开发格局，构建科学合理的城镇化格局、农业发展格局和生态安全格局，着力推进美丽乡村试点省建设；大力发展节能环保产业、新能源汽车产业、新能源装备制造业等绿色产业；全面促进资源节约利用，积极落实能源消耗总量、水资源消耗总量、建设用地总量和强度"双控"任务，建立循环型工业、农业、服务业体系，各类资源利用效率不断提升；加大生态系统和环境保护力度，实施大气污染、水污染、固体废物污染等防治行动，环境质量取得持续改善，实现绿色惠民。

开展了多项生态文明示范试点工作。全省拥有生态文明先行示范区试点4个：蚌埠市、巢湖流域、宣城市、黄山市；国家循环经济试点12个：其中循环经济示范县/市5个、"城市矿产"示范基地2个、园区循环化改造试点5个。

（三）安徽省生态环境面临的突出问题

1. 部分流域水污染问题突出

（1）巢湖流域水质状况存在反复。"十二五"末期巢湖COD和氨氮排放量分别为13.2万t和1.14万t，相较于"十二五"初期分别下降了13.5%和19.4%，巢湖治理取得了一定成效。但巢湖流域近年来水华现象高发，2015年最大水华面积321.8 km²，占全湖面积42.2%，为近八年最高；2016年水华最大面积为237.6 km²，占全湖面积的31.2%。2017年一季度，巢湖湖体总磷浓度和富营养化状态指数同比均呈上升趋势。

(2) 淮河支流水质长期没有改善。2016年监测的27条淮河二、三级支流中，7条水质为Ⅴ类，小洪河、武家河、油河、赵王河等10条为劣Ⅴ类，水环境质量进一步改善任务艰巨。

2. 环境污染治理亟待加强

巢湖流域污水治理能力欠缺。南淝河和十五里河作为巢湖流域的重要支流，水质多年处于劣Ⅴ类，大量污染物排入巢湖。十五里河污水处理厂三期工程迟迟未能建成，导致流域内污水处理能力严重不足。南淝河流域和派河流域部分区域未实施有效的雨污分流，加之配套管网建设长期不到位，导致污水处理能力闲置，大量污水直排。淮河流域沿岸城市污水治理进展缓慢。淮北市每天约4万t生活污水直排环境，造成龙河水质持续恶化。区域内淮北市经济开发区新区污水处理厂和龙湖污水处理厂约70%处理能力闲置。淮北市烈山区、杜集区污水管网长期空白。淮南市配套管网建设不到位，全市污水集中收集率仅约50%，每天10余万t生活污水排入淮河和瓦埠湖。

生活垃圾无害化处置能力不足。宿州市等城市生活垃圾处理设施缺乏，部分地区生活垃圾扔对存于无污染治理设施的简易垃圾填埋场，垃圾渗滤液通过沟渠直排外部环境。畜禽养殖污染整治不力，大量养殖粪污直排环境。

3. 资源利用效率仍需提升

可利用水资源分布不均且利用效率待提升。安徽省多年平均本地水资源总量716亿 m^3，居全国第13位。全省降水多集中于夏季，空间分布上南多北少，时空分布不均造成可利用水资源潜力较缺乏和缺乏的县（市、区）占比较高、达到55%。2016年全省万元GDP用水量约120 m^3，高于同期全国81 m^3 的平均水平，需严格按照《安徽省人民政府关于实行最严格水资源管理制度的意见》，实行水资源消耗总量和强度双控制，加强水资源节约利用。

煤炭消费占比高且存在粗放使用和排放现象。受能源资源禀赋和产业结构等因素影响，2015年，安徽省化石能源消费比例为96.8%、煤炭消费比例为78%，分别比同期全国平均水平高出8.8个百分点、14个百分点。部分行业煤炭、石油等化石能源的粗放使用，造成二氧化硫、氮氧化物等大气污染物的排放总量持续上升，存在危害区域生态环境和居民身心健康的风险，应促进化石能源的清洁高效利用，同时科学发展非化石能源。

4. 生态系统面临保护压力

生态系统保护力度仍需加强。全省生态系统略脆弱地区有21个县（市、区），占比约20%，主要分布于皖西大别山区、皖南山区、沿江地区，脆弱区的保护水平有待进一步提升。长江、淮河流域湿地萎缩严重。重点生态功能区、自然保护区等生态保护与建设力度不够，水源涵养、水土保持等生态调节功能下降。局部生态系统持续退化，重要、特有生物栖息地遭受破坏，物种濒危程度加剧，生物多样性保护受到威胁。全省原生天然林不断遭到蚕食和破坏，目前面积已下降到2667 km^2。

水环境容量和大气环境容量超载压力较大。分区域看，江淮之间（安徽中部地区）

主要为轻度超载和中度超载,淮河流域局部地区和省辖市市区超载相对严重。分领域看,全省环境容量超载以水环境容量（COD、NH_3-N）和大气环境容量（SO_2）超载为主,80 个县（市、区）处于水环境容量超载状态,超过全省的 3/4；43 个县（市、区）处于大气环境容量超载状态,约占全省的 2/5。

经济社会发展带来新压力。安徽省是发展中地区,发展不足、发展不优、发展不平衡的问题仍较突出,环境治理与区域发展存在矛盾,环境保护仍面临巨大压力。未来一定时期内,都将处于工业化、城镇化、农业现代化加快推进期,城市人口快速聚集、经济社会快速发展,将带来资源消耗及污染排放增加等各类环境影响,对区域生态系统造成新的压力,需要平衡发展与生态环境、生态系统保护之间的关系。

5. 生态文明制度尚待完善

针对生态文明建设,安徽省出台了《安徽省生态文明体制改革实施方案》《关于扎实推进绿色发展着力打造生态文明建设安徽样板实施方案》等多项文件,但相关文件及实施细则多在 2016 年、2017 年颁布,推广实施时间和试点时间均较短。因此,各项生态文明制度建设工作,多处于起步、试点甚至探索阶段,和 2020 年的建设目标仍有距离,部分重点制度仍待健全或完善。

此外,安徽省水系众多,流域治理需跨行政区进行统筹协调,目前虽已初步开展了跨区域联动机制、资金多元化筹措机制、生态补偿机制等,但仍然存在监管不到位,多龙治水的问题,急需结合安徽省实际需求进行完善。

各项制度的推进现状和难点详见表 5-3。8 项制度中,1、4、5、6、7 项制度均和"水"相关,涉及水资源节约、水污染治理、水生态保护、流域联合管控等多个方面。

表 5-3　安徽省生态文明制度体系建设主要进展与难点

序号	生态文明制度	重点进展与存在主要问题/难点
1	自然资源资产产权制度	重点进展：2016 年 5 月,颁布《安徽省编制自然资源资产负债表试点方案》,在蚌埠、宣城、青阳 3 地开展编制自然资源资产负债表试点,目前相关工作正在进行中 主要问题/难点：自然资源基础资料的搜集、整理和审核的工作量大、涉及面广、专业领域多,需要较多时间和人力投入
2	国土空间开发保护制度	重点进展：2013 年 12 月,颁布《安徽省主体功能区规划》,将全省国土空间划分为重点开发、限制开发和禁止开发三类主体功能区,并根据主体功能定位,明确开发方向,控制开发强度。后续相关工作按照要求进行 主要问题/难点：限制开发区和禁止开发区在不影响主体功能定位的前提下,如何合理发展资源环境可承载产业以及进行必要的城镇建设
3	空间规划体系	重点进展：2017 年 12 月,省级-《安徽省空间规划（2017—2035 年）》通过评审；计划 2018 年年底前,编制完成蚌淮（南）、宿淮（北）等重要城镇体系规划
4	资源总量管理和全面节约制度	重点进展：2013 年,颁布《安徽省人民政府关于实行最严格水资源管理制度的意见》,实行水资源消耗总量和强度双控制,每年对各地市开展考核；2006 年颁布《安徽省节约能源条例》,2015 年颁布《安徽省人民政府办公厅关于加强节能标准化工作的实施意见》,2017 年颁布《"十三五"节能减排实施方案》,从总体准则、节能标准、总量控制、能耗强度等多方面提出了要求。相关标准均按照计划推进和考核 主要问题/难点：全省经济整体仍呈现快速发展趋势,对各类资源总量消耗的控制难度大
5	资源有偿使用和生态补偿制度	重点进展：2016 年 8 月,颁布《关于健全生态保护补偿机制的实施意见》,提出建立多元化补偿机制,在水流、湿地、森林、耕地等重点领域推进生态补偿试点示范和机制建立。部分区域和领域已推进了相关试点工作 主要问题/难点：涉及跨行政区的横向补偿工作,因为涉及多地区、多部门、多利益主体等原因,推进难度较大

续表

序号	生态文明制度	重点进展与存在主要问题/难点
6	环境治理体系	重点进展：2016年，颁布《安徽省水污染防治工作方案》《安徽省大气污染防治条例》等文件，提出建立区域污染联防联控机制。水污染防治领域，在重点流域如巢湖由合肥市和六安市共同建立丰乐河水污染联防联控机制；大气污染防治领域，一方面，主动参与长三角区域大气联防联控，另一方面，在省内推动合肥经济圈六市、县共同签署大气污染联防联控合作框架协议 主要问题/难点：跨区联防联控涉及摸清污染底数、明确各区域责任、建立统一协调机制等多项难题，协调推进难度较大
7	环境治理和生态保护市场体系	重点进展：省级和各地市均支持在环境污染治理、生态保护等项目开展中，广泛通过PPP等模式引入社会资本 主要问题/难点：水权交易、碳排放权交易等仍处于探索阶段
8	生态文明绩效评价考核和责任追究制度	重点进展：2017年，颁布了《安徽省生态文明建设目标评价考核实施办法》，在资源环境生态领域有关专项考核的基础上综合开展，采取评价和考核相结合的方式，实行年度评价、五年考核 主要问题/难点：各地区实际资源禀赋和工作目标相差较大，需要结合各地区发展实际，制定有区域特色的生态文明建设目标评价考核办法

（四）安徽省水环境主导的生态文明发展目标

1. 指导思想

全面贯彻落实党的十九大精神和党中央、国务院关于生态文明建设和环境保护的重大决策部署，坚持以习近平新时代中国特色社会主义思想为指导，牢固树立和践行绿水青山就是金山银山的理念，统筹推进"五位一体"总体布局，协调推进"四个全面"战略布局，将生态文明建设融入经济、政治、文化、社会建设各方面和全过程，协同推进新型工业化、信息化、城镇化、农业现代化和绿色化，坚持节约、保护、自然恢复的方针，以绿色、低碳、循环发展为基本途径、以培育生态文化为重要支撑，推动形成绿色生产生活方式，优化国土空间开发格局、全面促进资源节约利用，加大生态系统和环境保护问题，着力解决突出环境问题，实现绿水青山与金山银山的有机统一，加快建设绿色江淮美好家园，不断满足人民日益增长的优美生态环境需要。

2. 主要目标

到2020年，基于主体功能定位的国土开发格局基本建成，资源节约型和环境友好型社会建设取得重大进展，经济发展质量效益、能源资源利用效率、生态系统稳定性和环境质量稳步提升，生态文明主流价值观在全社会得到推行，"三河一湖"生态文明建设成为全国示范样板。具体目标如下。

（1）国土开发格局基本建成。经济、人口布局更趋协调，全省空间开发强度、城镇空间规模得到有效控制，城镇化、农业发展和生态安全三大战略格局基本确立，城乡建设绿色发展取得重要突破，生产空间集约高效，生活空间舒适宜居，生态空间自然秀美。

（2）资源利用效率稳步提升。能源和水资源消耗、建设用地、碳排放总量得到有效控制。全省用水总量控制在270.84亿m^3以内，万元GDP用水量比2015年下降25%，农田灌溉水有效利用系数达到0.535，农作物秸秆综合利用率达到90%。循环经济发展和清洁生产机制初步建立。

（3）生态环境质量总体改善。全面完成国家下达的主要污染物减排任务，污染物排放强度持续下降，全省空气质量明显改善，基本消除重污染天气。重要江河湖泊水功能区水质达标率不低于80%，省辖市集中式饮用水水源水质达到或优于Ⅲ类比例高于94.6%。土壤环境质量总体保持稳定。森林覆盖率达到30%以上，林木绿化率达到35%，湿地保有量达到1580万亩，生态系统稳定性明显增强，生态安全保障能力进一步提升。

（4）生态文明重大制度基本确立。基本形成产权清晰、多元参与、激励约束并重、系统完整的生态文明制度体系，自然资源资产产权、国土空间开发保护、环境治理和生态保护市场化等制度基本建立，资源总量管理、全面节约、有偿使用、生态补偿、环境治理、生态文明绩效评价考核和责任追究等制度更加健全。

（5）生态文明新风尚有效形成。生态文明成为社会主流价值观，生态文明教育全面普及，生态文化体系基本建立，绿色生活方式和消费模式普遍推行，生态文明意识深入人心。创建一批生态文明建设领域示范典型。

三、合肥市城乡生态文明建设的"三水共赢"模式

（一）城乡发展基础

1. 各类资源利用效率较高，仍有提升潜力

2016年合肥市水资源总量49.76亿 m^3，供水总量和用水总量为30.45亿 m^3，地表供水占比97%，跨境调水占比约16%，人均综合用水量约390m^3，低于全国438 m^3的平均水平；合肥市总体属于能源输入城市，2016年全市能源消费总量约2156万tce，单位GDP能耗0.347tce/万元，同比下降6.6%，超额完成节能目标。

2. 水环境和大气环境需进一步加强治理

2016年，总体水环境质量较为稳定：主要环湖河流总体水质状况为中度污染，Ⅰ～Ⅲ类水质断面占比68%、劣Ⅴ类水质断面占比32%；作为全市饮用水源地的董铺水库和大房郢水库水质达标率为100%；巢湖湖体9个测点水质均超地表水Ⅲ类标准。2016年，全市空气质量优良率达69%，可吸入颗粒物（PM_{10}）和细颗粒物（$PM_{2.5}$）的年平均浓度分别为83 $\mu g/m^3$ 和57 $\mu g/m^3$，完成年度大气环境质量改善目标，但均超过了空气环境质量年日均值二级标准的要求。

3. 生态保护和修复工作需持续综合推进

通过多年植树造林等生态恢复工程，2016年，全市森林覆盖率约26.8%，森林面积达245万亩、森林蓄积量约700万 m^3。湿地恢复工作稳步推进，其中巢湖生态湿地面积在2016年达到37.8 km^2。近年来全市城乡经济发展对生态系统的保护和修复造成了较大压力，应以"山水林田湖"系统化思维综合推进下一步工作。

（二）城乡发展模式总结

合肥市在城乡生态文明建设过程中，以水资源、水环境、水生态为纽带，有效促进

全市资源利用效率提升、环境质量改善、生态系统优化，综合提升城乡生态文明建设水平，打造区域生态文明发展的"三水共赢"模式（图 5-2）。

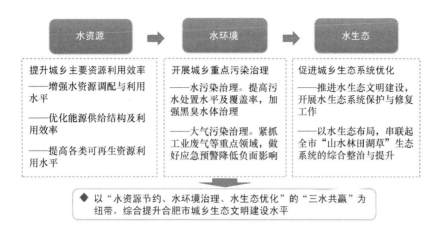

图 5-2　合肥市城乡生态文明建设的"三水共赢"模式

一是以水资源为抓手，提升城乡主要资源利用效率。推进城乡重点领域资源节约，增强资源储留和调配能力，同时提升再生资源利用水平。

二是以水环境为突破，开展城乡重点环境污染治理。以改善质量、控制总量、防范风险为主要思路，推进水污染治理、大气污染治理等重点工作。

三是以水生态为抓手，促进城乡自然生态系统优化。以水生态系统建设为抓手，推进合肥市生态系统治理，综合提升城乡生态系统承载能力和生态服务可持续水平。

1. 以水资源为抓手，提升城乡主要资源利用效率

在产业尤其是工业领域，以水资源节约为抓手的各类产业转型升级、产品链条延伸、新型加工技术的推广，能够协同带来包括水资源、能源、原材料等在内的各类资源利用效率的提升。

在生活和消费领域，水资源节约意识的深入普及，能够全面提升居民的环保意识和参与程度，带动对于能源、可再生资源等其他资源的节约和再利用。

（1）提升水资源的调配与利用水平

实施总量强度双控，全面提升利用效率。到 2015 年，通过完善的控制指标体系，全市用水总量控制在 31.5 亿 m^3，达到目标。同时重点领域的用水效率全面提升，农业方面：调整农业种植结构，减少水田，适度增加蔬菜、花卉，进行灌区节水改造，灌溉水有效利用系数达 0.52 以上；工业方面：促进产业转型升级和产品链条延伸，逐步推广先进节水工艺、技术与设备，针对高耗水企业开展工业企业节水试点，工业用水重复利用率提升至 90%；生活方面：由城市向城镇推进，逐步采用阶梯式水价，重点推广节水器具，进行供水管网改造，主城区节水型器具普及率达 99%。

增强城市储水能力，合理开展水量调配。围绕新出台的《合肥市海绵城市专项规划（2016—2030 年）》，贯彻"渗、滞、蓄、净、用、排"六字方针，在城市四个方向预留建设 6 个万亩以上森林绿地或湿地公园，每个行政辖区内，都规划建设 1~2 个大型水

面,做到调蓄、生态和景观并存,增强城市储水和自调节能力,实现人与自然和谐共生。合理开展境外引水,立足大别山水库群、着眼长江,通过科学论证和实施"引江济巢"等工程,增强供水保障。同时继续在全市实施最严格的水资源管理制度,开展合肥市各区的内部调配。

实现多渠道供给,利用非常规水资源。加快污水资源化步伐,实现水资源的多渠道供给和多层次利用。重点推广再生水在景观补水、工业冷却、生活杂用、绿化等领域使用,减少新鲜取水量。结合海绵城市建设试点推进雨水资源利用,实现"收集—调蓄—净化—利用"的雨水综合利用,依托建筑物的新建、改建、扩建,推进屋面雨水利用设施建设,居住区与建成区推广实施透水铺装路面。

(2)优化能源供给结构与利用效率

优化能源结构,提升清洁能源消费。结合新型城镇化建设扩大城市"无煤区"范围,促进储能设施和智能电网建设,提高电力、天然气及可再生能源在居民生活、产业、交通等各领域能源消费中的比例。

促进产业转型,推进重点领域节能。通过加快产业转型、淘汰落后产能、推行能效对标等措施加快重点工业领域节能技术改造,通过提高建筑节能设计标准、推广绿色建筑等措施强化各类建筑节能,通过提升公共交通占比、引导低碳出行等措施促进交通运输领域节能,通过推广规模农业、推广高效节能器具、因地制宜采用生物质能等措施抓好农业农村节能。

开展多元供应,推动能源使用管理。建立包括国内、国际等资源来源多元化的格局,形成以煤为主转向煤、油气、新能源等多轮驱动的能源供应体系,建设多品种能源应急储备设施,提高应对多情景尤其是突发事件下的供应保障能力。突出重点用能单位能源消耗总量和强度"双控"目标责任,采取企业节能承诺和政府引导相结合的方式,推动重点单位用能管理水平和能源利用效率的大幅提升。

(3)提高各类可再生资源利用水平

促进产业类固体废物再生利用。在产业大宗废弃物领域,重点推动冶金渣、化工渣、磷石膏等工业固体废物,以及农作物秸秆、规模化养殖粪便等农业废弃物的综合利用,进一步提升综合利用效率。

加强城乡废弃物规范有序处置。增强可再生资源的分类收集和再利用水平,推动生活垃圾、餐厨垃圾、建筑垃圾等主要品种的统一收运和集中化、无害化、协同化处置,提升资源利用效率的同时减少对水体、土壤的污染压力。

2. 以水环境为突破,开展城乡重点环境污染治理

重点围绕与居民日常生活紧密相关的水环境、大气环境,加强相关领域的污染治理工作,降低各类风险发生概率、综合提升区域环境质量。

(1)提升城乡水污染的治理能力

完善基础设施建设,提高污水处置覆盖率。一是促进污水处置设施的增量提升和存量优化,新建污水处理厂出水指标严格执行《巢湖流域城镇污水处理厂和工业行业主要水污染物排放限值》(DB34/2710—2016)要求,出水标准达到国内领先。结合已有污水处理设施改扩建同步实施提标升级改造,提高出水水质,削减入巢湖氮、磷污染物负荷。

二是不断提升乡镇和农村污水处理能力,基本实现乡镇政府驻地污水处理设施全覆盖。三是不断加快环巢湖污水处理厂管网的延伸完善,推进雨污管网分流改造,区域污水得到有效收集和处理,溢流现象基本消除。

加快黑臭水体整治,解决居民临近环境风险。2016年完成市区水体的普查工作,排查上报黑臭水体23处,并开展相关治理工作。截至2016年7月底,蜀峰湾公园南湖生态治理工程已开工建设,完成工程量40%;河东水库生态修复工程施工单位已进场;许小河生态补水和王建沟河底清淤两项工程正在进行施工招标。市级考核的19个项目全部列入2016年大建设计划,已完工3处,开工建设2处,其余14处正在加紧施工招标和前期工作,2017年年底城市建成区基本消除黑臭水体。

(2)推进农村垃圾和农业面源污染整治

农村生活垃圾的随意丢弃、堆存和农业面源污染是造成水环境污染的重要因素。针对农村生活垃圾,合肥市推行"村收集、乡镇转运、市县处理"为主体的农村生活垃圾管理模式。统筹规划转运站布局,推进农村生活垃圾末端处理设施建设,不断提升农村生活垃圾收运和处理能力。2017年,合肥市全面启动29个乡镇59个村的垃圾分类试点,有效实现垃圾的减量化和资源化。

针对畜禽养殖污染,合肥市推进对禁养区内养殖场的关闭或搬迁,建立常态化监管机制,严禁"死灰复燃"。对全市未配套建设粪污处理设施的畜禽规模化养殖场开展摸底调查,推动建设畜禽粪污收储、转运、固体粪便集中堆肥等设施。新建规模化畜禽养殖场要配套建设粪污处理设施,提高畜禽粪污的处理和资源化利用水平。

3. 以水生态为纽带,促进城乡自然生态系统优化

(1)开展水生态系统的保护工作,助推区域和谐发展

水生态系统保护是生态文明建设的重要内容。作为全国水生态系统保护与修复试点市、水生态文明城市建设试点城市,合肥市加快推进巢湖综合治理,以水资源配置工程、防洪和治河工程、治污工程、生态补水工程等工程项目为载体,推动环巢湖地区生态保护与修复。将水生态文明建设有机融入城市转型升级的总体进程中,建立了"城湖共生,人水和谐"的发展模式。

(2)开展森林绿地生态修复工作,保障生态系统稳定

重点建设合肥滨湖国家森林公园。按照"自然生态"理念,大力实施丰富植被、恢复湿地等生态修复工程,科学配置植物群落,加强有害生物防治及外来入侵物种的处理分析,工程建设中减少人工痕迹并做到去园林化,建成了全国第一个且唯一由退耕还林的人工林经过生态修复而建成的国家级森林公园,增强了城市生态屏障的稳定性,并且实现了对入巢湖污染物的削减。

全面启动土壤污染调查修复。2017年,制定并实施《合肥市土壤污染防治工作实施方案》,提出明确掌握土壤环境质量状况、加强土壤污染环境监管、保障农业生产环境安全、防范建设用地人居环境风险、严控新增土壤污染、做好土壤污染预防、改善区域土壤环境质量等10大项34小项具体任务,明确到2020年,全市土壤污染趋势得到初步遏制,土壤环境质量总体保持稳定。

（三）生态文明综合评价结果

1. 评价指标体系

以国家颁布的《生态文明建设考核目标体系》《绿色发展指标体系》等作为参考，基于合肥市的实际建设情况和发展重点，选取四类共 17 个指标，构建合肥市"三水共赢"发展模式下的评价指标体系（表 5-4）。

表 5-4 合肥市"三水共赢"生态文明发展模式评价指标体系

分类	序号	指标	单位	2010 年	2015 年	2020 年
一、资源利用	1	万元 GDP 用水量	m^3/万元	80.9	53.8	41.4
	2	单位 GDP 能耗量	tce/万元	0.495	0.372	0.309
	3	非化石能源占一次能源消费比例	%	4	6	8
	4	一般工业固体废物综合利用率	%	85	91.7	95
	5	农作物秸秆综合利用率	%	75	85	90
二、污染治理	6	化学需氧量排放削减量	万 t（五年累计）	—	3.3	1.85
	7	氨氮排放削减量	万 t（五年累计）	—	0.5	0.24
	8	二氧化硫排放削减量	万 t（五年累计）	—	0.6	0.46
	9	氮氧化物排放削减量	万 t（五年累计）	—	0.9	0.88
	10	细颗粒物（$PM_{2.5}$）年均浓度	$\mu g/m^3$	—	66	53
三、生态环境	11	水功能区水质达标率	%	50	57	65
	12	森林覆盖率	%	11.6	26.8	28
	13	新增湿地面积	万 hm^2（五年累计）	—	0.28	0.3
四、绿色生活	14	主城区节水型器具普及率	%	90	99	100
	15	城市亲水岸线比例	%	50	74	80
	16	居民生态文明认知度	%	75	85	90

注：指标体系数据来源包括《合肥市国民经济和社会发展第十三个五年规划纲要》《合肥市"十三五"节能减排综合性工作方案》《合肥市水生态文明城市建设试点实施方案》《合肥市固体废物污染环境防治信息公告》等资料

2. 综合效益分析

在"三水共赢"发展模式下，合肥市水耗能耗逐年降低，资源利用效率逐步提升；主城区污水集中处理率达到 95%以上，巢湖水质逐步改善，环境质量显著提升；巢湖生态湿地面积达到 37.78 km^2，生态系统持续优化。

结合评价指标体系设置与变化情况，考虑到可统计、可量化计算等因素，针对资源能源利用效率提升、环境污染治理、生态系统保护与修复三大举措，对其产生的效益进行货币化评估。

（1）资源节约类效益

效果汇总。结合合肥市特色发展模式评价指标体系的选取，可量化的资源节约类效益主要包括节水、节能、再生资源利用等方面（表 5-5）。

表 5-5 合肥市"三水共赢"模式资源节约效果汇总表

指标		单位	2010年	2015年	2020年
全市GDP		亿元	2702.5	5660.3	10000
万元GDP用水量		m³/万元	80.9	53.8	41.4
全市新鲜水耗量	优化前	万m³	218632	457918	809000
	优化后		—	304524	414000
	削减量		—	153394	395000
单位GDP能耗量		tce/万元	0.495	0.372	0.309
全市能耗量	优化前	万tce	1338	2802	4950
	优化后		—	2106	3090
	削减量		—	696	1860
一般工业固体废物综合利用量		万t	700	750	820
农作物秸秆综合利用量		万t	320	351	400

以2010年为基准年,可以得出合肥市特色模式下主要的资源节约类效果。到2015年,实现新鲜水耗量节约15.3亿m³/年,节能量696万tce/年,一般工业固体废物综合利用量750万t/年,农作物秸秆综合利用量351万t/年;到2020年,预计实现新鲜水耗量节约39.5亿m³/年,节能量1860万tce/年,一般工业固体废物综合利用量820万t/年,农作物秸秆综合利用量400万t/年。

效益货币化核算。依据已计算得出的各类资源节约与再利用效果,乘以单位资源价值,可估算出资源节约类效果的货币估值,2015年和2020年分别约630亿元和1484亿元(表5-6)。

表 5-6 合肥市特色发展模式下资源节约效果的货币化估算表

指标值		新鲜水	能源	一般工业固废	农作物秸秆	合计
2015年节约/再利用量/万t		153 394	696	750	351	
2020年节约/再利用量/万t		395 000	1 860	820	400	—
单位资源价值元/t	2015年	6	6 000	1 500	200	
	2020年	6	6 000	1 500	200	
减少的投入成本/亿元	2015年	92	418	113	7	630
	2020年	237	1 116	123	8	1 484

(2)污染减排类效益

效果汇总和效益货币化估算。结合合肥市特色发展模式评价指标体系的选取,可量化和货币化估值的污染减排类效益主要包括化学需氧量、氨氮、二氧化硫、氮氧化物四类;各类污染物的减排量乘以单位污染物治理成本,可估算出污染减排类效果的货币估值(表5-7)。

综上,污染减排类效果的货币估值,2015年和2020年分别约3010万元和1719万元。

(3)生态质量提升类效益

结合合肥市特色发展模式指标体系的选取,考虑到可量化和可货币化等因素,生态质量提升类效益的估算对象主要包括新增森林面积(森林覆盖率)和新增湿地面积两类。

表 5-7　合肥市特色发展模式下污染减排类效果和货币化估算汇总表

指标值		化学需氧量	氨氮	二氧化硫	氮氧化物	合计
2015 年削减量/t		6 600	1 000	1 200	1 800	—
2020 年削减量/t		3 700	480	920	1 760	—
单位治理成本元/t	2015 年	2 500	10 000	1 500	1 000	
	2020 年	2 500	10 000	1 500	1 000	
减少的治理成本万元	2015 年	1 650	1 000	180	180	3 010
	2020 年	925	480	138	176	1 719

注：二氧化硫和氮氧化物的单位治理成本取市场治理技术的平均价格，化学需氧量和氨氮的单位治理成本参考中部地区河南省颁布的生态补偿标准

新增森林面积。根据合肥市总面积及森林覆盖率的变化值，估算 2010 年、2015 年和 2020 年的森林面积分别约 1327.6 km^2、3067.3 km^2 和 3204.6 km^2；即 2015 年和 2020 年的年均新增森林面积分别约 52.2 万亩（348 km^2）和 4.1 万亩（27.5 km^2）。每亩森林年均生态价值估算取 5000 元，则 2015 年和 2020 年新增森林的货币化效益分别约 26.1 亿元和 2.1 亿元。

新增湿地面积。根据指标体系数据，2015 年和 2020 年的年均新增湿地面积分别约 560 hm^2 和 600 hm^2，每公顷湿地年均生态价值取 10 万元，则 2015 年和 2020 年新增湿地的货币化效益分别约 5600 万元和 6000 万元。

即 2015 年和 2020 年的主要生态提升类效益分别约 26.7 亿元和 2.7 亿元。综上分析，汇总资源节约类、污染减排类和生态质量提升类三个主要领域的货币化效益，可估算出合肥市"三水共赢"发展模式下的综合货币效益，在 2010 年和 2015 年分别约 657 亿元和 1487 亿元。以水资源、水环境、水生态为主要抓手的生态文明建设效益显著（表 5-8）。

表 5-8　合肥市特色发展模式下综合效益估算汇总表　　（单位：亿元/年）

年份	资源节约效益	污染减排效益	生态提升效益	合计
2015	630	0.3	26.7	657
2020	1484	0.17	2.7	1487

四、巢湖流域生态文明建设的"三生优化"模式

（一）流域发展基础

基本情况。巢湖流域位于安徽中部，涉及行政区划范围包括合肥、六安、马鞍山、芜湖、安庆等 5 市的 19 个县（市、区），总面积约 2.21 万 km^2；流域内水系密布，集水面积达 1.35 万 km^2。

近年来，巢湖流域综合承载力和辐射带动力显著提升，是安徽省经济发展最具活力和潜力的重要板块。流域范围人口、经济总量和财政收入分别占全省 1/5、1/3 和 1/4，战略新兴产业产值占全省比例超过 35%，是安徽省经济社会发展水平较高的地区之一。2014 年 7 月，巢湖流域获批国家生态文明先行示范区。

（二）流域发展模式的总结

巢湖流域以资源承载力为基础，以水环境质量改善为硬性约束，同步优化流域内各城市的产业、社会发展，促进跨区域协作，在推进过程中形成了流域生态文明建设生态定产、生态定城、生态协作的"三生优化"模式（图5-3）。

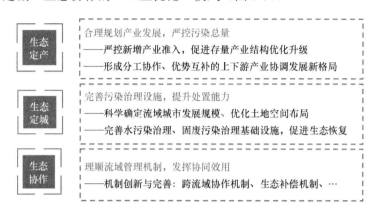

图5-3 巢湖流域生态文明建设的"三生优化"模式

一是生态定产，合理规划产业发展，严控污染总量。主要措施包括严控新增产业准入，促进存量产业结构优化升级，形成分工协作、优势互补的上下游产业协调发展新格局。

二是生态定城，完善污染治理建设，提升处置能力。主要措施包括科学确定流域城市发展规模、优化土地空间布局，完善水污染治理和固废污染治理等设施、提升排放标准。

三是生态协作，理顺流域管理机制，发挥协同效用。根据巢湖流域发展实际，由合肥市牵头，促进各城市间在协同治理领域的机制创新，重点包括跨流域协作机制、生态补偿机制等。

1. 生态定产，合理规划产业发展，严控污染总量

（1）加强红线管控，严控新增产业准入

借鉴太湖、滇池等地做法，划定巢湖流域水环境一、二、三级保护区（《关于公布巢湖流域水环境保护区范围的通知》），对巢湖流域产业和项目布局实行最严格的规划管控，严守生态功能保障基线、环境质量安全底线、自然资源利用上线三大红线。制定产业准入负面清单，严格环境准入标准，把污染物总量指标作为环评的前置条件，实行等量或减量置换，严控产业增量。

（2）加快产业转型，优化提升存量产业

加快流域各市的产业转型。以培育壮大战略性新兴产业为先导，以做大做强优势支柱产业为重点，以发展繁荣现代服务业为支撑，以综合开发现代农业为基础，提升产业层次，做大产业规模，全面建成现代化产业体系。强力淘汰落后产能，严格控制巢湖流域内化工、钢铁、冶金、建材等"三高两超"项目的建设，依法淘汰浪费资源、污染环

境的落后生产工艺和技术设备。

优化生态农业产业体系。壮大已有的蔬菜瓜果、苗木经果、现代渔业、优质稻米和休闲农业等领域，依托粮食生产提升工程、高效设施农业扩面工程、农产品加工升级工程、生态农业提速工程等重点工程，优化形成现代生态农业体系。

促进工业绿色化新型化发展。本着既有利于环巢湖流域工业布局调整，也有利于巢湖治理和保护的理念，加速信息化与工业化深度融合，促进传统产业新型化发展。强力推进家电、汽车、工程机械、建材、新型化工等优势传统制造业转型升级，向高附加值、高技术含量方向发展；大幅提升工艺水平和整体竞争能力，加快品牌创建和标准制定，加速向产业链高端攀升。

提升流域现代服务业发展质量。一是依托环巢湖特色生态资源，由合肥市联合马鞍山市、芜湖市、六安市等流域城市，合理规划旅游和文创等关联产业壮大；二是根据各市发展基础和特色，有选择的培育壮大金融、现代物流、商贸会展等服务业态。

（3）开展分工协作，促进流域协同发展

发挥合肥市的省会优势和带动作用，结合合六（六安市）、合铜（铜陵市）、合淮（淮安市）、合巢芜（巢湖市、芜湖市）四大产业带的打造，促进流域产业集群发展，逐步形成布局合理、功能明确、竞争有序、绿色低碳的产业空间布局。

其中，合六产业带重点发展电子信息、新能源、家用电器、汽车及零部件以及临空产业，合铜产业带重点发展汽车制造、农产品加工、冶金、矿业采掘等产业，合淮产业带重点发展汽车零部件、农产品加工、新型建材及重化工业，合巢芜产业带重点发展智能装备、节能环保、机械加工、新型化工、商贸物流等产业。

2. 生态定城，优化城镇生态格局，完善污染治理设施建设

（1）优化流域城镇发展规模和空间布局

推动经济发展、生态保护、环境治理等协调联动。确立生态保护红线、资源利用上线、环境质量底线，以水定城，不断优化巢湖流域城市功能布局和空间形态，强化生态环境硬约，设定禁止开发的岸线、河段、区域、产业等，实施更严格的管理要求。

明确流域空间格局和生态功能分区。划分为生态控制区（禁止建设区）、生态保育区（限制建设区）和生态协调区（适宜建设区）三类（《安徽省巢湖流域生态文明先行示范区建设实施方案》）。生态控制区占流域总面积59.7%，仅允许建设具有系统性影响、确需建设的道路交通设施和市政公用设施，生态型农业设施、公园绿地及必要的风景游赏设施。生态保育区占流域总面积29%，仅允许建设旅游、生态型休闲度假和健康养老产业项目，必要的农业生产及农村生活、服务设施，必要的公益性服务设施、科研教育项目等。生态协调区占流域总面积的11.3%。包括主城区、外围副城区、产业基地、乡镇等建设区域。

科学确定城镇发展规模，优化内部布局。以资源环境承载能力为基础，科学确定城镇发展规模。合理控制人口和建设用地规模。到2020年，中心城区常住人口控制在360万人以内，城市建设用地控制在360 km^2 以内；划定城市开发边界，增强城市内部布局的合理性，严格控制新增建设用地，加大存量用地挖潜力度，合理开发利用城市地下空间资源，综合提升城市的通透性和微循环能力。

（2）着重提升各污染处置设施建设水平

提升水污染治理能力。一是积极推进流域内城市和乡镇已有污水处理厂的提标改造，提高主要污染物排放标准，加快雨污合流城市排水管网改造，重点城市按照严于一级A标准对南淝河、十五里河、派河流域的污水处理厂实施提标改造；二是通过推广和应用分散型污水处理技术，新建一批高标准乡镇污水处理厂（或设施）及配套管网项目，逐步实现流域内污水集中处理的全覆盖。

加强综合类环境整治。一是逐步建立覆盖流域城乡的垃圾收集、处理设施网络，开展生活垃圾分类收集，推广垃圾焚烧发电和餐厨废弃物资源化利用，推进生活垃圾处理向无害化、减量化、资源化发展，提升城市生活垃圾无害化处理率。二是完善农村环境治理设施，建成一批垃圾中转站、垃圾处理设施等，资源化利用农村生产生活有机废弃物，提高沼气等清洁能源利用水平，同时发展清洁养殖、生态养殖，加强流域面源污染控制。

（3）促进流域重点自然生态系统的恢复

提升流域湿地生态功能。保护、恢复、重建巢湖沿岸湖滨湿地和滨岸湿地植被带，逐步形成适宜动植物群落栖息的湖滨带生态环，构建完整的巢湖梯级湿地体系，恢复巢湖水体的自净能力。加快城市游憩型湿地建设，净化水质，丰富城市景观；加快乡村湿地建设（河流、沟渠、池塘、农田等），净化和减少面源入湖污染；建设污水净化型湿地，深度处理城镇污水处理厂（设施）尾水；科学合理布局建设湿地公园，开展湿地生态旅游。2015～2018年，完成环巢湖生态湿地修复面积约2500 hm^2。

构筑流域绿色生态屏障。加快流域的绿色屏障、绿色长廊等建设，增强流域水土保持能力和生态系统稳定性。精心编织"路网、水网、林网"三网绿色网络，形成城乡绿色生态屏障；以水源涵养林建设和山体修复为重点，实施山林复绿修复工程；精心打造森林版块，在大型水库、江淮分水岭区域、城市周边等生态区位重要区域，大力开展植树造林，建设森林生态屏障和绿色长廊。

3. 生态协作，理顺流域管理机制，发挥协同效用

完善和创建流域生态文明制度体系，结合生态定产、生态定城及生态协作的发展方向，重点通过加快以下生态机制建设、逐步实现流域治理及可持续发展的高效协作。

（1）完善流域跨区联动机制

构建高效的执行管理机构。联合流域内的合肥、六安等城市，构建跨部门、跨区域的专项资源和资产保护、区域执法等管理机构，明确各部门责任、权力和利益，制定规则，区域联动，规范管理。

建立相互衔接的跨行政区域工作机制。共同核定水域纳污能力，严格入河排污口的监管和审批，加强入河排污总量控制，全面落实最严格的水资源管理制度。实施严格的污染排放标准和环境质量标准，强化流域水质监测管理，加强监测能力建设，提高监测覆盖率，确保完成国家提出的水质监测目标。

（2）探索巢湖综合治理体系

探索建立巢湖生态综合治理研究体系。推进理论体系创新，加快编制巢湖治理与保护总体策略和行动计划。推进关键技术创新，加快水污染防治新技术、新成果应用。推

进机制体制创新，制定并实施定期调度制度、审计监督制度、资金拨付制度、工作推进机制等一系列制度，强化巢湖治理的制度基础。

探索巢湖监督管理体系。实施统一管理，由巢湖管理局负责统一管理巢湖规划、水利、环保等事务，实现对巢湖的统一规划、统一治理、统一管护。拓宽监督渠道，出台巢湖流域生态文明先行示范区建设监督管理暂行办法、管理责任追究暂行办法等文件，加大违规违纪行为的查处力度。加强建设监管，成立专项督查组，紧扣工程质量、建设进度、责任落实等项目建设重点开展现场督查。

探索巢湖保护立法和执法体系。推进《巢湖流域管理条例》立法，严格执行《巢湖流域水污染防治条例》，进一步理顺巢湖流域水环境治理体制。加大水立法保障，探索建立最严格的水资源保护制度。加强合肥等城市水环境执法，建立"河长制"，形成河流巡查长效机制。

（3）试点开展生态补偿机制

探索建立巢湖流域水环境综合整治生态补偿机制，推进流域上下游之间的生态补偿，推进开展生态补偿试点工作，以入湖主要污染量控制为主要手段，合理确定生态补偿指标和控制目标，根据控制目标完成程度设定补偿系数。在炯炀河流域实施生态补偿试点工作，确定化学需氧量、氨氮、总氮、总磷和入湖水量5项为生态补偿指标，由合肥市、巢湖市和炯炀镇按5∶3∶2比例承担，用以探索巢湖流域跨行政边界生态补偿方法。

（三）生态文明综合评价结果

1. 流域建设目标

根据《巢湖流域生态文明先行示范区建设方案》，结合"三生优化"模式下生态定产、生态定城、生态协作的发展方向，以2013年为基准年，到2018年年底，流域生态文明建设的主要预期目标如下。

提升经济发展质量。人均GDP达到7万元，三次产业比例调整为2∶53∶45，战略性新兴产业占GDP比例达到15%。

促进资源综合利用。单位建设用地生产总值提高到3亿元/km^2，万元工业增加值用水量降至31t，GDP能耗降幅优于上级政府考核目标。

提高生态环境质量。森林覆盖率达到30%，人均公共绿地面积明显提升，城市污水集中处理率和城镇（乡）生活垃圾无害化处理率均达到95%，巢湖水质和入湖主要河流达标率大幅提升，完成环巢湖生态湿地修复面积2500 hm^2。

完善生态制度体系。生态文明建设工作占党政实绩考核比例达到25%，重点探索完善最严格的水资源管理制度和巢湖流域综合治理体制机制体系，创新区域联动机制。

2. 综合效益分析

通过生态定城、生态定产、生态协作等措施的推进，巢湖流域实现了产业结构转型升级、城市合理有序发展、生态保护与修复稳步推进的可持续发展局面。据估算，到2018

年，巢湖流域人均 GDP 达到 7 万元，三次产业比例调整为 2∶53∶45，森林覆盖率达到 30%，完成环巢湖生态湿地修复面积约 2500hm^2。

基于巢湖流域"三生优化"发展模式，综合考虑数据可量化、可货币化等因素，从流域产业提升、城乡资源环境两大方面，选取重点指标进行综合效益的量化分析。

（1）流域产业提升效益

基准年情况。2013 年，巢湖流域 GDP 总量占全省 GDP 的 1/3，约 6400 亿元。

目标年情况。2018 年，巢湖流域人均 GDP 预期达到 7 万元/人，流域总人口约 1200 万人，则 GDP 总量增至约 8400 亿元。

提升效益。2018 年相较 2013 年的 2000 亿元增量中，由于生态文明建设带来的产业转型升级、产品附加价值提升等，贡献占比可达到 10%左右，即产业提升效益的年均货币化估值约 200 亿元。

（2）城乡资源环境效益

1）水资源节约效益

基准年情况。2013 年，巢湖流域各区域的水资源消耗总量约 71.5 亿 m^3，GDP 总量约 6400 亿元，则万元 GDP 水耗量约 112 m^3。

目标年情况。2018 年，GDP 总量约 8400 亿元，参考流域万元工业增加值用水量降幅约 15%，万元 GDP 水耗量降幅估算取 15%约 95 m^3。

节水效益。2018 年相较 2013 年，万元 GDP 水耗量减少 17 m^3，总节水量约 14.3 亿 m^3。取水价 6 元/m^3，则水资源节约的当年货币化估值约 85.8 亿元。

2）能源节约效益

基准年情况。2013 年，巢湖流域各区域的能源消耗总量约 3948 万 tce，单位 GDP 能耗均值约 0.62tce/万元。

目标年情况。到 2018 年，按照"十三五"期间单位 GDP 能耗下降 17%的累计值估算，流域各区域的单位 GDP 能耗约 0.51tce/万元，总能耗约 4284 万 tce。

节能效益。2018 年相较 2013 年，单位 GDP 能耗下降值为 0.11tce/万元，总节能量约 924 万 tce。按照 6000 元/t 的能源价格估算，则节能效益的当年货币化估值约 554 亿元。

3）生态提升效益

生态提升效果。2018 年相较 2013 年，森林覆盖率从 25%左右提升至 30%、累计新增森林面积约 165 万亩（约 11 万 hm^2），累计新增湿地面积约 2500 hm^2。以单一年份计算，年均新增森林面积和湿地面积分别约 33 万亩（约 2.2 万 hm^2）和 500 hm^2。

生态提升效益。按照森林生态价值 5000 元/亩和湿地生态价值 10 万元/hm^2 估算，则 2018 年生态提升效益的当年货币化估值为 17 亿元。

综上分析，巢湖流域"三生优化"发展模式下，生态定产、生态定城、生态协作所产生的主要综合效益的货币化估值，在 2018 年当年预期合计约 857 亿元。巢湖流域通过协调经济发展同生态环境保护的关系，推动绿色低碳循环发展，切实做到了经济效益、社会效益、生态效益同步提升，探索出了绿水青山向金山银山转化的高质量发展路径。

五、基于水环境的生态文明建设存在的问题及展望

（一）水环境主导的生态文明建设存在的主要问题

1. 阶段性水质超标问题仍然存在

总体来看，巢湖治理为代表的城市水污染治理将是一项长期系统性工作，综合设计难度较大，局部区域的阶段性水质超标问题仍然存在，需要系统化可持续推进。

（1）部分河流水质长期未达标

巢湖是长江中下游五大淡水湖之一，是国家"三河三湖"治理的重点区域，是长江下游重要湿地，在调蓄流域洪水、补充长江径流、保障城乡用水、维护区域生态平衡等方面具有极其重要的作用。近年来，巢湖治理虽然取得一定成效，但和国家要求仍有差距，形势不容乐观。2015 年国家重点流域水污染防治考核中，巢湖流域考核断面达标比例仅为 50%。2016 年监测的 27 条淮河二、三级支流中，7 条水质为Ⅴ类，10 条为劣Ⅴ类。2013 年以来，郎溪河和支流包河等多条水域水质一直为劣Ⅴ类。

（2）水质反复、水华问题严重

近年来，巢湖流域治理主要着力于 COD 的治理，治理效果较好。但由于长期未重视氨氮和磷污染因子的控制，导致水质反复问题严重。2016 年主要支流双桥河水质不升反降，由 2014 年的Ⅳ类，下降为 2015 年、2016 年的劣Ⅴ类。2017 年第一季度，巢湖湖体总磷浓度和富营养化状态指数同比呈上升趋势。近年来，巢湖水华高发，2015 年最大水华面积 321.8 km^2，占全湖面积 42.2%；2016 年水华最大面积为 237.6 km^2，占全湖面积的 31.2%。2017 年一季度，湖体总磷浓度和富营养化状态指数同比均呈上升趋势。

2. 经济社会发展与水环境治理之间的矛盾仍然长期存在

总体来看，合肥市还处于高度发展、快速转型的发展特征中，经济社会城市发展与水环境治理之间的矛盾比较突出。领导层面，重发展、轻污染治理的观念较为根深蒂固，导致工作部署不到位或者工作导向有偏差。建设层面，合肥市的区位和发展阶段都将推进资源消耗和污染排放压力增大，污染防控工作落实不严，对自然生态系统的恢复和提升带来挑战。

（1）重发展轻保护，工作部署不到位

发展与保护的思路未转变。对环境保护的重视程度、压力传导和责任落实从上到下呈现逐级递减态势。发展和保护的关系在领导干部当中还没有完全理顺，一些领导干部重经济发展、轻环境保护，对自身肩负的环保责任认识不到位，存在"说起来重要，做起来次要，忙起来不要"的现象。一些领导干部对环境治理存在畏难情绪，一味强调环境治理的过程，工作中消极应对。一些地方和部门环保意识和法制意识淡薄，《巢湖流域水污染防治条例》出台后，条例规定的巢湖流域水环境一、二、三级保护区的具体范围至今未确定，甚至仍然大量违法进行开发建设，条例要求长期没有落实。

工作部署存在不到位的情况。中央环保督察组查阅省委常委会和省政府常务会议纪

要发现，2013年至督察进驻前，安徽省委召开常委会142个，研究议题587个，其中环境保护议题仅10个。安徽省政府召开常务会议107次，研究议题521个，其中环境保护议题虽有23个，但以环保法规、政策文件审议为主，很少对重大环境保护问题和重点环境保护工作进行专题研究。2011年通过行政区划调整，将巢湖整体纳入合肥市管理，并于2012年成立安徽省巢湖管理局，以便强化对巢湖的统一保护监管，但由于管理体制长期没有理顺，职能交叉，权责不清，导致监管不力，工作滞后，体制优势未能发挥。

（2）考核机制未配套，工作导向有偏差

近年来，安徽省流域治理方面投入了大量的工作，但是由于考核目标体系仍以经济发展为主，甚至出现经济指标占比升高、环境类考核指标权重下降的情况，导致环境污染治理工作步步落后。2016年，安徽省政府对各地市目标管理考核的权重作了调整，经济发展权重由上年的 14.6%~22.3% 上升到 27.5%~32.5%，但生态环境类指标考核权重却由上年的 14.6%~22.3% 下降到 13.5%~20.5%。淮南市政府对淮南经济技术开发区、淮南高新区、安徽现代煤化工产业园的目标管理绩效考核，其考核内容和指标体系均无环境保护相关内容。

（3）治理力度有待加强，工作推进存在不严不实情况

由于全省目标考核体系的导向问题，导致环境治理的工作很多流于表面、专于应付，导致污染治理工程迟迟不落地，入湖污染没有明显消减。入湖的十五里河、南淝河和派河3条汇入巢湖的河流水质长期为劣Ⅴ类，河流入湖污染物巨大，加剧了巢湖的负担。2013年立项的十五里河污水处理厂三期工程迟迟没有建成，导致每日约6万t生活污水直排。南淝河流域长期没有实施有效的雨污分流，加之管网大量错接、漏接，流域污水处理设施没有发挥效益。派河流域的肥西县污水处理率不足30%，大量污水直排，主要支流潭冲河和王建沟水质逐年下降。淮南市于2017年4月建成石姚湾污水泵站，将污水纳管后排入淮南市第一污水处理厂处理，但泵站运行一个月来，污水处理厂进水量并未增加，每天4万余t污水去向不明。淮南市政府及有关部门对此不调查、不了解，直至督察组发现后才开始排查。督察发现，每天4万t污水仍然排入淮河干流。升金湖国家级自然保护区是长江下游区域重要内陆湿地生态系统，也是亚太主要的鸿雁种群越冬地，具有重要的生态意义。但保护区水产养殖管理长期失控，大面积侵占保护区核心区、缓冲区，人工养殖甚至超过水域面积的80%，造成湖泊水质明显下降，湿地功能退化，严重威胁保护区生态安全。淮北市杜集区、烈山区污水管网长期空白。

（4）以保护之名，行开发之实

违规侵占湖面，开发旅游项目。2013年合肥市实施巢湖沿岸水环境治理及生态修复工程，将原本连成一片的湿地从中隔断，预留部分区域作为滨湖新区旅游码头用地。2014年又以实施滨湖湿地公园工程名义，在近两公里的湖岸违法建设"岸上草原"项目，还以建设防波堤名义围占湖面，以保护之名，行开发之实，其中约2000亩湖面已经用作旅游开发（图5-4）。

破坏滨湖湿地，处理城市垃圾。督察组发现，巢湖约94.8万 m^2 滨湖湿地遭破坏。2016年合肥市滨湖新区违法审批，将14万 m^2 防浪林台用作建筑垃圾消纳场，防浪林台内湿地已被填平，丧失生态功能。滨湖新区还将派河口天然湿地违规用作建筑垃圾消纳

场,已倾倒土方约 50 万 m³,占用湿地 60 万 m²。另外,渡江战役纪念馆西侧湿地也陆续被土方填埋,损毁湿地约 16.8 万 m²(图 5-5)。

图 5-4　滨湖新区旅游码头用地

图 5-5　合肥市滨湖新区建筑垃圾 3 号消纳场正是巢湖滨湖湿地

3. 流域治理管理体系不健全,跨区域协同治污工作未成形

流域治理不单单是某一行政区的任务,而是全流域共抓大保护才能实现根本治理。目前来看,一方面,流域各城市间的产业协作刚刚起步,尚未形成完善的分工协同体系和优化布局;另一方面,围绕巢湖水系治理的跨区联动机制、综合治理体系、生态补偿机制等刚开始推进试点,面临着跨区域合作难度大、涉及利益相关方较多等现实问题,相关机制仍待丰富和完善。

跨流域管理机构已建立,但权责不清、治理工作"落实不力"。2011 年安徽省通过行政区划调整,将巢湖整体纳入合肥市管理,《巢湖流域水污染防治条例》规定,合肥市人民政府对巢湖水环境质量负总责,但合肥市对巢湖保护工作不到位,一些重要任务落实不力。安徽省于 2012 年并成立安徽省巢湖管理局,以便对巢湖实现统一保护监管,但督察发现,省巢湖管理局成立以来,对"三定"方案明确的重要环境保护职责未落实,对巢湖流域内侵占湖面、破坏湿地等问题没有纠正，对环境敏感区域内大量违法建设问题没有查处。

（二）水环境主导的生态文明建设未来发展方向

以水环境为主导的生态文明建设，尤其是巢湖流域治理是一项系统性工程，安徽省、合肥市需吸取巢湖治理的经验教训，深刻反思，切实将生态环保工作摆上重要位置（图5-6）。

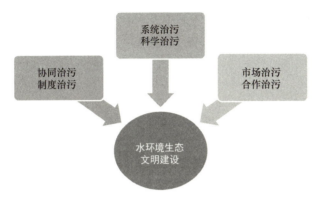

图 5-6 水环境主导的生态文明建设未来发展建议

1. 强化区域协作，加快水环境治理制度化

建立制度和政策体系，形成环境保护的长效机制。在生态文明建设"五位一体"架构下，加快完善水生态文明法治体系，制定、修改和强化相关法律法规及标准，不断创新水生态环境行政执法与刑事司法工作机制，实现立法与改革决策相衔接，形成水环境治理与保护的整体合力，构建生态文明建设的底线保障。加快制度创新，增强改革的系统性、整体性和协调性，完善资源环境价格机制、构建环保监管体制、强化法制体系建设、健全多元环保投入机制、建立全民参与机制。组织修订《安徽省环境保护条例》等地方性法规和《安徽省突出环境问题整改核查考核暂行办法》等制度，制订出台《安徽省划定并严守生态保护红线实施方案》，不断巩固扩大整改成果，进一步加强环境保护制度保障。

优化顶层组织架构，建立职责明确的跨流域统筹机制。从上位层面明确跨流域管理机构的地位和重要性，进一步明确架构内各部门和行政单元的责任，完善行政运行机制，不断适应治理体系现代化的新要求。

建立分领域考核体系，塑造流域治理的保障机制。打好污染防治攻坚战时间紧、任务重、难度大，是一场大仗、硬仗、苦仗，必须加强党的领导。构建以改善水生态环境质量为核心的目标责任体系，注重发挥考核评价的指挥棒作用。具体而言：一是明确责任主体，即地方各级党委和政府主要领导是本行政区域水生态环境保护第一责任人；二是要建立科学合理的考核评价体系，突出水环境指标在绿色发展指标和生态文明建设目标的考核权重，考核结果作为各级领导班子和领导干部奖惩和提拔使用的重要依据；三是重视水生态环境保护人才队伍建设，保障水环境治理工作层层落实可实施。

探索多元化生态补偿机制，实现上下游生态共治。加快推进生态补偿机制，完善生态补偿立法，规范协调生态补偿资金投入的方针、政策、制度和措施。探索生态补偿税，设立生态补偿专项基金，由当地政府和社区统一管理，专款专用。以政策和经济激励机制为杠杆，推动上游地区主动加强保护、下游地区支持上游发展，最终实现互利共赢。

加快推进省内流域上下游横向生态补偿机制，按照"谁超标、谁赔付、谁受益、谁补偿"的原则，建立以市级横向补偿为主、省级纵向补偿为辅的水环境生态补偿制度，流域上下游市（区、县）签订补偿协议，明确各自责任和义务，以交界断面水质为依据实施双向补偿。结合深化财税体制改革，完善转移支付制度，加大对重点生态功能区的转移支付力度。有序推进地区间横向生态保护补偿机制，稳步推进大别山区水环境生态补偿工作，研究制定安徽省建设项目占用河湖水域补偿办法。

深入探索跨省流域水环境生态补偿机制，继续加强与周边省份的跨省域生态补偿机制，签订生态补偿协议，共同出资设立流域生态补偿资金。巩固和完善新安江水环境生态补偿机制，并在此基础上进一步探索创新生态补偿合作方式和内容，拓展环境联防联治范围，完善联合执法、合力治污机制，建立奖励达标、鼓励改善、惩戒恶化的正向激励、反向约束机制，搭建上下游联动、合作共治的政策平台，最终打造跨省流域治理多元化、长效化的新兴发展模式。

专题1 美国五大湖综合治理

区域概况。五大湖地区位于加拿大与美国交界处，区域面积约24.5万 km^2，人口超过5000万人。流域资源丰富、湖滨平原土地肥沃、城镇密布且工农业生产集中，分布了钢铁工业中心、制造业带等。到20世纪初，由于城市扩张和产业发展，五大湖水污染严重、湿地面积损失近2/3，水生生态环境遭到严重破坏、一度成为"生锈地带"。

流域治理经验。一是开展府际合作，美国和加拿大政府先后签订了《边界水域条约》（1909年）、《大湖水质协议》（1978）、《五大湖宪章》（1985）等，围绕统一水质目标、限定排放总量、加强水质检测等内容进行了约定。二是开展基于区域合作组织的环境治理，机构主要包括国际航道委员会、大湖渔业委员会、五大湖州长委员会等，开展专门的协调监督，为推动五大湖流域的跨界水质保护行动提供了强有力的组织保障。三是进行基于产业结构转型的环境治理，自20世纪80年代起，城市群内各个中心城市着力推动经济转型、产业升级和环境重建，以制造业为主导的产业结构转变到以服务业为主，从源头减少废弃物对生态环境的破坏。

主要治理效果。经过几十年的努力，到21世纪初期，五大湖区水质明显好转，自然生态环境得到改善，水污染治理和生态环境保护取得了良好效果。

专题2 新安江流域补偿试点

试点概况。2001~2008年，皖浙交界断面水质一直以较差的Ⅳ到Ⅴ类水为主，为综合改善流域水质，2012年，财政部和环保部牵头，皖浙两省共同推进，全国首个跨省流域的生态补偿机制试点——新安江流域生态补偿机制试点正式实施,首轮工作为 2012~2014 年,二轮工作于 2015 年开始。

跨行政区试点经验——资金引导、协作推进。一是财政出资,以首轮试点 3 年为例,每年共计 5 亿元补偿资金额,其中中央财政出 3 亿元,安徽、浙江两省各出 1 亿元;依据两省开展的联合水质监测结果,如年度水质达到考核标准、浙江拨付给安徽 1 亿元,如水质达不到考核标准、安徽拨付给浙江 1 亿元,同时无论水质达标与否、中央财政 3 亿元全部拨付给安徽。二是建立发展基金,2016 年,黄山市与国开行、国开证券共同发起全国首个跨省流域生态补偿绿色发展基金,首期规模 20 亿元。

试点推进效果。自 2012 年试点开始以来,新安江流域每年的总体水质都为优,跨省界断面水质达到地表水环境质量标准二类、连续达到补偿条件,下游千岛湖的营养状态指数也逐步下降。但同时,试点补偿资金数量有限,还远满足不了流域生态保护需求,未来仍需完善相关法规,进一步建立市场化、多元化的生态补偿机制。

2. 加强动态监测预警机制,系统落实污染防治工作

(1) 加强动态监测预警机制

实时监控,系统、科学治水,实现水环境可持续发展。巢湖水质反复无常,水华严重,在于前期投入大量的资金,配套污染治理工程,主要针对 COD 污染物,而没有未雨绸缪氨、氮和磷的变化趋势,导致水质反复。针对此情况,在原有监测体系下,加强动态监测及预警机制的建设,建科学分析水质变化,作出系统化应对措施。

建立健全水环境监测体系,完善重点流域、水库等地表水水环境质量监测网络建设。加强重点污染源监控体系建设,所有新建项目需安装在线监控系统,对污染物排放实施全过程监控。加强重点流域入河排污口监控,对重点河段污水处理厂、乡镇及农村污水处理厂(站)进行监管,实时掌握工业企业污水排放、养殖废水排放等排污信息。建立饮用水水质监测系统,实现远程在线监控,严格水源地环境监管和风险防控。

建立健全环境风险源数据库。梳理环境风险源现状,针对风险源企业、废弃矿山以及饮用水水源地等重要生态功能区周边建设项目、污染农田或畜禽养殖单位开展环境安全检查,掌握环境风险现状、环境风险防范措施及周边环境敏感区域、环境应急物资储备,建立环境风险源数据库,从源头上强化全区风险源监管,通过动态管理有效防范突发环境事件,确保全区环境安全。

健全环境风险应急体系。坚持预防为主、预防与应急相结合的原则,加快开展环境风险评估,识别区域环境风险形势,明确环境风险等级,完善突发环境事件应急预案,加强环境应急能力保障建设。针对重点企业、集中式饮用水源地等突发环境事件,需根据环境风险管控要求编制应急预案,定期组织应急演练。针对火灾、水灾等自然灾害,推动建立跨流域突发环境事件应急合作,协同防范、互通信息,共同应对突发环境事件。

(2) 系统落实污染防治工作

坚持"源头-过程-末端"系统治污体系,围绕全域治水,统筹产业转型、环境保护、

城市建设与民生改善，实行治污水、防洪水、排涝水、保供水、抓节水五策并举，以系统治理打造美丽流域。抓源头，全面推动绿色发展。绿色发展是构建高质量现代化经济体系的必然要求，是解决污染问题的根本之策。重点是调整经济结构和能源结构，优化国土空间开发布局，调整区域流域产业布局，培育壮大节能环保产业、清洁生产产业、清洁能源产业，发展现代化清洁农业。抓过程，构建市场导向的绿色技术创新体系，全面推进落实资源全面节约和循环利用，提高资源能源产出，实现生产系统和生活系统循环链接，倡导简约适度、绿色低碳的生活方式，反对奢侈浪费和不合理消费。抓末端，以治污为先导，做到水上与岸上一起谋划、一起治理。实行"互联网+治水"，打造"智慧水乡"信息平台，做到城镇污水处理实时监控、河道日常保洁全域覆盖，防洪保安常态精细管理，确保治污工程顺利实施。

专题3 武汉试点海绵城市建设

试点概况。 2015年4月，武汉成为全国首批16个"海绵城市"建设试点之一，连续3年获得每年5亿元的中央财政专项资金补助，其中2015～2017年，为武汉打造海绵城市试点期。

已有经验——因地制宜、分类推进。 一是增量优化，新城区坚持目标导向，按照雨水径流控制的要求，将雨水就地消纳利用，解决好城市建设与水安全、水资源、水环境的协调关系；二是存量改造，老城区坚持问题导向，结合城镇棚户区改造和城乡危房改造、老旧小区有机更新等，以缓解城市内涝积水、黑臭水体治理、城市热岛为突破口，改善城市人居环境。

主要建设效果。 经过两年左右的试点期，武汉的青山区和汉阳四新片区两个海绵城市试点片区共计288项工程主体完工，初步实现海绵城市的"呼吸吐纳"功能。青山区不仅积水、泥泞状况基本得到解决，还实现了海绵城市建设与老旧社区改造的协同；汉阳四新片区作为新区从建设初始即体现海绵理念，依托排水泵站实现了全区雨水的自然积存、渗透及净化。

专题4 日本滋贺县琵琶湖治理

琵琶湖概况。 位于滋贺县的琵琶湖是日本第一大淡水湖，面积约674 km^2，蓄水量256亿 m^3，是日本最大的淡水湖，也是京都大阪地区1400万人的饮用水源。20世纪60年代以来日本经济高速增长，导致琵琶湖水质下降，赤潮、绿藻等时有发生，通过30多年的综合治理、水质得到极大改善。

先进经验——实现城市与湖泊的共存。 一是强化源头污水处理，滋贺县建成了完善的污水处理体系：以城市生活污水集中处理厂为主体、部分城区采用合并净化槽处置途径、村落全部建成分散式污水处理设施，并通过提升排水水质，大幅降低入湖污染压力；二是开展生态系统综合治理，包括优化农田灌排系统、开展山坡及小流域的植树造林工程、疏浚湖泊污染底泥等，控制面源污染并提升流域自净能力；三是促进城湖共生,包括推进生活生产节水减污、鼓励科研机构开展流域治理综合研究、开展国际合作、依托湖泊发展各类文化产业等。

主要治理效果。通过长期持续的治理投入,琵琶湖自身的水质整体恢复至Ⅰ~Ⅱ类(按我国地表水环境质量标准划分),沿湖生态环境质量得到提升,区域供水得到有效保障;同时,滋贺县依托琵琶湖的优美环境,实现了文旅产业的高质量发展,带动了地方经济的良性增长,也扩大了地区对外影响力,提升了城市综合发展水平。

3. 完善市场化机制,强化公众监督,全面提升治理水平

充分运用市场化手段,提高环境治理水平。积极推进市场化机制,可以有效减轻政府在流域治理过程中的财政负担,提高基础设施投资和运营效率,同时也可打通跨行政区治理界限。在重点流域,要充分运用市场化手段,完善资源环境价格机制,合理推进跨行政区排污权交易。采取多种方式支持政府和社会资本合作项目,鼓励社会资本参与流域生态治理和环境保护。推行环境污染第三方治理和监测,构建以政府为主导、企业为主体、社会组织和公众共同参与的环境治理体系。

完善信息公开机制,强化公众监督。建立政府部门与公众、企业有效沟通协调机制,及时准确披露各类环境信息,强化公众环境知情权、监督权。健全举报、听证、舆论和公众监督等制度,在建设项目立项、实施、后评价等环节,提高公众参与度。依托社会环保公益组织,积极开展环保宣传教育,提高公众环保意识,参与生态环境监督、维护公民环境权益,充分发挥民间环保组织在生态文明建设中的主力军作用。

参与全球环境治理为导向,提高治理标准和水平。围绕各层次典型模式,促进安徽省内、中部省份之间乃至全国范围内同类区域的经验交流和学习,协同提升各区域的生态文明建设效果,同时共同促进相关理论经验的完善和丰富。要站在应对全球气候变化的大局,不断对标国内国际水环境保护和治理建设,推动和引导建立公平合理、合作共赢的全球气候治理体系,彰显我国负责任大国形象,推动构建人类命运共同体。

第六章　基于资源型经济转型的生态文明发展模式

一、山西省资源型产业发展整体情况

山西省国家重要的能源和有色金属供应基地,也是全国的能源重化工基地,是"高碳经济"的典型。山西省是我国最大的煤炭基地,煤炭储量占全国的36.8%,铝矿石储量河南和山西最多,占全国储量的28.3%。因此,山西省的经济发展主要依赖于工业,且工业在国民经济中所占的比例将近一半,而这其中,煤炭、冶金、发电等产业占到了工业增加值的80%以上,而"一煤独大"的煤炭产业又占据了其中60%的规模。

山西省是全国地区经济发展中对资源依赖最高的省份之一,随着资源型产业的发展,产业结构失衡现象也越来越严重,逐步造成了经济发展的诸多困境。山西省作为全国的能源重化工基地,是"高碳经济"的典型,山西省以煤炭为主要能源品种的生产和消费结构,面临着空前的压力和挑战。山西省经济发展过于依赖煤炭,经济发展跟随着煤炭价格的涨跌而起起落落,高强度的煤炭开采也使得资源逐渐枯竭,单一的产业结构现状难以改变,严重制约了当地经济发展水平。

二、山西省经济转型与生态文明建设情况

2016年6月,山西省委审议讨论并原则通过《山西省生态文明体制改革实施方案》,从资源资产、国土空间规划、资源总量管理和全面节约制度及生态保护市场体系等7个方面,提出了40项工作任务。

2016年7月,实行新的督查机制,厘清各级党委、政府及相关职能部门的环保工作职责,形成高位推动环保工作的合力,"大环保"轮廓初现。

2016年下半年,确立转型综改、创新驱动发展战略,将生态文明建设融入经济社会发展全过程,坚决打破阻碍绿色发展的坛坛罐罐,生态环保倒逼经济转型力度不断加大。

2016年12月16日开始,省、市、县三级联动开展重污染天气应对工作,实行最严的应急减排措施。

2017年4月28日,中央环保督察组进驻山西,省、市、县三级党政主要领导和分管领导带头包案,在中央环保督察之后,实现了对全省、各省辖市、省级环保督察全覆盖。

三、山西省经济转型与生态文明建设模式

（一）阳泉矿区"加减法"推动区域经济转型升级案例

阳泉市是山西的缩影，是典型的资源型城市——因煤而设、因煤而兴，也因煤而困。为资源型经济转型发展，重点落实了"三去一降一补"五大任务，推进煤炭供给侧结构改革，压减煤炭产能，大力发展新型产业。

积极开展煤矸石灭火、粉煤灰利用等工作，倒逼出一条绿色低碳循环的转型升级之路，实现经济发展方式由"黑"转"绿"。

积极推动产业结构合理发展，初步形成了非煤非电非传统产业协调发展，输煤输电输数据并举的格局，推动经济实现由"疲"转"兴"。

采取"放缓坡度，分层碾压，覆土绿化"等措施，投资数亿元，进行大规模矸石山污染防治、植被恢复、生态修复，烟雾缭绕的"火焰山"已变成生机盎然的"花果山"。

（二）"4+2"城市散煤污染综合治理案例

把压煤减排、提标改造、错峰生产作为主攻方向，把重污染天气妥善应对作为重要突破口，加快散煤污染综合治理，共同应对重污染天气。

积极推进"煤改气""煤改电"和集中供热等清洁取暖工程。鼓励利用余热、余压、生物质能、地热能、太阳能、燃气等多种形式的清洁能源和可再生能源供热方式及工业余热供热、热泵供热等先进供热技术。

加大散煤替代力度，实施小型燃煤锅炉（炉具）环保改造，逐渐淘汰传统直烧炉，禁止销售不符合国家相关标准的劣质炉具。开展农业大棚、畜禽舍等用煤替代工作。

严格控制煤炭消费量。"4+2"城市煤炭消费总量实现负增长。各市煤炭压减替代工作方案要明确替代区域、领域、方式及压减量。压减的煤炭消费量要实施清单式管理，做到可核查、可统计。

四、资源型经济转型与生态文明建设取得成效

战略性新兴产业增加值增长17.2%，超过全国平均水平7.6个百分点。

文化旅游金融等现代服务业，服务业增加值对GDP增长的贡献率达到58.2%。

煤炭产量对GDP增长的贡献为负数，而非煤产业对规上工业增长的贡献率达115.4%。

秋冬季全省$PM_{2.5}$平均浓度同比下降32.7%，SO_2平均浓度同比下降55.1%。

五、措施和建议

1）加快淘汰落后产能，促进产业结构优化

积极处置煤炭、钢铁行业"僵尸企业",加大对传统产业实施绿色改造力度,培育发展一批绿色产品、绿色工厂、绿色园区和绿色产业链,加大风电、光伏发电的装机规模,提高非化石能源消费比例。

2）坚决打赢三大战役,创造良好生产和生活环境

紧紧扭住"控煤、治污、管车、降尘"关键环节,加强燃煤污染控制,加大超标排放整治力度,强化水体污染源专项整治,有序开展土壤环境治理修复。

3）树立全新资源观,促进资源利用方式的转变

积极推进工业、建筑业等重点领域节能减排,推进煤改电、煤改气、集中供热和清洁能源供热工程,大力推进国家、省级循环化改造示范园区建设。

4）建立健全生态文明制度体系,为绿色发展提供有力保障

围绕解决环保突出问题补齐制度供给短板,要积极推进生态保护"三大红线"划定、排污许可、生态环境监测网络建设、环保垂管改革等任务。

5）建立市场化、多元化的生态补偿机制

以生态受益者付费、保护生态者得到补偿、生态资源使用者付费、破坏生态者付费的原则,采用财政转移型、"反哺"式、环境成本性等生态补偿运行模式。

第七章　中部地区生态文明建设与发展路线图

一、中部地区生态文明建设模式及特色

（一）中部地区生态文明建设模式的共性及差异性分析

中部六省生态文明建设的目标见表 7-1。

表 7-1　中部地区生态文明建设目标

山西省	加快推进造林绿化和生态治理修复，启动晋祠泉复流工程；大力发展循环经济，启动晋城、孝义国家循环经济示范城市创建工作
河南省	"十二五"全面启动建设生态省，到 2030 年，成为"民富省强、生态文明、文化繁荣、社会和谐"的生态省。进行生物质能的绿色高效开发和利用，发展绿色经济、保护环境、提高社会认同；建成适合河南省资源状况和地区经济发展，全国资源类似地区可复制的以生物质能为基础纽带的生态文明建设体系
安徽省	力争到 2020 年基本确立国土空间开发新格局，使资源利用更加高效、生态环境质量总体改善、生态文明重大制度基本确立、生态文明新风尚有效形成
湖北省	至 2030 年，使湖北在转变经济发展方式上走在全国前列，基本建成空间布局合理、经济生态高效、城乡环境宜居、资源节约利用、绿色生活普及、生态制度健全的"美丽中国示范区"
江西省	打造生态文明建设的"江西模式"：到 2020 年生态文明先行示范区建设取得重大进展。实施六大任务：优化国土空间开发格局、调整优化产业结构、推行绿色循环低碳生产方式、加大生态建设和环境保护力度、加强生态文化建设、创新体制机制
湖南省	提出 10 个"示范类"、21 个"突破类"生态文明改革创新案例

（二）中部地区生态文明建设模式的示范及辐射带动作用

中部地区包括山西、安徽、江西、河南、湖北、湖南六个省份，在中国的经济区位中，地处内陆腹地，起着承东启西、联络南北、吸引四面、辐射八方的重要战略性作用。

（1）基于特色产业的生态文明建设模式可辐射带动，如浙江义乌、贵州仁怀等地。

（2）基于生物质的生态文明建设模式可辐射带动，在全国如山东、河北、四川、黑龙江、内蒙古等农作物秸秆资源量和分布类似的地区，通过调研生物质能总体现状、发展潜力，提出相应的发展对策和建议，借鉴以被动型生物质能为抓手的生态文明建设的方式方法、技术方向、综合效益分析等，建立和完善生物质能为纽带的生态文明建设体系。

（3）基于水环境的生态文明建设模式可辐射带动，全国内陆河里点源式污染和面源式污染严重地区，除安徽之外江苏、浙江、福建以及东北等地区。

（4）基于资源型经济转型的生态文明建设模式可辐射带动，我国 118 个资源型城市，约占全国城市总量的 18%，覆盖总人口 1.54 亿，其中东三省资源型城市合计 30 个，约占全国资源型城市的 1/4。

二、中部地区生态文明建设的综合效益

（一）基于特色产业的生态文明发展模式的综合效益

1. 荆门市"循环经济"产业的综合效益

通过荆门格林美"城市矿产"示范基地、中国农谷智慧农业循环经济产业园、京山县"百里生态画廊"建设项目等项目的实施，将极大提升荆门市生态经济规模与质量，助推产业结构调整，促进"循环经济"相关产业、旅游业、现代服务业等新兴产业的发展，根据初步估算，产生的年均间接经济效益可达50亿。2016年，荆门市地区生产总值完成1521亿元，增长8.5%，增速仅次于十堰和宜昌，居全省第3位。2017年上半年，荆门市地区生产总值完成748.82亿元，增长8.1%，增速跑赢湖北全省的7.8%，增速仅次于十堰和鄂州，居全省第3位，经济效益明显。

在社会效益方面，通过一系列的政策和举措，"城市矿产"产业预计可新增社会就业500多个，增加城乡居民收入，对社会发展和经济发展都有着非常积极的作用。并且进一步通过生态创建，改善城市投资环境，提高企业效益，带动经济增长。生态环境质量是当前投资者选择投资区域时考虑的一个重要因素。生态修复及生态创建细胞工程的实施，将有效修复人为因素产生的生态破坏，提升城乡生活环境质量，保护环境、节约资源将成为全社会的自觉行为。

荆门市生态系统服务价值核算结果显示，森林生态系统生态服务价值约为50亿元，草地生态系统生态服务价值约为1.3亿元，农田生态系统生态服务价值约为17.8亿元，湿地生态系统生态服务价值约为22.6亿元，河流/湖泊生态系统生态服务价值约为25亿元，荆门市生态系统生态服务价值合计约为117亿元。根据初步核算，荆门市生态系统生态服务价值以2017年不变价计算，合计约为357.84亿元，未来可达到500~800亿元，人均约为10 524元，人均生态系统生态服务价值与人均GDP合计63 039元，超过中等高收入国家平均水平，接近高收入国家水平。

2. 婺源县"生态旅游+"产业综合效益

婺源县森林覆盖率已达82.64%，空气、地表水达国家一级标准，负氧离子浓度高达7万~13万个/cm^3，是个天然大氧吧。有草本、木本物种5000余种，国家一、二级重点保护野生动植物80余种。境内有世界濒临绝迹的鸟种蓝冠噪鹛，有世界最大的鸳鸯越冬栖息地鸳鸯湖等；在乡村旅游的发展带动下，该县从事旅游商品、餐饮住宿的个体工商户近4000家，城乡居民人均存款2.05万元，以旅游业为主的第三产业占全县GDP比例达49.8%。旅游人数呈现快速上升，实现综合收入52亿元；从事农家乐、导游、交通运输等旅游相关产业，同时也带动8万人间接就业，户均年增收达到6000元左右。

婺源县林地面积244 013.33hm^2，占土地总面积的82.64%；耕地面积20 333.33hm^2，占土地总面积的6.87%；牧草地面积28hm^2，占土地总面积的0.01%。婺源县河流属饶河水系，为饶河上游，河流总长度516.4km，流域面积2.62km^2。婺源县其他用地7067.91hm^2，占土地总面积的2.39%，而在其他用地中可开发为耕地的荒草地1967.61hm^2，仅占土地总面积的 0.66%。根据初步核算,婺源县生态系统生态服务价值以 2017 年不变价计算,约为 73 亿元,人均 19 589 元。人均生态系统生态服务价值与人均 GDP 合计 48 974 元,与 2017 年江西省人均 GDP 相比,高出 21%,达到中等收入国家水平。

(二)基于生物质能的生态文明发展模式的综合效益

1. 生物质资源资源利用企业的综合效益

每年在兰考及周边地区收购农作物秸秆、花生壳、树皮及树枝等农林废弃物 35 万 t,为兰考地区农民创收 8000 多万元,每年碳减排 21.6 万 t CO_2 当量,生物质秸秆燃烧后的草木灰用于农作物化肥,过滤废渣每年 2 万 t 全部由兰考当地建筑材料公司回收用于生产混凝土多孔环保砖。同时,在农业秸秆、树皮、树枝等农林废弃物收储、运输、经营等环节共解决和涉及农村产业链用工 1060 人左右,涉及贫困人口 224 人,解决了就业压力和促进农民增收。

2. 汝州生物质成型燃料示范生产的综合效益

在河南汝州杨楼乡黎良村、王寨乡樊古城村、庙下乡文寨村、温泉镇张寨村等,建立年产 5 万 t 生物质成型燃料示范生产线,覆盖面积 11 万亩,每年为净收入 400 多万元,年替代标煤 2.5 万 t;年产 5t 玉米秸秆成型燃料示范基地可减少温室气体排放 5.5 万 t、二氧化硫排放 500t;同时,项目的运行科消耗的秸秆每年为当地农民增收 1000 多万元,解决劳动就业 300 多人。

(三)基于水环境的生态文明发展模式的综合效益

1. 合肥市城乡生态文明建设的综合效益

结合合肥市特色发展模式的效益货币化核算结果显示,资源节约类效果的货币估值,2015 年和 2020 年分别约 629 亿元和 1484 亿元;污染减排类效果的货币估值,2015 年和 2020 年分别约 3010 万元和 1719 万元;新增森林的货币化效益 2015 年和 2020 年分别约 26.1 亿元和 2.1 亿元;新增湿地的货币化效益分别约 5600 万元和 6000 万元。汇总资源节约类、污染减排类和生态质量提升类三个主要领域的货币化效益,可估算出合肥市"三水共赢"发展模式下的综合货币效益,在 2010 年和 2015 年分别约 656 亿元和 1487 亿元。

2. 巢湖流域生态文明建设的综合效益

2018 年相较 2013 年的 2000 亿元增量中,由于生态文明建设带来的产业转型升级、产品附加价值提升等,贡献占比可达到 10% 左右,即产业提升效益的年均货币化估值约 200 亿元;节水效益,2018 年相较 2013 年,万元 GDP 水耗量减少 17m^3,总节水量约 14.3 亿 m^3。取水价 6 元/m^3,则水资源节约的当年货币化估值约 85.8 亿元;节能效益,2018 年相较 2013 年,单位 GDP 能耗下降值为 0.11tce/万元,总节能量约 924 万 tce。按照 6000 元/t 的能源价格估算,则节能效益的当年货币化估值约 554 亿元;年均新增森林面积和湿地面积分别约 33 万亩和 500hm²，则 2018 年生态提升效益的当年货币化估值为 17 亿元。综上分析，巢湖流域"三生优化"发展模式下，生态定产、生态定城、生态协作所产生的主要综合效益的货币化估值，在 2018 年当年预期合计约 857 亿元。

三、中部地区生态文明模式发展路线图

（一）中部地区生态文明建设及发展的原则

促进中部地区生态文明建设及发展，遵循以下原则。

（1）坚持生态优先、绿色发展。把生态环境保护与修复放在优先位置，坚持在保护中发展、在发展中保护，避免走先破坏后治理、边破坏边治理的老路，进一步加强生态环境协同监管和综合治理，健全生态补偿机制和环境保护市场化机制，提高资源利用效率，为人民群众创造宜居宜业的良好环境，实现人与自然和谐发展。

（2）坚持以人为本、和谐共享。把保障和改善民生、增进人民福祉作为促进中部地区崛起的根本出发点和落脚点，坚决打赢脱贫攻坚战，着力解决涉及群众切身利益的问题，促进基本公共服务均等化，不断提高城乡居民生活水平，使全体人民在共建共享发展中有更多获得感。

（3）绿水青山就是金山银山，贯彻创新、协调、绿色、开放、共享的发展理念，加快形成节约资源和保护环境的空间格局、产业结构、生产方式、生活方式，给自然生态留下休养生息的时间和空间。

（4）山水林田湖草是生命共同体，要统筹兼顾、整体施策、多措并举，全方位、全地域、全过程开展生态文明建设。牢固树立"山水林田湖草"是一个生命共同体的理念，坚持生态优先、区域统筹、分级分类、协同共治的原则，以空间规划为依据，对自然生态空间实行区域准入和用途转用许可，重点明确农业、城镇、生态主导功能空间的用途转用管理。

（二）中部地区生态文明建设及发展方针

中部地区生态文明建设把保护优先、自然恢复为主作为基本方针。在环境保护与发展中，把保护放在优先位置，在发展中保护、在保护中发展；在生态建设与修复中，以自然恢复为主，与人工修复相结合。

中部地区生态文明建设要进一步拓展环境保护参与综合决策的深度和广度，推动中部地区正确处理好经济发展和环境保护的关系，做到在发展中保护、在保护中发展，大力建设生态文明。

中部地区生态文明建设要处理好城市群发展规模与资源环境承载能力、重点区域流域开发与生态安全格局之间的矛盾，着眼于推进以人为核心的新型城镇化，把生态文明的理念和原则全面融入中部城镇化全过程，并结合主体功能区战略，严守生态红线，引导空间开发合理布局。

中部地区生态文明建设既要研究粮食生产的资源环境约束问题，又要研究江河湖泊休养生息的规律，探索保障流域生态安全的措施，还要研究生态环境战略性保护的特点，探索保障人居环境安全的措施。

（三）中部地区生态文明发展的总体目标

（1）在中部地区的典型县域生态文明建设，将强化生态红线管理，进一步加快发展生态旅游等特色产业转变经济发展方式，推进生态工程建设和管理夯实生态文明基础，创新生态文明制度，健全生态保护机制。

通过探索实践，"城市矿产"资源循环模式、石化资源循环利用模式、荆襄磷化工循环发展模式、中国农谷生态循环农业模式、农产品深加工及废弃物循环利用模式等一批具有荆门特色的循环经济发展模式日渐成熟。"城市矿产"资源循环模式入选国家60个循环经济典型模式案例，成为国家循环经济发展的地理标志。

（2）在中部地区的典型市域生态文明建设，结合产业的发展需求和生态文明相关管理政策，加大推广以自然生态方式处理农村生活污水的模式，提高困难造林等补助标准，出台通道绿化强制性标准，做好高效生态农业示范区建设。

（3）在生物质能主导的省域生态文明建设，探索出农业、工业和第三产业的有机契合点，推进生态文明建设，建立和完善适合地区资源状况和地区经济发展，并以生物质能主导的生态文明建设体系，建成生活品质优越、生态环境健康、生态经济高效、生态文化繁荣，全面达到全国生态文明建设示范省的要求。

（4）在水环境主导的生态文明建设，建成国土开发格局基本格局，基本确立城镇化、农业发展和生态安全三大战略格局，能源和水资源消耗、建设用地、碳排放总量得到有效控制，生态环境质量总体得到改善，形成产权清晰、多元参与、激励约束并重、系统完整的生态文明制度体系。

（四）中部地区生态文明模式发展路线图

到2025年，以特色产业、生物质能以及水环境为主导的生态文明发展的初建期，出台相关生态文明建设标准，做好生态文明示范区建设，初步节约资源和保护环境的空间格局、产业结构、生产方式、生活方式，生态文明发展模式的综合效益初步显现。

到2035年，中部地区生态文明发展进入成长期，进一步拓展环境保护参与综合决策的深度和广度，大力推广生态文明建设特色模式，生态环境质量总体得到改善，形成系统完整的生态文明制度体系，在典型市县以及省域产生的综合效益获得最大化。

到2050年，中部地区生态文明发展进入成熟期。

1. 基于特色产业的生态文明建设模式的发展路线图

至2025年，以重点工程建设为依托，进一步加快以"生态旅游+"的经济建设，加强生态旅游资源开发，强化生态旅游相关基础设施建设，厘清多部门协同合作机制，探索生态补偿机制。地区生产总值年均递增10%，达到240亿元，三次产业增加值年均分别增长6.2%、9%和13%，比例调整为13∶35∶52；人均收入年均增长11%；接待游客人数突破 2500 万人次，实现旅游综合收入 400 亿元。

至 2035 年，生态旅游为抓手，深度挖掘生态旅游资源，强化"生态旅游+"模式，进一步优化生态经济建设，推动第一、二、三产业协调发展，继续加大第三产业在国民经济中所占比例，完善生态补偿机制，健全生态文明机制体制建设。实现第一、二、三产业增加值年均分别增长 6%、8%和 12%，比例调整为 7∶29∶64；接待游客人数突破 4000 万人次。

至 2050 年，巩固生态文明建设成果，健全全过程的生态文明绩效和责任追究体系，完善生态环境保护机制体制，构建现代化绿色经济体系。生态文明良性循环体系和长效机制基本形成，生态文明与物质文明、政治文明、精神文明、社会文明一起全面得到提升，全面形成绿色发展方式和生活方式，建成达到中等发达国家水平的美丽婺源。

2. 基于生物质的生态文明建设模式的发展路线图

至 2025 年，生物质能利用技术瓶颈攻克期，生物质制备汽油、柴油、航空煤油等关键技术得到重大攻克，重点解决秸秆焚烧的难题。通过基于生物质能发展的生态文明建设模式的建立，不断发展和优化典型模式，提炼出最佳模式。建成多个万吨级纤维素类醇类燃料、酯类燃料、成型燃料等示范工程。

至 2035 年，生物质能产业技术快速发展期，在全省范围内推广应用基于生物质能发展的生态文明建设模式，建成多个十万吨级农业废弃物制备醇类燃料、酯类燃料及联产化学品示范工程。促进生物质能大开发、大发展，农村有机固废等的能源利用率达 90%以上。

至 2050 年，生物质能综合利用技术进入成熟期，此时生物质能发展技术成熟，基于生物质能发展的生态文明建设模式完善。建成百万吨级生物质制备生物汽油、生物柴油、航空煤油、高附加值化学品联产新材料等基地，实现秸秆的全组分、高效和规模化利用。生物质能在生态文明建设中发挥重要纽带作用。

3. 基于水环境的生态文明建设模式的发展路线图

至 2025 年，通过产业转型升级，加强资源节约集约利用，强化对巢湖、淮河等重点流域的系统化治理，理清多部门管理职责，强化跨区域协同治理。生态环境质量总体改善，重要江河湖泊水功能区水质达标率不低于 85%，氨氮浓度有明显下降，生态系统稳定性明显增强，绿色生产、生活方式逐步形成，生态文明体制改革稳步推进，以水环境为主导的生态文明建设取得初步进展。

至 2035 年，加大环境治理和生态修复力度，全面推动产业结构调整和生产生活方式向绿色化转变，从源头减少资源消耗、控制污染产生，继续完善生态文明体制机制建设。流域治理资金投入大幅增加，环境治理与生态修复工作基本完成，流域治理管理机制基本完善，跨区域生态补偿机制全面建立，重点流域水质达到地表水Ⅲ类标准。

至 2050 年，继续巩固生态文明建设成果，加强城镇配套设施协同高效建设、推进区域环境长效治理，构建现代化绿色经济体系。生态文明建设长效机制基本形成，流域治理模式得到进一步推广，安徽省建设成为城湖共生和谐人居的典范。

4. 基于资源型经济转型的生态文明建设模式的发展路线图

至 2025 年，基本确立资源型经济转型生态文明建设模式，综合配套改革试验区。生态环境质量总体得到改善，资源型企业主要污染物排放总量答复，环境风险得到有效控制，支撑资源型经济转型的政策体系和体制机制基本建立。

至 2035 年，资源型经济转型生态文明建设模式得到广泛推广，节约资源和保护生态环境的空间格局、产业结构、生产方式、生活方式总体形成，生态环境质量根本好转，全面建立现代产业体系，可持续发展能力达到全国上游。

至 2050 年，人与自然和谐共生的美丽山西全面建成。

（五）中部地区生态文明发展重点任务

1. 基于特色产业的生态文明建设的主要任务

（1）生态环境保护工程：婺源县乐安河县城段综合治理项目。婺源县乐安河断面是江西省控断面，其上游星江河流经婺源县城，对其周边生态环境和人居环境的影响较大。以建成水质优良、生态环境良好为目标，婺源县将通过取水口防护、河道整治、生态防护、人居环境建设等一系列措施，保护乐安河县域段流域的生态环境。

（2）"生态旅游"建设工程：乡村古道保护与开发、重点景区建设。维修年久失修、破损、损毁的乡村古道，维修乡村古道沿途的古亭，涉及、制作、安装乡村古道入品标志和标识标牌，沿途建设简易厕所，乡村古道的起始点建设简易停车场，沿途制作、放置垃圾桶。按照高级别景区打造重点景区建设，改扩建游客服务中心、生态停车场、绿色厕所、观景台、景区标识标牌等配套服务设施，提升生态旅游体验。

（3）"生态旅游+农业"：第一产业增效延伸。以"生态旅游+农业"为载体，加强高标准农田建设，增加耕地质量，严守耕地保有量红线；着力发展农副产品深加工，加快国家级出口食品农产品质量安全示范区和现代农业示范园区建设；引导农业农村深度生态旅游发展，打造"生态旅游+农业"模式。

（4）"生态旅游+现代服务"：服务业做大做强。建设旅游电商手机 APP、智慧城市 APP、驿站及相关配套设施，扶持歙砚、甲路伞等文化旅游商品产业发展，完善生态旅游特色产业链。

2. 基于生物质生态文明建设的主要任务

以万吨级农业废弃物制备液体燃料示范工程为重点，攻克生物质能化资源化过程中低效高成本等技术难题和成套设备，最终高效地实现生物质大规模的能源化和资源化利用。到 2025 年建成万吨级纤维素醇类燃料示范工程，生物质液体燃料部分达到国际先进水平；建成多个供热面积不小于 1 万平方米采暖示范工程，成本与煤持平，支撑生物质能产业规模化发展和生态文明的建设。

3. 基于水环境的生态文明建设主要任务

（1）推进产业转型升级，加强资源节约集约利用。严控新增产业准入，促进存量产业结构优化升级实行最严格的水资源管理制度,加强用水需求管理,坚持以水定产、以水定城,严格水资源论证制度,促进人口、经济等与水资源相均衡,建设节水型社会。

(2)强化系统治污,加快推进水生态系统修复。坚持"源头-过程-末端"系统治污体系,围绕全域治水,统筹产业转型、环境保护、城市建设与民生改善,实行治污水、防洪水、排涝水、保供水、抓节水五策并举,以系统治理打造美丽流域。开展水生态系统保护与修复,严格实施重要河流、湖泊、水库生态环境保护,实行水域占补平衡。

(3)加强监测预警,保障水环境可持续发展。在原有监测体系的基础上,加强动态监测及预警机制的建设,科学分析水质变化,做出系统化应对措施,完善重点流域、水库等地表水水环境质量监测网络建设。

(4)完善体制机制,加快水环境治理制度化。加强统筹协调,实现区域协同治污,完善生态文明考核机制,完善生态补偿机制。

第八章 中部地区生态文明建设与发展保障措施及建议

一、提高认识，深入贯彻"在发展中保护、在保护中发展"为核心思想

破解关键制约，如中部地区尚需提升特色发展模式，加强生物质综合利用，亟待解决大气、水环境及土壤污染等生态脆弱，以及迫切需要经济发展转型升级等突出重点问题，统筹好资源利用与环境保护，统筹好产业布局与生态功能保护的问题。

抓住热点区域，围绕湖北荆门，江西婺源，河南汝州及南阳，安徽合肥及巢湖、山西阳泉等热点地区做好文章，选择基于特色产业、生物质、水环境及资源型经济转型为抓手的生态文明建设模式，努力破解重点产业结构与资源环境承载、空间布局与生态安全格局间的矛盾。

解决重点问题，根据地域特点分别制定加速新兴产业发展、生物质能优化发展、水环境保护与发展，以及资源型经济转型等相关发展规划。解决重点问题，在中部地区生态文明建设中深入贯彻"在发展中保护、在保护中发展"的核心思想。

二、大力推广生态文明建设特色模式，切实把握实施重点

（1）推广生态文明建设模式，进一步做好基于特色产业、生物质、水环境保护及资源型经济转型等生态文明建设模式研究，加快建设资源节约型、环境友好型社会，努力构建经济发展与生态改善同步提升的空间格局、产业结构、生产方式、生活方式，探索具有时代特征和先进特色的生态文明发展模式，发挥在全国格局中先行先试的示范和带动作用，为全省绿色崛起作出更大贡献。

（2）切实把握生态文明建设的实施重点，遵循绿色发展、循环发展、低碳发展的基本路径，以改善环境质量为重点，以全民共建共享为基础，以体制机制创新为保障，推动生态工业和生态城镇同步发展，现代农业高效发展，特色旅游业全面发展。

三、统筹推进区域互动协调发展与城乡融合发展

（1）根据区域协调发展的内涵，各省内部制定不同的生态环境政策，培育省、市、县域生态文明建设试点的面、线、点发展模式培育和发展特色产业，不断增强区域自我发展能力。

（2）根据区域协调发展的合作机制，统一规划区域基础设施建设，发展特色产业，减少雷同产业，形成产业链，加快产业集聚，发展产业集群。

（3）根据建立和谐社会的目标，加快解决"三农"问题的速度，加大城乡二元制结构改革的力度，充分挖掘农村市场的潜力，发展农村特色经济。

（4）中部崛起是中国的中部崛起，要避免概念上的地理化、政策上的孤立化、发展道路的简单化、区域战略的割裂化。

（5）打好引进人才战略，营造用人环境。加大教育、科技投资的力度，增强创新能力，提高区位竞争力。

四、优化国土空间开发格局，深入推进生态文明建设

根据自然生态属性、资源环境承载能力、现有开发密度和发展潜力，统筹考虑未来中部地区人口分布、经济布局、国土利用和城镇化格局，按区域分工和协调发展的原则划定具有某种特定主体功能定位的空间单元，按照空间单元的主体功能定位调整完善区域政策和绩效评价，规范空间开发秩序，形成科学合理的空间开发结构。以"人口资源环境相均衡、经济社会生态效益相统一"为原则，以"控制开发强度、调整空间结构"为手段，以"促进生产空间集约高效、生活空间宜居适度、生态空间山清水秀，给自然留下更多修复空间，给农业留下更多良田，给子孙后代留下天蓝、地绿、水净的美好家园"为目标。

必须深刻认识并全面把握中部地区国土空间开发的趋势，妥善应对由此带来的严峻挑战。要认识新型工业化加速推进，以及加快开发利用能源、矿产资源等，必将增加工矿建设空间需求；要认识城镇化进程不断加快，必将增加城镇建设空间需求；要认识基础设施不断完善，必将增加基础设施建设空间需求；要认识人民生活水平不断提高，必然增加生活空间需求；要认识增加水源涵养空间需求，既要依靠水资源的节约、保护和科学配置，又要恢复并扩大河流、湖泊、湿地、森林等具有水源涵养功能的空间；要认识全球气候变化影响不断加剧，必然增加保护生态空间的需求等。需要改变以往的开发模式，尽可能少地改变土地的自然状况，扩大生态空间，增强生态系统的固碳能力。

五、创新生态资产核算机制，完善生态补偿模式

1）加大生态资源资产培育力度，全面提高人类福祉

人类福祉不仅包括衣食住行等物质供给，良好生态环境是最普惠的公共福祉。人民群众对生态产品的需求随着经济发展和生活水平的提高而提高，环境质量和生态状况改善的速度却难以赶上人民群众期待的速度。因此，建议加大生态资源资产培育力度，促进生态资源资产保质增值，全面提高人类福祉。

2）加强生态管理，以生态资源资产统筹"山水林田湖草"

生态资源资产统筹了以水为纽带的"山水林田湖草"这一复合生态系统。要将生态资源资产优质区划入生态红线加以保护，开展一批生态资源资产培育工程和生态系统修复工程，实现生态资源资产保质增值；加大环境治理力度，改善环境质量，为人民提供

洁净水源、清洁空气、健康土壤，保障食品安全和人居环境安全；以环境质量为导向，将环境质量不降级、环境服务功能不退化作为发展的底线和基本要求，通过提高生态产品生产和提高环境容量，全面提升生态系统服务功能。

3）建立核算机制，形成生态资源资产统计核算能力

将生态资源资产纳入国民经济统计核算体系，提出实现业务统计的总体技术思路，形成基于监测值的属地化评估方法，建立可推广、可复制的生态资源资产统计核算技术体系，逐步形成生态资源资产统计核算能力。选择重点地区开展生态资源资产核算试点，建立生态资源资产账户，并定期发布相关信息。

4）改变生态补偿模式，建立生态产品政府购买机制

根据生态资源资产核算结果，创新生态补偿机制，由原有补贴式、被动式和义务式的生态补偿方式，转变为政府主动购买生态产品的方式，让生态资源资产生产经营成为收入来源之一，使生态保护者由原来单纯的生产者转变为生产和生态产品双生产者。

5）完善激励约束机制，实施生态文明绩效考核和责任追究制度

积极推进与生态资源资产相关的生态文明制度建设。除以购买生态产品的方式探索新型生态补偿机制外，将生态资源资产作为资源占用的重要依据；建立以生态资源资产为核心的新型绩效考评机制，构建综合考虑经济发展和生态资源资产状况的区域综合发展指数，作为表征生态文明建设水平的指标，替代原有单纯的 GDP 考核指标；以生态资源资产负债表为基础，开展各省、市、县、乡领导干部离任审计试点，将生态资源资产作为重要内容实施干部离任审计。

主要参考文献

安长明. 2010. 塞罕坝机械林场生态资产价值核算研究报告. 河北林果研究, (3): 272-275.
安徽省发展和改革委员会. 2015. 安徽省巢湖流域生态文明先行示范区建设实施方案.
安徽省科学技术厅. 2016. 安徽省"十三五"科技创新发展规划.
安徽省生态环境厅. 2016. 2015 年安徽省环境质量公报. http://sthjt.ah.gov.cn/pages/ShowNews.aspx?NType=2&NewsID=155477 [2018-6-20]
安徽省水利厅. 2016. 2015 年安徽省水资源公报.
安徽省统计局. 2016. 安徽省 2015 年国民经济和社会发展统计公报. http://tjj.ah.gov.cn/tjjweb/web/info_view.jsp?strId=1456727214920362[2018-6-20]
安徽省统计局. 2016. 安徽统计年鉴—2016. http://tjj.ah.gov.cn/tjjweb/web/tjnj_view.jsp?_index=1[2018-6-20]
安徽省政府. 2017. 安徽省"十三五"服务业发展规划 http://www.ah.gov.cn/UserData/DocHtml/1/2017/5/18/2691861873946.html [2018-6-20].
安徽省政府. 2017. 安徽省能源发展"十三五"规划. http://xxgk.ah.gov.cn/UserData/DocHtml/731/2017/5/18/127709745797.html [2018-6-20].
安徽省政府. 2017. 关于公布巢湖流域水环境保护区范围的通知.
蔡飞, 王静, 史建军, 等. 2013. 基于农林剩余物的河南省生物质能源资源潜力研究. 北京林业大学学报(社会科学版), (2): 54-57.
陈高峰. 2014. 两亲性介孔 Pd/C-SiO$_2$-Al$_2$O$_3$ 催化剂的制备及其在生物油提质中的应用. 郑州: 郑州大学硕士学位论文.
陈华荣, 王晓鸣. 2010. 基于聚类分析的可持续发展实验区分类评价研究. 中国人口·资源与环境, (3): 149-154.
陈明忠. 2013. 关于水生态文明建设的若干思考. 中国水利, (15): 1-5.
陈伟, 乔治, 黄小芬, 等. 2017. 生态文明建设视角下国家可持续发展实验区资源配置评价. 科技进步与对策, (9): 77-80.
崔保伟, 郭振升. 2012. 河南省农作物秸秆资源综合利用现状及对策研究. 河南农业, (13): 22-23.
崔丽娟, 赵欣胜. 2004. 鄱阳湖湿地生态能值分析研究. 生态学报, (7): 1480-1485.
邓健, 赵发珠, 韩新辉, 等. 2016. 黄土高原典型流域种植业发展模式的能值分析. 应用生态学报, (5): 1576-1584.
杜祥琬, 呼和涛力, 田智宇, 等. 2015. 生态文明背景下我国能源发展与变革分析. 中国工程科学, (8): 46-53.
段娜, 林聪, 刘晓东, 等. 2015. 以沼气为纽带的生态村循环系统能值分析. 农业工程学报, (增刊 1): 261-268.
顾勇炜, 施生旭. 2017. 基于 PSR 模型的江苏省生态文明建设评价研究. 中南林业科技大学学报, (1): 21-26.
国家发改委, 国家统计局, 环境保护部, 等. 2016-12-12.关于印发《绿色发展指标体系》《生态文明建设考核目标体系》的通知. http://www.ndrc.gov.cn/gzdt/201612/t20161222_832304.html. [2019-4-1].
国务院新闻办公室. 2014. 习近平谈治国理政. 北京: 外文出版社.
韩增林, 胡伟, 钟敬秋, 等. 2017. 基于能值分析的中国海洋生态经济可持续发展评价. 应用生态学报, (8): 2563-2574.
何晓峰, 雷廷宙, 李在峰, 等. 2006. 生物质颗粒燃料冷成型技术试验研究.太阳能学报, (9): 937-941.

主要参考文献

河南省生态环境厅. 2018. 2018年河南省生态环境状况公报. http://www.renrendoc.com/p-20464223.html [2019-4-1].

胡芳, 刘聚涛, 温春云, 等. 2018. 江西省水生态文明镇评价方法及其应用研究. 中国水土保持, (4): 58-62.

胡建军, 雷廷宙, 何晓峰, 等. 2008. 小麦秸秆颗粒燃料冷态压缩成型参数试验研究. 太阳能学报, (2): 241-245.

胡锦涛. 2012-11-9. 坚定不移沿着中国特色社会主义道路前进 为全面建成小康社会而奋斗——在中国共产党第十八次全国代表大会上的报告. 人民日报, 第1版.

胡燕. 2012. 生物质气化合成气发酵制乙醇工艺分析. 郑州: 郑州大学学位论文.

胡仪元, 唐萍萍. 2017. 南水北调中线工程汉江水源地水生态文明建设绩效评价研究. 生态经济, (2): 176-179.

环境保护部. 2013. 关于印发《国家生态文明建设试点示范区指标(试行)》的通知. http://www.mee.gov.cn/gkml/hbb/bwj/201306/t20130603_253114.htm[2018-6-20]

黄晓园, 王永成, 罗辉, 等. 2017. 自然保护区周边社区生态文明建设绩效评价研究. 生态经济, (5): 186-190.

黄洵, 黄民生. 2015. 基于能值分析的城市可持续发展水平与经济增长关系研究. 地理科学进展, (1): 38-47.

季晓立. 2013. "城市矿产"资源开采潜力及空间布局分析. 北京: 清华大学硕士学位论文.

蒋洪强, 卢亚灵, 程曦, 等. 2016. 京津冀区域生态资产负债核算研究. 中国环境管理, (1): 45-49.

荆门市年鉴编辑部, 2016-10-7. 主要资源. http://www.jingmen.gov.cn/zjjm/csgk/zrgk/201010/t20101025_42436.shtml.

蓝盛芳, 钦佩. 2001. 生态系统的能值分析. 应用生态学报, (12): 129-131.

蓝盛芳. 2002. 生态经济系统能值分析. 北京: 化学工业出版社.

李从欣, 李国柱. 2017. 省域生态文明建设综合评价研究. 生态经济, (10): 210-213.

李金惠, 程桂石, 等. 2010. 电子废物管理理论与实践. 北京: 中国环境科学出版社.

李俊莉, 曹明明. 2012. 榆林国家可持续发展实验区发展水平评价. 干旱地区资源与环境, (1): 35-40.

李盼盼, 冯爱芬, 杜静娜. 2017. 生态文明建设评价指标体系及建模研究. 河南科技学院学报(自然科学版) (3): 50-56.

李双成, 傅小锋, 郑度. 2001. 中国经济持续发展水平的能值分析. 自然资源学报, (16): 297-304.

李在峰, 门超, 杨树华, 等. 2015. 生物质(秸秆)成型燃料冷却干燥特性研究. 河南科学, (10): 1741-1744.

刘耕源, 杨青. 2018. 生态系统服务价值非货币量核算: 理论框架与方法学. 中国环境管理, (4): 10-20.

刘亚飞, 郭瑞林, 王海燕, 等. 2009. 河南省农村沼气建设现状与发展对策. 河北农业科学, (8): 108-111.

鲁帆, 焦科文, 邓灵颖, 等. 2018. 基于生态足迹模型的城市可持续发展研究——以安徽省为例. 绿色科技, (12): 241-244, 250.

毛德华, 胡光伟, 刘慧杰, 等. 2014. 基于能值分析的洞庭湖区退田还湖生态补偿标准. 应用生态学报, (2): 525-532.

钱发军. 2010. 河南省循环经济发展步入新阶段. 创新科技, (2): 24-27.

清华大学社科学院幸福科技实验室, 微博数据中心. 2017. 2016年度幸福中国白皮书. http://www.docin.com/p-2010433830.html[2019-4-1].

宋颖. 2018. 新常态下中国生态文明建设的路径与对策分析. 生态经济, (12): 223-226, 231.

孙晓, 李锋. 2017. 城市生态资产评估方法与应用. 生态学报, (18): 6216-6228.

孙玥, 程全国, 李晔, 等. 2014. 基于能值分析的辽宁省生态经济系统可持续发展评价. 应用生态学报, (1): 188-194.

唐斌, 彭国甫. 2017. 地方政府生态文明建设绩效评估机制创新研究. 行政改革, (5): 10-14.

万林葳. 2012. 生态文明理念下企业环保投资博弈分析与建议. 甘肃社会科学, (1): 242-244.

汪晶晶, 章锦河, 王群, 等. 2015. 旅游生态系统能值研究进展. 生态学报, (2): 584-593.
王迪, 王明新, 钱中平, 等. 2017. 基于超效率 SBM 和 BRT 的农业生态文明建设效率分析. 中国农业资源与区划, (11): 94-101.
王耕, 李素娟, 马奇飞. 2018. 中国生态文明建设效率空间均衡性及格局演变特征. 地理学报, (11): 2198-2209.
王红岩, 高志海, 李增元, 等. 2012. 县级生态资产价值评估——以河北丰宁县为例. 生态学报, (32): 7156-7168.
王金龙, 杨伶, 张大红, 等. 2016. 京冀水源涵养林生态效益计量研究. 生态经济, (1): 186-190.
王晶, 魏忠义. 2012. 抚顺西露天矿西排土场不同土地利用方式下生态环境效益分析. 中国土地科学, (11): 74-79.
王久臣, 戴林, 田宜水, 等. 2007. 中国生物质能产业发展现状及趋势分析. 农业工程学报, (9): 276-282.
王磊, 薛雅君, 张宇. 2017. 基于土地利用变化的天津市生态资产价值评估及灰色预测. 资源与环境, (7): 796-801.
王敏, 江波, 白杨, 等. 2018. 上海市生态资产核算体系研究. 环境污染与防治, (4): 484-490.
王楠楠, 章锦河, 刘泽华, 等. 2013. 九寨沟自然保护区旅游生态系统能值分析. 地理研究, (12): 2346-2356.
王让会, 于谦龙, 张慧芝, 等. 2008. 森林生态系统生态资产核算的模式与方法. 生态环境学报, (17): 1903-1907.
王彦彭. 2017. 我国生态文明建设的测度与比较. 决策参考, (3): 70-73.
吴创之, 马隆龙, 陈勇. 2006. 生物质气化发电技术发展现状. 中国科技产业, (2): 76-79.
吴明作, 孟伟, 赵勇, 等. 2014. 河南省农业剩余物资源潜力分析. 可再生能源, (2): 222-228.
吴耀, 韩龙喜, 谈俊益, 等. 2017. 苏南五市生态文明建设状态评估. 四川环境, (2): 125-131.
婺源县人民政府. 2010. 婺源县土地利用总体规划(2006-2020 年). http://sr.jxgtt.gov.cn/News.shtml?p5=81666519. [2011-01-08]
习近平. 2007. 之江新语. 杭州: 浙江人民出版社: 153.
习近平. 2016-5-10. 在省部级主要领导干部学习贯彻党的十八届五中全会精神专题研讨班上的讲话. 人民日报, 第 2 版.
习近平. 2017-10-28. 决胜全面建成小康社会夺取新时代中国特色社会主义伟大胜利——在中国共产党第十九次全国代表大会上的报告. 人民日报, 第 1 版.
习近平. 2018. 推动我国生态文明建设迈上新台阶. 求是, (3).
解钰茜, 张林波, 罗上华, 等. 2017. 基于双目标渐进法的中国省域生态文明发展水平评估研究. 中国工程科学, (4): 60-66.
谢高地, 鲁春霞, 冷允法, 等. 2003. 青藏高原生态资产的价值评估. 自然资源学报, (2): 189-196.
谢高地, 甄霖, 鲁春霞, 等. 2008. 一个基于专家知识的生态系统服务价值化方法. 自然资源学报, (5): 911-919.
谢海燕, 刘婷婷. 2017. 典型城市生态文明建设情况评价. 中国经贸导刊, (1): 52-55.
徐京京, 黄建武. 2015. 安徽省耕地资源利用的生态社会效益计算方法及其应用. 水土保持通报, (4): 157-162.
徐升, 布仁图雅. 2016. 安徽省 2015 年生态环境状况遥感监测与评价. 环境与发展, (3): 24-28.
徐昔保, 陈爽, 杨桂山. 2012. 长三角地区 1995-2007 年生态资产时空变化. 生态学报, (24): 7667-7675.
严耕, 林震, 吴明红. 2013. 中国省域生态文明建设的进展与评价. 中国行政管理, (10): 7-12.
严立冬, 刘加林, 郭小川. 2011. 循环经济的生态创新. 北京: 中国财政经济出版社.
杨灿, 朱玉林, 李明杰. 2014. 洞庭湖平原区农业生态系统的能值分析与可持续发展. 经济地理, (12): 161-166.
杨娇, 张林波, 罗上华, 等. 2017. 典型城市群的市域生态文明水平评估研究. 中国工程科学, (4): 54-59.
杨艳林, 王金亮, 李石华, 等. 2017. 基于生态绿当量模式的生态资产核算研究——以抚仙湖流域为例.

资源开发与市场, (5): 513-517.

杨亦民, 徐静. 2015. 基于森林资源清查的森林生态效益与社会效益估算. 中南林业科技大学学报(社会科学版), (3): 73-75.

杨煜, 张宗庆. 2017. 生态文明建设引领经济新常态的动力机制研究. 西南大学学报, (4): 65-70.

尹少华, 王金龙, 张闻. 2017. 基于主体功能区的湖南生态文明建设评价与路径选择研究. 中南林业科技大学学报, (5): 1-7.

于谦龙. 2010. 基于绿当量的生态资产核算模式研究. 统计与信息论坛, (2): 20-25.

詹卫华, 汪升华, 李玮, 等. 2013. 水生态文明建设"五位一体"及路径探讨. 中国水利. (9): 4-6.

张军连, 李宪文. 2003. 生态资产估价方法研究进展. 中国土地科学, (17)52-55.

张勇, 潘瑞. 2017. 安徽省土地利用与生态环境协调发展评价研究. 中国土地科学土地问题研究, (2): 101-109.

张钰莹, 罗洋. 2017. 生态文明建设的多层次模糊综合评价. 四川建筑科学研究, (1): 149-154.

赵友, 于振清. 2004. 对开鲁县实施退牧还草工程后草原生态社会效益研究. 环境保护, (12): 31-32.

郑华伟, 高洁芝, 臧玉杰, 等. 2017. 农村生态文明建设农民满意度分析. 水土保持通报, (4): 52-57.

中共中央文献研究室. 2016. 十八大以来重要文献选编(中). 北京: 中央文献出版社.

中共中央文献研究室. 2017. 习近平关于社会主义生态文明建设论述摘编. 北京: 中央文献出版社.

朱纯明. 2011. 河南省秸秆生物质资源量测算. 现代农业科技, (7): 292-294.

邹萌萌, 杜小龙, 张静静, 等. 2017. 城市生态文明建设评价指标体系构建. 环境保护科学, (5): 82-86.

Ao M, Pham G H, Sunarso J, et al. 2018. Active centers of catalysts for higher alcohol synthesis from syngas: a review. ACS Catalysis, (8): 7025-7050.

Chen G F, Lei T Z, Wang Z W, et al. 2017. Preparation of CoCuGaK/ZrO2-Al2O3 catalysts for the synthesis of higher alcohols by CO hydrogenation. Journal of Biobased Materials and Bioenergy, 11(5): 449-455.

Costanza R, d'Arge R, de Groot R, et al. 1997. The value of the world's ecosystem services and natural capital. Nature, 387: 253.

Costanza R, de Groot R, Sutton P, et al. 2014. Changes in the global value of ecosystem services. Global Environmental Change, 26: 152-158.

Dugarova E, Gülasan N. 2017. Global Trends: Challenges and Opportunities in the Implementation of the Sustainable Development Goals. United Nations Development Programme.

Haykiri-Acma H, Yaman S, Kucukbayrak S. 2013. Production of biobriquettes from carbonized brown seaweed. Fuel Processing Technology, (2): 33-40.

Luk H T, Mondelli C, Ferré D C, et al. 2017. Status and prospects in higher alcohols synthesis from syngas. Chem Soc Rev, (5): 1358-1426.

Odum H T. 1988. Self-organization, transformity, and information. Science, 242: 1132-1139.

Odum H T. 1996. Environmental accounting: Emergy and environmental decision making. Chichester: Wiley.

专题研究

专题一

基于特色产业的生态文明发展模式研究

第一章 研究背景与内容

（一）研究背景

"把生态文明建设放在突出地位，融入经济建设、政治建设、文化建设、社会建设各方面和全过程"（胡锦涛，2012），即人与自然和谐相处，经济发展、环境保护两者应相辅相成、互为助力，进一步促进生态文明建设。生态文明的建设和发展须要培育和发展特色产业，不断增强区域自我发展能力、促进经济水平提升、维护社会稳定、推动社会和谐发展。江西、湖北两省土地面积只占全国国土面积的 3.7%，人口却占到 7.6%，人口密度较大；两省的 GDP 占全国 GDP 的 7.2%，人均 GDP 江西省低于全国平均水平，湖北省略高于全国平均水平。研究两省具有特色产业为主导的区域生态文明发展模式，对生态文明建设和发展具有至关重要的作用。

1. 国家生态文明战略

2012 年 11 月，党的十八大首次将生态文明建设作为"五位一体"总体布局的一个重要部分；十八届三中、四中全会先后提出"建立系统完整的生态文明制度体系""用严格的法律制度保护生态环境"，将生态文明建设提升到制度层面；十八届五中全会提出"创新、协调、绿色、开放、共享"的新发展理念，生态文明建设的重要性愈加凸显，十九大报告进一步指出"生态文明建设功在当代、利在千秋""建设生态文明是中华民族永续发展的千年大计"（习近平，2017）。

2017 年 5 月 26 日，中共中央政治局就推动形成绿色发展方式和生活方式进行集体学习，习近平总书记强调，要充分认识形成绿色发展方式和生活方式的重要性、紧迫性、艰巨性，把推动形成绿色发展方式和生活方式摆在更加突出的位置。

2016 年 12 月 12 日，国家发改委、国家统计局、环境保护部、中央组织部制定了《绿色发展指标体系》《生态文明建设考核目标体系》（国家发改委等，2016），作为生态文明建设评价考核的依据。

2017 年 5 月，环境保护部发布了《"一带一路"生态环境保护合作规划》。生态环保合作是绿色"一带一路"建设的根本要求，是实现区域经济绿色转型的重要途径，也是落实 2030 年可持续发展议程的重要举措（Dugarova，2017）。其首要工作重点为"突出生态文明理念，加强生态环保政策沟通"。

2. 生态文明示范现状

第一阶段：自 1994 年起，多个领域陆续启动了生态文明示范创建工作，以生态建设为重点的生态示范区创建，以城市环境保护为重点的环境保护模范城市创建，以及以工业园区生态化改造为重点的生态工业园区创建，等等。

第二阶段：自 2000 年起，在不同领域并行推进的基础上，经过不断探索实践，构建了包含生态省、生态市、生态县、生态乡镇、生态村、生态工业园区 6 个层级的"生态建设示范区" 推进体系。

第三阶段：自 2008 年起，环境保护部在生态建设示范区工作基础上，启动了第一批全国生态文明建设试点工作；2013 年 6 月，经中央批准，同意将"生态建设示范区"更名为"生态文明建设示范区"。2013 年 10 月，环境保护部印发《关于大力推进生态文明建设示范区工作的意见》，指出生态文明建设示范区是一个不断探索、提高、丰富、完善的过程，要充分利用生态文明建设示范区工作平台，不断提升生态文明水平。2013 年 12 月，国家发展改革委联合财政部、国土资源部、水利部、农业部、国家林业局印发了《国家生态文明先行示范区建设方案（试行）》，全国范围内选择有代表性的 100 个地区开展国家生态文明先行示范区建设。

党的十八大以来，生态文明建设得到了前所未有的重视。2014 年 7 月，第一批生态文明先行示范区建设地区 57 个，其中涉及湖北和江西两省如专题表 1-1 所示。

专题表 1-1　湖北、江西省生态文明先行示范区的建议制度创新重点

地区名称	建议制度创新重点
湖北省十堰市（含神农架林区）	1. 探索建立生态补偿机制 2. 探索建立国家公园体制 3. 探索创新区域协调机制
湖北省宜昌市	1. 探索实行资源有偿使用制度 2. 探索建立流域综合治理的政策机制
江西省	1. 探索建立生态补偿机制 2. 探索完善主体功能区制度 3. 探索建立体现生态文明要求的领导干部评价考核体系 4. 完善河湖管理与保护制度

2015 年 6 月，国家发展改革委等部门联合下发了《关于请组织申报第二批生态文明先行示范区的通知》，启动了第二批生态文明先行示范工作。近期，国家发展改革委等 9 部门委托物资节能中心从生态文明相关领域选取专家组成专家组，对申报地区的《生态文明先行示范区建设实施方案》逐一进行了集中论证和复核把关。

2015 年 12 月，第二批生态文明先行示范区建设地区 45 个。

目前，我国共有 221 个市（县、区）被授予"国家生态市、县、区"称号，其中江西婺源县在 2016 年 1 月 25 日被授予该称号。

（二）专题研究目标与内容

在总结《生态文明建设若干战略问题研究项目》一期和二期的研究成果基础上，结合"十八大"和"十九大"国家生态文明建设的精神和要求，中国工程院提出启动《生态文明建设若干战略问题研究项目》三期。三期项目将开展以区域性问题为重点的研究，围绕国家"十三五"时期的西部生态安全屏障建设，京津冀协同发展，中部崛起和国家

生态文明试验区建设等战略需求，对中部地区的若干省域、市域及县域等不同尺度的典型地区，以经济结构状况为基础（宋颖，2018），结合推进生态文明建设的具体举措分析（习近平，2018），综合 NES（nature-economy-society，自然-经济-社会）复合效益评估（王耕等，2018）、生态服务价值评估（刘耕源，2018）以及指标体系评估（解钰茜等，2017），开展生态文明建设实践模式与战略研究。

湖北荆门市及江西上饶婺源县是中部崛起典型省市县，且各具生态环境建设的特色和优势。这些地区的生态环境建设与国土空间开发是密不可分的，应该围绕国家战略规划与目标，结合各省的区域特性、地理条件、资源禀赋及社会经济发展现状进行综合分析（胡芳等，2018），从而因地制宜地为区域生态文明建设实践提供战略支撑，为顶层规划及政策制定提供科学依据。为此，本课题将针对上述省市县开展专题研究，通过典型案例调研、分析、研究，探讨生态文明建设的典型做法和模式，梳理在顶层规划设计、政策支持等方面取得的经验和教训，并面向中部地区未来国土空间开发的趋势及战略需求，为中部地区生态文明建设及优化国土空间开发战略提供决策支撑。

专题结合中部市县生态文明建设的现状与未来趋势，全面分析中部地区典型城市、县域生态文明建设的做法和成效，梳理生态文明建设中有关顶层设计、政策措施、运营模式等方面存在的问题和教训；如结合湖北荆门等市"城市矿产"开发利用分析其在未来经济发展、新型工业化、城镇化发展及新农村建设等的巨大需求，深入剖析对生态文明建设带来的机遇和挑战；结合江西上饶婺源县生态农业、生态旅游等产业的发展经验，科学评估其取得的生态效益、经济效益和社会效益，提出中部地区典型市县生态文明建设创新体制机制的政策建议。

第二章　特色产业与生态文明的关系

（一）发展"循环经济"是生态文明建设的重要内容

循环经济亦称"资源循环型经济"，是以资源节约和循环利用为特征，与环境和谐的经济发展模式。强调把经济活动组织成一个"资源—产品—再生资源"的反馈式流程。其特征是低开采、高利用、低排放。所有的物质和能源能在这个不断进行的经济循环中得到合理和持久的利用，以把经济活动对自然环境的影响降低到尽可能小的程度。

"城市矿产"和"生态农业"是"循环经济"的重要组成部分。"城市矿产"是指自然矿产经过人类的开采后，由地下转移到地上，蕴藏在消费产品、建筑物、城市基础设施中的各类资源的总称。"城市矿产"是载能性、循环性、战略性的二次资源，具有显著的资源节约与环境友好特性。通过对再生资源的多次回收利用，发挥再生资源的乘数效应，是实现资源的可持续利用的重要途径。我国对于"城市矿产"的具体定义，是指在工业化和城镇化过程中产生的，蕴藏在各类载体，包括废旧机电设备、电线电缆、通信工具、汽车、家电、电子产品、金属和塑料包装物及其他废料中的，可以循环利用的钢铁、有色金属、稀贵金属、塑料、橡胶等资源，并强调"城市矿产"的利用量和价值相当于原生矿产资源。"城市矿产"的开发利用可在回收利用再生资源的同时，减少对原生资源的开采，减少温室气体排放，同时减少废弃物，产生显著的环境效益。这也为我国应对气候变化，促进可持续发展，积极承担国际责任和义务，落实减排承诺提供强有力支持。此外，"城市矿产"的开发利用，能够有效地助力技术装备制造、物流等相关领域的发展，创造新的社会就业机会。"城市矿山"是将自然资源重复利用、发展循环经济、实现可持续发展的一种方法。

"生态农业"是按照生态学原理和经济学原理，运用现代科学技术成果和现代管理手段，以及传统农业的有效经验建立起来的，能获得较高的经济效益、生态效益和社会效益的现代化高效农业。"生态农业"根据土地形态制定适宜土地的设计、组装、调整和管理农业生产和农村经济的系统工程体系。它要求把发展粮食与多种经济作物生产，发展大田种植与林、牧、副、渔业，发展大农业与第二、三产业结合起来，利用传统农业精华和现代科技成果，通过人工设计生态工程，协调发展与环境之间、资源利用与保护之间的矛盾，形成生态上与经济上两个良性循环，从而进一步促进生态、社会、经济的进一步发展。

党的十八大报告提出，"面对资源约束趋紧、环境污染严重、生态系统退化的严峻形势，必须树立尊重自然、顺应自然、保护自然的生态文明理念，把生态文明建设放在突出地位，融入经济建设、政治建设、文化建设、社会建设各方面和全过程，努力建设美丽中国，实现中华民族永续发展。"强调要坚持节约资源和保护环境的基本国策，坚持节约优先、保护优先、自然恢复为主的方针，着力推进绿色发展、循环发展、低碳发展，形成节约资源和保护环境的空间格局、产业结构、生产方式、生活方式。这为加快生态文明建设指明了方向，提出了更高要求。发展"循环经济"，是生态文明建设的重要内容，是实现美丽中国的重要举措。

（二）生态旅游助力生态文明建设

旅游业资源消耗低，就业机会多，综合效益好，是典型的资源节约型、环境友好型产业，是绿色产业、无烟产业、朝阳产业、富民产业，是全面带动社会经济深化改革的重要抓手，新时代中国特色社会主义思想为旅游业的发展带来新机遇，提出了新要求。而生态旅游发展与生态文明建设本质上是一致的，是生态文明建设中最有条件、最有优势的产业之一。2017年9月，中共中央办公厅、国务院办公厅出台的《建立国家公园体制总体方案》明确要对国家公园实行最严格的保护，提出要为公众提供亲近自然、体验自然、了解自然以及作为国民福利的游憩机会。保护管理上，除不损害生态系统的原住民生产生活设施改造和自然观光、科研、教育、旅游外，严格规划建设管控，禁止其他开发建设活动。实践证明，旅游发展对生态文明建设有积极促进作用。2016年，美国国家公园旅游收入近200亿美元，提供了20万个就业岗位。

发展生态旅游既符合弘扬和传播生态文化的需要，也是生态文明建设的一种有效载体。从需求角度看，生态旅游是以自然资源为基础，回归大自然的旅游活动形式；从供给角度看，生态旅游是一种将生态学思想贯穿于整个旅游系统，指导其有序发展的可持续旅游发展模式，其目标是实现旅游发展中生态、经济、社会三方面效益的统一和综合效益最大化。实质上生态旅游的开展是以生态系统的良性发展为基础，以生态环境的保护和当地居民生活状况的改善为核心，同时支持保护区的保护职能。

生态旅游与建设生态文明事业具有天生的耦合协调关系。以生态旅游为主要抓手，协调一三产业联动，则是生态文明建设的重要举措。实施乡村振兴战略，是党的十九大作出的重大决策，2018年底中央农村工作会议作出了全面部署，2019年两会再次专题部署，这充分体现了党中央、国务院对"三农"问题的高度重视，也充分体现了中国共产党的执政理念。习近平总书记说，任何时候都不能忽视农业、不能忘记农民、不能淡漠农村。实施乡村振兴战略，是习近平总书记"三农"思想的具体体现，是进入新时代的重大战略。实施乡村振兴战略，是实现"两个一百年"奋斗目标必须完成的重大历史任务，这既是国家整体战略必不可少的重要组成部分，也是建设富强、民主、文明、和谐、美丽的社会主义现代化强国目标在农村的具体体现。实施好乡村振兴战略，是一篇大文章，须要统筹谋划，协调推进农村经济、政治、文化、社会、生态文明建设的全面发展。

生态旅游的内在属性与生态文明的理念具有完美的一致性，生态文明的理念为生态旅游的发展指明了方向，也为生态旅游融入国家经济建设、政治建设、文化建设和社会建设提供了平台。发展生态旅游，也是将弘扬"尊重自然、顺应自然、保护自然"的生态文明理念，贯穿到旅游发展的各个层面，落实到旅游体验的各个要素中，从而提高生态旅游的生态文明价值。通过生态旅游的开展，实现增强群众的生态文明意识，能够提高传播生态文明的自觉性。因此，生态文明是生态旅游发展的内核和目标，生态旅游是建设和传播生态文明的载体。

从这个意义上说，生态旅游的最终目标就是推进生态文明建设，开展生态旅游活动也是实现生态文明建设的有效路径。在生态旅游开发中，以优越的生态环境为群众提供良好的生态旅游体验，在生态旅游活动中领悟环境的生态文明价值，从而提高维护良好生态环境的自觉性，形成内在保护动力，有益于推进生态文明的全面建设。

第三章 典型市县生态文明建设情况评估

湖北省荆门市及江西省上饶市婺源县是中部崛起典型省市县，且各具生态环境建设的特色和优势。这些地区的生态环境建设与国土空间开发是密不可分的，应该围绕国家战略规划与目标，结合各省的区域特性、地理条件、资源禀赋及社会经济发展现状进行综合分析（胡芳等，2018），从而因地制宜地为区域生态文明建设实践提供战略支撑，为顶层规划及政策制定提供科学依据。为此，本书将针对上述省市县开展专题研究，通过典型案例调研、分析、研究，探讨生态文明建设的典型做法和模式，梳理在顶层规划设计、政策支持等方面取得的经验和教训，并面向中部地区未来国土空间开发的趋势及战略需求，为中部地区生态文明建设及优化国土空间开发战略提供决策支撑。

专题结合中部市县生态文明建设的现状与未来趋势，全面分析中部地区典型城市、县域生态文明建设的做法和成效，梳理生态文明建设中有关顶层设计、政策措施、运营模式等方面存在的问题和教训。例如，结合湖北省荆门等市"循环经济"产业开发利用分析其在未来经济发展、新型工业化、城镇化发展及新农村建设等的巨大需求，深入剖析对生态文明建设带来的机遇和挑战；结合江西省上饶市婺源县生态农业、生态旅游等产业的发展经验，科学评估其取得的生态效益、经济效益和社会效益，提出中部地区典型市县生态文明建设创新体制机制的政策建议。

根据服务目标、服务对象的不同，指标体系可以分为"考核指标体系"、"监测指标体系"和"评价指标体系"等。生态文明指标体系是对生态文明建设的总体描述和抽象概括，要求所选择的指标能够体现自然-经济-社会符合生态系统的有机整体特性，反映"五位一体"的系统特征，表征促进人与自然和谐发展总体目标；同时，考虑到区域发展水平、生态功能区划、主体功能定位方面的差异，科学设计建设目标和指标权重，力求全面、准确地反映和描述生态文明建设成效。

（一）生态文明建设指标体系的选择

1. 指标体系定位

本研究重点是构建一个兼具检测和评价功能的指标体系，应当具有三个方面的功能：一是，描述和反映某一时间点生态文明建设发展的水平和状况；二是，评价和检测某一时期内生态文明建设成效的趋势和速度；三是，综合衡量生态文明建设各领域整体协调程度。

2. 构建思路

首先，突出生态文明建设的"绿色发展"的核心特征，"绿色化"是生态文明建设的内在要求和外在体现，它体现在既是一种绿色化的生产方式，也是一种绿色化的生活方式，还是一种以绿色为主导的价值观，指标体系必须能够表征经济、社会、环境、文化、制度方面的绿色化程度。其次，基于"三成分"模型和"五位一体"部署，建立由生态环境、绿色生产、绿色生活、绿色治理四大领域构成的指标架构，全面覆盖可持续发展的环境、经济、社会三大支柱，同时能够反映在文化和制度建设维度，即广义的治理体系范畴，以体现生态文明制度建设和国家治理体系建设的要求。最后，兼顾生态文明建设的水平和成效的比较，指标的选取以状态指标为主，为了开展时间纵向和区域横向之间的比较，评价以2015年为基准年，同时围绕生态文明建设优化国土空间、促进资源节约、改善环境质量、完善生态文明制度的中心任务，选择适当的成效指标，希望突出地方政府业绩评价，以督促地方政府在生态文明建设中争先创优。

3. 构建原则

（1）科学性原则

充分体现国家在生态文明建设的目标、任务的政策性部署，借鉴国内外可持续发展评估、绿色发展评估相关研究成果，形成科学、客观的生态文明建设指标体系。

（2）系统性原则

指标体系具有层次性，各指标要有一定的逻辑关系，从不同的侧面反映生态文明建设"五位一体"的部署和要求，各个指标之间相互独立，又彼此联系，共同构成一个有机统一体。

（3）权威性原则

指标的选取要基于权威机构发布的统计资料为基础，部分引用权威机构的评价指标。

（4）可操作性原则

考虑数据获取和统计评估上的可行性，指标在数量上要体现少而精，在实际应用过程中要方便、简洁，具有广泛的实用性，指标便于量化，数据便于采集和计算；需要进行量化计算的尽可能选择具有广泛共识、相对成熟的公式和方法，公式中的参数易于获取。

（5）前瞻性原则

指标体系要体现生态文明建设的规律和特点，能够适时作出调整和完善，适应国家政策的变化及数据可得性的变化，具有导向性和前瞻性，能够对生态文明建设具有超前的指导作用。

4. 指标框架演化及选择

我国在国家生态文明建设示范市县指标方面，至少经历了三个发展阶段。第一个阶段为国家生态县、市建设阶段，该阶段指标体系比较缺乏。第二个阶段为国家生态文明建设示范县、市，这是国家生态县、市的"升级版"，是推进区域生态文明建设的有效载体。指标（试行）阶段（环境保护部，2013），从生态经济、生态环境、生态人居、生态制度、生态文化五个方面，分别设置29项（示范县）和30项（示范市）建设指标。第三个阶段是，2016年12月12日，国家发改委、国家统计局、环境保护部、中央组织部制定了《绿色发展指标体系》和《生态文明建设考核目标体系》（国家发改委等，2016），作为生态文明建设评价考核的依据；2017年8月环境保护部印发的《国家生态文明建设示范县、市指标（修订）》，从生态制度、生态环境、生态空间、生态经济、生态生活、生态文化六个方面，设置了41个建设指标。

综合对比潜在的生态文明建设指标体系（包括生态文明二期研究指标体系），尽管发生着一定程度的演化，而且目标不同也会带来差异，但是生态环境、绿色生产、绿色生活和绿色治理是所有评价指标体系的核心，也是当前《国家生态文明建设示范市县指标（修订）》的主要内容。

生态文明建设指标体系的构建按照目标、准则和指标的层次分解，具体构建如下。第一个层次为指标体系目标层，核心是实现人与自然和谐的绿色发展，到2020年资源节约型和环境友好型社会建设取得重大进展，主题功能区布局基本形成，经济发展质量和效益显著提高，生态文明主流价值观在全社会得到推行，生态文明建设水平与全面建成小康社会目标相适应。第二个层次为领域（准则）层，按照"五化同步"的总体要求，将其划分为生态空间、生态经济、生态环境、生态生活、生态制度和生态文化六个领域组成。第三个层次为各指数下设立的指标，意在整体上反映建设领域的综合发展状况，检测生态文明建设水平和进程。第四个层次是指标层，指标选取将参考国内主要的生态文明指标体系研究成果，并广泛收集领域专家意见以筛选确定。

权重的确定与综合评估，采用层次分析法确定指标体系的权重，如专题表1-2所示；采用综合加权法综合评估区域生态文明发展水平，并将生态文明发展水平综合得分划分为4个等级，如专题表1-3所示。得分≥80的为优秀；得分在70～80分之间的为良好；得分在60～70之间的为一般；得分<60的为较差。

专题表 1-2　生态文明指数评价指标体系

目标	领域层	指数层	指标层
生态文明指数	生态环境（0.25）	生态质量指数（0.33）	生态环境状况指数（EI）（1）
		承载力指数（0.33）	生态承载力（1）
		环境质量指数（0.33）	空气质量达标率（0.5）
			地表水环境功能达标率（0.5）
	绿色生产（0.25）	经济发展指数（0.33）	人均GDP（0.5）
			科技进步贡献率（0.5）
		产业结构指数（0.33）	服务业增加值占地区生产总值比例（0.5）
			战略新兴产业增加值占地区生产总值比例（0.5）
		资源能源消耗指数（0.33）	单位建设用地的地区生产总值（0.2）
			单位工业增加值新鲜水用水量（0.2）
			单位地区生产总值能耗（0.2）
			主要资源产出率（0.2）
			非化石能源占一次能源消费的比例（0.2）
	绿色生活（0.25）	城乡人居指数（0.33）	人均公共绿地面积（0.25）
			城市生活污水处理率（0.25）
			城市生活垃圾无害化处理率（0.25）
			农村卫生厕所普及率（0.25）
		城乡和谐指数（0.33）	城镇化率（0.25）
			城乡居民收入比例（0.25）
			基本养老保险覆盖率（0.25）
			居民幸福感（0.25）
		绿色消费指数（0.33）	人均消费生态足迹（1）
	绿色治理（0.25）	制度创新指数（0.33）	生态文明建设示范创建比例（0.5）
			生态文明制度创新情况（0.5）
		绿色投资指数（0.33）	环境保护投资占财政支出比例（0.33）
			科教文卫支出占财政支出比例（0.33）
			R&D经费支出占同期GDP的比例（0.33）
		信息共享指数（0.33）	环境信息公开率（1）

专题表 1-3　生态文明等级划分

等级划分	目标层综合评价指数
优秀	$K \geqslant 80$
良	$70 \leqslant K < 80$
一般	$60 \leqslant K < 70$
较差	$K < 60$

5. 指标框架演化及选择

根据《国家生态文明建设示范市县指标（修订）》，各指标的含义及说明如下。

1）生态环境状况指数

生态环境状况指数（ecological index，EI），来源于环境保护部 2015 年发布的生态环境状况评价技术规范 HJ192-2015，由环境监测总站历年公布数据。

EI=0.35×生物丰度指数+0.25×植被覆盖指数+0.15×水网密度指数+0.15×（100–土地胁迫指数）+0.10×（100–污染负荷指数）+环境限制指数。

各直属分别反映被评价区域内生物的丰贫，植被覆盖的高低，水的丰富程度，遭受的胁迫程度，承载的污染压力，环境限制指数是约束性指标。

2）生态承载力

生态承载力（biocapacity，BC）是指一个国家或地区具有提供可再生资源和吸收二氧化碳能力的土地面积的总和。

$$BC=Area \times NPP \times \alpha$$

Area 为系统面积，NPP 为植被净初级生产力[g/（m²·年）]，α 为植被干物质转化为二氧化碳的转化系数。

3）空气质量达标率

指的是辖区内城市全年空气质量良好以上天数［即空气污染指数（air pollution index，API）≤100 的天数］占总天数比例。计算方法

$$优良天数比例 = \frac{全年空气质量良好以上天数}{全年有效检测天数} \times 100\%$$

4）地表水环境功能达标率

指辖区内各地表水环境功能区断面全年检测结果均值按相应水域功能目标评价达标的断面数占总监测断面数的比例。计算公式为

$$地表水环境功能达标率 = \frac{达标断面数}{总监测断面数} \times 100\%$$

5）人均 GDP

人均 GDP 指数，一个国家或地区，在核算期内（通常为一年）实现的生产总值与所属范围内的常住人口的比值。

6）科技进步贡献率

指标反映技术进步对经济增长的贡献份额

$Y=A+\alpha \times K+\beta \times L$，令 $E = \frac{A}{Y} \times 100\%$

$$E = 1 - \frac{\alpha \times K}{Y} - \frac{\beta \times L}{Y}$$

Y 为产出的年均增长速度，A 为科技的年均增长速度，K 为资本的年均增长速度，L 为劳动的平均增长速度，α 为资本产出弹性，β 为劳动产出弹性。

通常假定在一定时期内 α、β 为一常数，并且 α+β=1，即规模效应不变。

7）服务业增加值占地区生产总值比例

指第三产业增加值占 GDP 的比例，资料来源于统计部门国民经济核算资料。

8）战略新兴产业增加值占地区生产总值比例

指七大战略新兴产业增加值占 GDP 的比例，其中七大战略新兴产业的划分是指新能源、节能环保、电动汽车、新医药、新材料、生物育种和信息产业。计算公式为

$$战略新兴产业增加值占国内生产总值比重 = \frac{战略新兴产业增加值}{当年GDP} \times 100\%$$

9）单位建设用地的地区生产总值

指一定时期内,一个国家或者地区单位建设用地所产生的生产总值。计算公式为

$$单位建设用地地区生产总值 = \frac{地区生产总值}{考核年建设用地面积}$$

10）单位工业增加值新鲜水用水量

指在一定时期内,一个地区每生产一个单位的工业增加值所消耗的水量。工业增加值按2010年不变价计。计算公式为

$$单位工业增加值水耗 = \frac{工业用水总量}{工业增加值} \times 100\%$$

11）单位地区生产总值能耗

指一定时期内,一个国家或地区每生产一个单位的国内生产总值所消耗的能源。各种能源均按国家统计局规定的折合系数折成标准煤,地区生产总值按照2010年不变价计。计算公式为

$$单位GDP能耗 = \frac{能源消费总量}{地区生产总值} \times 100\%$$

12）主要资源产出率

指主要物质资源实物量的单位投入所产出的经济量,其内涵是经济活动使用自然资源的效率。分母项主要物质资源消费量的计算采用"吨理论",通过资源消费量加总求和的办法得出,主要物质资源包括煤炭、石油、天然气、铁矿、铜矿、铝土矿、铅锌矿、镍矿、石灰石、硫铁矿、磷矿、木材、工业用量等13类物质资源产品,地区生产总值按2010年不变价计。计算公式为

$$主要资源产出率 = \frac{地区生产总值}{主要物质资源消费量} \times 100\%$$

13）非化石能源占一次能源消费的比例

一次能源为天然能源,是从自然界获取直接利用的能源,如原煤、原油、天然气、水能、风能、太阳能、潮汐能、地热能,非化石能源是可再生能源。

14）人均公共绿地面积

城镇人均公共绿地面积指城镇公共绿地面积的人均占有量,以平方米/人表示,生态市达标值为≥表示平方米/人。具体计算时,公共绿地包括公共人工绿地、天然绿地,以及机关、企事业单位绿地。计算公式为

$$城镇人均公共绿地面积 = \frac{城镇公共绿地面积}{城镇非农业人口}$$

15）城市生活污水处理率

指城市生活污水处理量占城市生活污水排放量的比例。有关标准及要求参照《城镇污水处理厂污染物排放标准》(GB18918——2002)。计算公式为

$$城市生活污水处理率 = \frac{城市生活污水处理量}{城市生活污水排放量} \times 100\%$$

16）城市生活垃圾无害化处理率

指城镇生活垃圾无害化处理量占生活垃圾清运量的比值。城镇生活垃圾无害化处理

有关标准及要求参考《生活垃圾焚烧污染控制标准》(GB18485——2014)、《生活垃圾填埋污染控制标准》(GB16889——2008)等执行。计算公式为

$$生活垃圾无害化处理率 = \frac{生活垃圾无害化处理量}{生活垃圾清运量} \times 100\%$$

17) 农村卫生厕所普及率

指使用卫生厕所的农户数占农户总户数的比例。卫生厕所标准执行《农村户厕卫生标准》(GB19379-2012)、联合国千年发展目标、《国务院关于印发中国妇女发展纲要和中国儿童发展纲要的通知》(国发[2011]24号)。计算公式为

$$农村卫生厕所普及率 = \frac{使用卫生厕所的农户数}{农户总户数} \times 100\%$$

18) 城镇化率

指城镇人口数占总体人口数量的比例。计算公式为

$$城镇化率 = \frac{城镇人口数}{人口总数} \times 100\%$$

城镇人口有几种口径的统计数据，本指标使用的是人口普查中按城乡划分标准统计的城镇人口数。

19) 城乡居民收入比例

指城镇居民人均可支配收入与农村居民人均可支配收入之比(以农村为1)。计算公式为

$$城乡居民收入比 = \frac{城镇居民人均可支配收入}{农村居民人均可支配收入} \times 100\%$$

20) 基本养老保险参保率

指已参加基本养老保险和基本医疗保险人口占政策规定应参加人口的比例。

21) 居民幸福感

数据来源于《中国经济生活大调查》，是中央电视台财经频道、国家统计局、中国邮政集团公司联合创办的年度调查品牌，每年发放10万张明信片问卷，覆盖31个省市自治区、104个城市和300个县，每年调查10万户中国家庭的生活感受、经济状况、消费投资预期、民生困难和幸福感等，迄今已连续调查十余年。

22) 人均消费生态足迹

计算公式为

$$A_i = \frac{C_i}{Y_i} = \frac{P_i + I_i - E_i}{Y_i \times N}$$

$$E_f = \sum e_i = \sum r_j A_i = \sum r_j (P_i + I_i - E_i)/(Y_i \times N)$$

式中，i 为消费项目的类型，A_i 为第 i 种消费项目折算的人均生态足迹分量(hm^2/人)，C_i 为第 i 种消费项目的人均消费量，Y_i 为生物生产土地生产第 i 种消费项目的世界年均产量(kg/hm^2)，P_i、I_i、E_i 分别为第 i 种消费项目的年生产量、年进口量和年出口量，N 为人口数，E_f 为人均生态足迹(gha/人)，e_i 为人均生态足迹分量，r_j 为均衡因子。

23）生态文明建设示范创建比例

指在国家级生态文明建设示范创建中获得生态文明先行示范区、生态文明示范区、生态市（县）个数分别占辖区市、县总数的比例，反映各地生态文明建设工作的力度与水平。

24）生态文明制度创新情况

指地方党委、政府为贯彻落实党的十九大会议精神，依据自身条件和特色，在生态文明建设制度方面开展的创新。要求地方探索实施的创新性生态文明制度不少于 1 项。

25）环境保护投资占财政支出比例

指用于环境污染治理、生态保护与建设投资（含社会投资部分）占当年财政支出的比例。

26）科教文卫支出占财政支出比例

指国家财政用于科学、教育、文化、卫生等事业的经费支出比例。

27）R&D 经费支出占同期 GDP 的比例

指年度进行研发项目（课题）研究和试验发展等的实际支出占 GDP 的比例，包括劳务费、其他日常支出、固定资产构建费、外协加工费等，不包括委托或与外单位进行的研发项目（课题）费。

28）环境信息公开率

指政府主动信息公开和企业强制性信息公开的比例。

6. 计算方法

（1）指标标准化

A．极差标准化法

$$A_{ij} = \frac{X_{ij} - \min(X_{ij})}{\max(X_{ij}) - \min(X_{ij})} \times 40 + 60$$

X_{ij} 为正指标

$$A_{ij} = \frac{X_{ij} - \min X_{ij}}{\max(X_{ij}) - \min(X_{ij})} \times 40 + 60$$

X_{ij} 为负指标

$$K = \sum_{i=1}^{n} W_t \times A_{ij}$$

B．双目标渐进法

$$A_{ij} = \left[\left(X_{ij} - S_{c(ij)} \right) \times \frac{(S_A - S_C)}{\left(S_{A(X_{ij})} - S_{c(X_{ij})} \right)} + S_C \right]$$

（2）权重的确定

专题表1-4　权重确定表

目标	领域层	指数层	指标层
生态文明指数	生态环境（0.25）	生态质量指数（0.33）	生态环境状况指数（EI）（1）
		承载力指数（0.33）	生态承载力（1）
		环境质量指数（0.33）	空气质量达标率（0.5）
			地表水环境功能达标率（0.5）
	绿色生产（0.25）	经济发展指数（0.33）	人均GDP（0.5）
			科技进步贡献率（0.5）
		产业结构指数（0.33）	服务业增加值占地区生产总值比例（0.5）
			战略新兴产业增加值占地区生产总值比例（0.5）
		资源能源消耗指数（0.33）	单位建设用地的地区生产总值（0.2）
			单位工业增加值新鲜水用水量（0.2）
			单位地区生产总值能耗（0.2）
			主要资源产出率（0.2）
			非化石能源占一次能源消费的比例（0.2）
	绿色生活（0.25）	城乡人居指数（0.33）	人均公共绿地面积（0.25）
			城市生活污水处理率（0.25）
			城市生活垃圾无害化处理率（0.25）
			农村卫生厕所普及率（0.25）
		城乡和谐指数（0.33）	城镇化率（0.25）
			城乡居民收入比例（0.25）
			基本养老保险覆盖率（0.25）
			居民幸福感（0.25）
		绿色消费指数（0.33）	人均消费生态足迹（1）
	绿色治理（0.25）	制度创新指数（0.33）	生态文明建设示范创建比例（0.5）
			生态文明制度创新情况（0.5）
		绿色投资指数（0.33）	环境保护投资占财政支出比例（0.33）
			科教文卫支出占财政支出比例（0.33）
			R&D经费支出占同期GDP的比例（0.33）
		信息共享指数（0.33）	环境信息公开率（1）

目标	领域层
生态文明指数	生态环境（0.25）
	绿色生产（0.35）
	绿色生活（0.2）
	绿色治理（0.2）

（3）使用方法说明

采用极差标准化法、双目标渐进法（解钰茜等，2017；吴耀等，2017）使指标层数据归一化；采用主观赋值法、客观赋值法确定各指标的权重；采用综合加权法确定各层次的生态文明指数。

（二）荆门市生态文明建设情况评估

湖北省是承东启西、连南接北的重要交通枢纽，通航里程居全国第 6 位，拥有长江中游首个亿吨大港；武汉市是中国航空运输中心之一，武汉天河国际机场是全国十大机场之一。而湖北省荆门市不仅是全国农机化示范区，也是国家现代农业科技示范区，具有国家级休闲农业示范点 2 家，省级休闲农业示范点 9 家，还是国家园林城市和全国造林绿化十佳城市。

在生态文明建设政府规划方面，湖北省的基本目标是，2014～2030 年，力争用 17 年时间打造"美丽中国示范区"，具体目标为空间格局优化、经济生态高效、城乡环境宜居、资源节约利用、绿色生活普及、生态制度健全等六大类。

1. 荆门市生态文明建设基本情况

2016 年 6 月 7 日，湖北荆门市发文提出《荆门市创建国家生态文明建设示范市规划（2015—2025 年）》，设立了生态文明建设的基本目标：到 2020 年，主体功能区布局基本形成，发展方式转变取得重大进展，生态环境质量明显改善，生态文明意识显著增强，率先在全省建成国家生态文明试验区。具体目标为生态空间合理、产业绿色发展、资源节约利用、绿色生活普及、城市绿色宜居、生态环境优良、生态制度健全。

荆门，湖北省地级市，鄂中区域性中心城市，素有"荆楚门户"之称，位于湖北省中部，汉江中下游，北接襄阳市和随州市，西靠宜昌市，东临孝感市，南分别与荆州市、潜江市、天门市接壤，介于东经 111°、北纬 30°之间。位于湖北省中部，汉江之间。荆门东、西、北三面高，中、南部低，呈向南敞开形，兼有低山坳谷区、丘岗冲沟区和平原湖区；属北亚热带季风气候，四季分明，雨热同期，过境河流主要有汉江、漳河和富水河。

荆门市地理位置位于人类最佳居住的北纬 30°附近，地形地貌多样，植被覆盖茂盛，气候温度适宜，是国家主体功能区规划长江流域农产品主产区、长江中游平原湿地生态区。森林覆盖率 40%，有太子山等 4 个国家森林公园，有漳河等 5 个国家湿地公园。全境大小河流 600 多条，山水纵横交错，江河湖库塘密布，汉江穿境而过。漳河水库是全国第八大人工湖，被纳入国家良好湖泊保护试点，总体保持一类水质。根据生态环境部（原环境保护部）环境规划院、深圳市建筑科学研究院的生态诊断评估，荆门"优地指数"（生态宜居发展指数）与全国城市平均水平相当，生态环境状况具有典型性，具有比较优势和先发优势。2016 年生态省文明考核位居湖北省第六位。具有中部典型城市的发展特征。

荆门市总面积 1.24 万 km^2，截至 2016 年年底，下辖 2 个市辖区、1 个县，代管 2 个县级市，全市总人口 340 万人。荆门市是湖北省历史文化名城，也是中国优秀旅游城市、国家园林城市、国家森林城市、国家卫生城市。钟祥市（县级市）是世界长寿之乡、中国最美 30 县之一，京山市（县级市）是湖北唯一的国家生态文明建设示范县、亚洲观鸟之乡。2015年，荆门市实现地区生产总值（GDP）1388.46亿元，比上年增长9.2%。其中，第一、二、三产业分别增长5.1%、10.0%、9.7%。三次产业结构为14.5∶52.5∶33.0，第一、二产业比例分别比上年下降0.6个、1.4个百分点，第三产业上升2.0个百分点。2017年荆门市全市环境质量明显好转，空气质量优良天数比例达到77.5%，PM_{10}、$PM_{2.5}$等颗粒污染物浓度均值分别为84 μg/m³、50 μg/m³，荆门市全市9个国控考核水体断面达标率为88.9%，环境质量改善幅度位居湖北省前列。

2. 荆门市生态文明建设主要做法

（1）在宏观角度，强化顶层设计，坚持生态立市战略。荆门市严守生态红线，完善生态规划体系，通过编制出台《荆门市创建国家生态文明建设示范市规划（2015—2025年）》《重点生态功能区规划》《生态保护红线管理办法》《中心城区生态保护红线划定规划》等相关法律法规政策体系，建立了一整套相对完善的生态文明建设生态规划体系。此外，通过深化生态文明体制改革，建立健全生态文明体制改革制度，形成"横向到边、纵向到底"的压力传导机制，并且进一步加强领导干部自然资源资产离任审计，严格执行生态环境责任终身追究制。

荆门市委、市政府将"生态立市"作为"生态立市、产业强市、资本兴市、创新活市"的"四市路径"之首，出台了《中共荆门市委荆门市人民政府关于坚持生态立市建设生态荆门的决定》，成立以市委主要领导为第一责任人的生态立市推进委员会，全域推进生态荆门建设。先后编制了荆门市海绵城市规划、城市综合管廊规划等二十多个城市生态专项规划。

（2）加快传统产业转型，助推战略新兴产业发展，坚持绿色发展理念，不断拓展绿色经济发展。以绿色发展为途径，加快传统行业转型步伐，统筹规划以格林美循环产业园为代表的一批绿色产业基地，加快传统产业的绿色产业转型工作；以生态经济为契机，助推发展生态农业，通过配套产业发展，加强战略新兴产业的布局；推行绿色制造，助力生态文明建设，大力推进清洁生产改造项目，加快推进工业绿色体系建设工作。

在发展"城市矿产"相关产业方面，荆门市推行产业循环式组合。围绕石化、磷化、建材、热电、"城市矿产"等重点行业和领域，采用"资源—产品—废弃物—再生资源"的循环流动方式，延伸产业链条，打造循环产业集群。加快构建覆盖城乡、类别多样的废弃资源回收网络，建立废弃物在线交易系统平台，形成电子废弃物、报废汽车、有色金属、建筑垃圾、餐厨废弃物等资源化利用的产业体系。在发展"生态农业"方面，大力发展循环农业，提高农作物秸秆、畜禽粪便、农膜等农业废弃物资源化利用水平。2017年，荆门市农产品加工业产值1336.7亿元，占全市工业总产值四成，有效拓宽了农业发展路径，提升了经济发展水平。

（3）积极试点探索，健全生态制度体系。积极探索建立林权、水权、排污权、碳排放和节能量交易机制。图形环境污染第三方治理制度，竹皮河流域水环境综合治理PPP项目总投资31.1亿元，入选财政部第二批PPP示范项目。此外，荆门市率先在湖北省制定流域生态管理考核办法，以"谁污染谁付费、谁破坏谁补偿"为原则，严格落实水质目标责任考核，2014年起，就竹皮河流域治理不达标对相关地方累计征缴生态补偿金共957万元，2017年就天门河流域治理不达标对相关地方征缴生态补偿金140万元。为解决农村生活污水污染问题，钟祥市客店镇以农村环境综合整治和生态文明创建为契机，积极探索农村污水处理模式，探索出了一条不大拆大建、建设成本低、可推广复制的农村生活污水无动力或微动力处理的"客店模式"。从2015年开始，全面推进农村环境综合治理"客店模式"，已完成417村3421处的建设。

（4）强化共建共享，加强生态文明建设理念宣传。漳河水库是全国第八大人工湖，被纳入国家良好湖泊保护试点，总体保持一类水质；荆门爱飞客航空小镇是全国首个通用航空综合体，全国首批特色小镇；均已成为旅游观光餐饮等的景点景区。同时，荆门市通过加强资源环境市情宣传，普及生态文明知识，强化生态文明建设理念宣传，建设生态文化载体，开展生态文明创建等措施，进一步加强引导广大群众强化绿色价值观。坚持用生态文化引领城乡居民转变生活方式和消费模式，使绿色、低碳、节约成为社会风尚和全民自觉行动，开展"生态农业"也成为共识。

3. 荆门市生态文明建设指标体系评估

荆门市生态文明建设水平指标值的评价结果见专题表1-5。荆门市生态文明建设指标层得分方面，各项指标得分大多分布在60～100分，其中单位工业增加值新鲜水用水量、基本养老保险覆盖率、人均消费生态足迹、生态文明建设示范创建比例、生态文明制度创新情况、环境信息公开率等指标方面得分较高，评价值均达到最大值，较好地完成了理想的目标。

少数指标层指标得分在60分以下。其中，服务业增加值占GDP的比例这项指标得分仅为49.5分，荆门市是一个工业城市，其2015年三次产业结构为14.5∶52.5∶33.0，第一、二产业比例分别比上年下降0.6个、1.4个百分点，第三产业上升2.0个百分点，2016年三次产业结构为14.0∶51.9∶34.1，第一、二产业比例分别比上年下降0.5个、0.6个百分点，第三产业上升1.1个百分点（《荆门市2016年国民经济和社会发展统计公报》）。2018年，荆门市的服务业增加值占GDP的比例这项指标得分，会有所提升。主要资源产出率这项指标得分为58.76分，《荆门市循环经济发展"十三五"规划》中指出，资源产出率将由2015年的3800元/t，提高到2020年的4560元/t。城镇化率这项指标的得分为54.02分，荆门市新型城镇化稳步推进，2014年，全市城镇化率达到52.8%，比2010年提高了7.3个百分点，年均提高1.8个百分点。新城新区、新型农村社区等建设步伐加快。

在指数层的评估结果中，达到优秀等级的指数层指标有4个，分别是承载力指数、绿色消费指数、制度创新指数和信息共享指数；达到良等级的指数层指标有5个，分别是生态状况指数、环境质量指数、经济发展指数、资源能源消费指数以及城乡人居指数；达到一般等级的指数层指标有3个，分别是产业结构指数、城乡和谐指数以及绿色投资指数。

指数层的承载力指数由指标层的生态承载力构成，生态承载力更多地关注生态系统的整合性、持续性和协调性，是自然体系调节能力的一种客观反映，能够反映某一时期生态承载力的状况。近年来，荆门市人均生态承载力持续上升，同时2016年1月7日中共荆门市委七届八次全体（扩大）会议通过《中共荆门市委荆门市人民政府关于坚持生态立市建设生态荆门的决定》，强调"严守环境资源生态红线，以资源承载力和环境

专题一 基于特色产业的生态文明发展模式研究

专题表 1-5 湖北荆门生态文明建设信息统计表

目标层	领域层	指数层	指标层	数值	单位	属性	年份	参考来源	备注
荆门生态文明指数	生态环境	生态质量指数	生态环境状况指数（EI）	66.51	%	正向指标	2016	2016年湖北省环境质量状况	
		承载力指数	生态承载力	4.8761	hm²	正向指标	2014	荆门市生态足迹与生态承载力动态分析	
		环境质量指数	空气质量达标率	72.4	%	正向指标	2016	2016年湖北省环境质量状况	
			地表水环境功能达标率	78	%	正向指标	2017	荆门市环境质量月报（2017年6月）	以荆门市地表水考核断面和省控跨界考核断面
		经济发展指数	人均GDP	55.3	万元/人	正向指标		荆门市统计年鉴	
			科技进步贡献率	33	%	正向指标	2015	荆门市人民政府	健全区域科技创新统计监测评价体系，逐步启动县（市、区）科技进步贡献率测算工作。（原文）参考湖北省的科技进步贡献率
		产业结构指数	服务业增加值占地区生产总值比例	12.7	%	正向指标	2015	荆门市人民政府	
	绿色生产		战略新兴业增加值占地区生产总值比例	9131	万元/km²	正向指标	2016	示范引领绿色发展——我市建设国家循环经济示范城市亮点纷呈	
		资源能源消耗指数	单位建设用地的地区生产总值	132	m³/万元	负向指标	2016	示范引领绿色发展——我市建设国家循环经济示范城市亮点纷呈	
			单位工业增加值新鲜水用水量	0.6753	tce/万元	负向指标	2014	荆门市循环经济发展"十三五"规划	
			单位地区生产总值能耗	0.4382	亿元/万tce	正向指标	2016	示范引领绿色发展——我市建设国家循环经济示范城市亮点纷呈	
			主要资源产出率	7.6	%	正向指标	2015	荆门市循环经济发展"十三五"规划	
			非化石能源占一次能源消费的比例	10.5	m²/人	正向指标	2015	荆门市环境保护"十三五"规划	
	绿色生活	城乡人居指数	人均公共绿地面积	85	%	正向指标	2015	荆门市环境保护"十三五"规划	
			城市生活污水处理率	90	%	正向指标	2015	荆门市环境保护"十三五"规划	
			城市生活垃圾无害化处理率	83.01	%	正向指标	2016	荆门市卫生和计划生育委员会	
			农村卫生厕所普及率						

续表

目标	领域层	指数层	指标层	数值	单位	属性	年份	参考来源	备注
荆门生态文明指数	绿色生活	城乡和谐指数	城镇化率	56.01	%	正向指标	2016	湖北省统计局	
			城乡居民收入比例	183	%	负向指标	2016	湖北省统计局	
			基本养老保险覆盖率	97	%	正向指标	2007	荆门市人民政府	
			居民幸福感	湖北省第九	*	正向指标	2017	中国幸福指数报告	
		绿色消费指数	人均消费生态足迹	4.36	hm²/人	负向指标	2006	湖北荆门生态足迹评估与现代林业示范市建设	
		制度创新指数	生态文明建设示范创建比例	100	%	正向指标	2016	荆门市创建国家生态文明建设示范市规划	
			生态文明制度创新情况	1	1	正向指标	2016	荆门创新四项工作机制狠抓突出环境问题整改	
		绿色投资指数	环境保护投资占财政支出比例	0.7	%	正向指标	2016	荆门市财政局、环保局	
			科教文卫支出占财政支出比例	29.62	%	正向指标	2016	荆门市财政局	
			R&D经费支出占同期GDP的比例	0.42	%	正向指标	2016	荆门市财政局	
	绿色治理	信息共享指数	环境信息公开率		%	正向指标	2016	荆门市环境保护局2016年度政府信息公开工作报告	2016年，在荆门市环境保护局网站上公开政务信息共1104条，在"中国荆门"政府网站公开政务信息262条。2016年该局收到市长信箱来信共124条，均已进行了回复处理，回复率为100%

152

容量为约束，控制开发强度"。指数层的绿色消费指数由指标层的人均消费生态足迹构成，在2006~2014年期间，荆门市城镇和农村居民人均生物资源生态足迹趋同，人均生态足迹、人均生态赤字先上升后下降，于2012年达到峰值。指数层的制度创新指数由目标层的生态文明建设示范创建比例和生态文明制度创新情况构成，其中荆门市京山县先后获得"国家生态县""全国生态文明示范县"等称号；荆门市成立国家循环经济示范城市建设工作领导小组，并要求相关单位按节点推进国家"城市矿产"资源循环产业园、荆门化工循环产业园、荆门静脉产业园、东宝农作物废弃物综合利用产业园建设。指数层的信息共享指数由目标层的环境信息公开率构成，《荆门市环境保护局2016年度政府信息公开工作报告》显示2016年，在荆门市环境保护局网站上公开政务信息共1104条，在"中国荆门"政府网站公开政务信息共262条，同时，还建立了"12369"环保信访微信举报平台，对群众在"12369"微信举报平台反映的问题及时查处和反馈，推动公众参与环境保护，收到市长信箱来信共124条，均已进行了回复处理，回复率为100%，显示了良好的环境信息公开情况。

指数层的产业结构指数由目标层的服务业增加值占地区生产总值的比例和战略新兴产业增加值占地区生产总值比例构成，荆门市属于"国家老工业基地改造城市"，战略新兴产业比例相对较低。指数层中的城乡和谐指数由目标层中的、城镇化率、城乡居民收入比例、基本养老保险覆盖率和居民幸福感构成，城镇化率成为目标得分值较低的主要因素。指数层的绿色投资指数由环境保护投资占财政支出比例、科教文卫支出占财政支出比例以及R&D经费支出占同期GDP的比例构成。

领域层中包含四项指标，分别是生态环境、绿色生产、绿色生活和绿色治理。其中，生态环境和绿色生产得分等级为良，绿色生活和绿色治理得分等级为优。在生态环境和绿色生产方面，各项指标的得分较为平均，方差较小；而绿色生活和绿色治理方面，各项指标得分差异较大，方差较大。

荆门市仍然处于粗放发展向集约发展转型的时期。化石能源消费比例较高，荆门市经济增长高度依赖化石能源消耗，依然处于拼资源、拼环境时期，因此绿色生产指数得分较低；不过荆门市在发展中已经树立了绿色发展理念，开始转变发展方式，还有很大的提升空间，因此，荆门市的绿色治理指数得分较高。

（三）婺源县生态文明建设情况评估

江西省地处中国东南偏中部长江中下游南岸，古称"吴头楚尾，粤户闽庭"，乃"形胜之区"，东邻浙江、福建，南连广东，西靠湖南，北毗湖北、安徽而共接长江。江西省为长江三角洲、珠江三角洲和闽南三角地区的腹地，与上海、广州、厦门、南京、武汉、长沙、合肥等各重镇、港口的直线距离，大多在六百至七百公里之内。江西省近年经济发展稳中有进、稳中向好，社会事业全面进步。2017年，江西省实现生产总值20818.5亿元，增长8.9%；财政总收入3447.4亿元，增长9.7%；规模以上工业增加值增长9.1%，预计实现利润2476.5亿元、增长18%；固定资产投资21770.4亿元，增长12.3%；社会消费品零售总额7448.1亿元，增长12.3%；外贸出口2222.6亿元，增长13.3%；实际利用外资114.6亿美元，增长9.8%，主要经济指标增幅继续位居全国前列。

江西省婺源县是中国最美的乡村；全球十大最美梯田之一；以整个县命名的国家AAA级旅游景区；中国最佳休闲小城；中国人居环境范例奖；全国生态文化旅游示范县；全国AAAA级旅游景区最多的县。

在生态文明建设政府方面，江西省的基本目标是，打造生态文明建设的"江西模式"：到2017年生态文明建设取得积极成效，到2020年生态文明先行示范区建设取得重大进展。六大任务：优化国土空间开发格局、调整优化产业结构、推行绿色循环低碳生产方式、加大生态建设和环境保护力度、加强生态文化建设、创新体制机制。婺源县的目标为，到2018年，提前两年建成国家生态文明先行示范县。到2020年，形成可复制、可推广的"婺源模式"。具体目标为进一步制定生态文明规划，强化生态红线管理；进一步加快发展生态产业，转变经济发展方式；进一步推进生态工程建设和管理，夯实生态文明基础；进一步创新生态文明制度，健全生态保护机制；进一步开展生态文明创建，弘扬优秀生态文化。

1. 婺源县生态文明建设基本情况

2017年11月，婺源县委、县政府印发出台了《中共婺源县委 婺源县人民政府关于贯彻落实〈国家生态文明试验区（江西）实施方案〉的实施意见》（婺发[2017]15号）。全力推进生态文明建设，取得了积极成效。婺源县获得了国家生态文明建设示范县、江西省绿色低碳示范县等生态称号，思口镇列入江西省农村第一、二、三产业融合发展试点示范镇、塘村村列入江西省级农村低碳社区试点。截止到2017年1月，婺源县共计获得国家生态县、国家重点生态功能区、中国国际生态乡村旅游目的地、中国全面小康十大示范县、中国十大魅力县城、中国民间文化艺术之乡、全国义务教育发展基本均衡县、全国十大生态产茶县、全国重点产茶县、全国文化先进县、全国法治先进县、国家卫生应急示范县、全国平安建设先进县、中国最美丽县城、中国氧吧城市、中国歙砚之乡等荣誉称号。

婺源县，今属江西省上饶市下辖县，是古徽州一府六县之一。位于江西东北部，与皖、浙两省交界，地势由东北向西南倾斜，地处赣东北低山丘陵区，乐安河上游。山地、丘陵占总面积的83%。县境地处中亚热带，具有东亚季风区的特色，气候温和、雨量充沛、霜期较短、四季分明。婺源东邻国家历史文化名城衢州市，西毗瓷都景德镇市，北枕国家级旅游胜地黄山市和古徽州府、国家历史文化名城歙县，南接江南第一仙山三清山和铜都德兴市。婺源代表文化是徽文化，素有"书乡""茶乡"之称，是全国著名的文化与生态旅游县，被外界誉为"中国最美的乡村"。

婺源县土地面积2967km^2，其中有林地378万亩，耕地32万亩，素有"八分半山一分田，半分水路和庄园"之称。全县辖16个乡（镇）、1个街道、1个工业园区、197个村（居）委会，人口36万。婺源是唯一一个以县城命名的国家AAA级景区，全县共有一个AAAAA级景区，江湾、篁岭、李坑、汪口、思溪延村、大鄣山卧龙谷、灵岩洞、严田古樟等12个AAAA级景区，还有一批精品景区。2016年，婺源县全年完成生产总值91.27亿元，增长8.5%；财政总收入13.69亿元，同口径增长10.3%；固定资产投资100.84亿元，增长12.7%；社会消费品零售总额48.85亿元，增长12.7%；城镇居民人均可支配收入21676元，增长8.3%；农村居民人均可支配收入10750元，增长9.6%；

人均储蓄存款29500元。

2. 婺源县生态文明建设主要做法

（1）强化机制建设

为系统推进婺源县生态文明建设，不断加强顶层设计。一是制定相关政策，跟进省市部署，2017年11月，婺源县委、县政府印发出台了《中共婺源县委 婺源县人民政府关于贯彻落实〈国家生态文明试验区（江西）实施方案〉的实施意见》（婺发[2017]15号）。2018年6月印发了《2018年婺源县国家生态文明试验区（生态文明先行示范县）建设工作要点》。二是完善考核和追责制度，2017年印发了《关于落实〈江西省生态文明建设目标评价考核办法（试行）〉指标体系责任的通知》，将生态文明建设各项评价考核指标及时分解到各个相关单位。完成了2017年婺源县科学发展综合考核美丽中国江西样板建设省、市考核，开展了2017年县各部门、各乡镇生态文明建设工作考核评价制度。

在人才引进方面，通过制定出台《婺源县高层次人才引进暂行办法》《婺源县关于大力推进大众创业万众创新若干政策措施的实施意见》等科技优惠政策，统筹资金设立高层次人才引进专项基金600万元，为人才引进和集聚提供财力支持。同时，为策应乡村振兴发展，积极聘请了一大批符合生态创新发展需求的顾问，为婺源县的"乡村振兴"提档升级。

（2）强化环境治理

把构筑生态屏障作为重要抓手，着力恢复提升自然生态功能。加强工业园区污染治理、农业面源污染治理、大气污染治理、城乡污水处理、城乡生活垃圾处理、"清河"提升、土壤防治等工作。例如，总投资9000万元的婺源县集镇生活污水收集管网及处理设施建设项目稳步推进，已完成主干管和支管铺设35.127km，工程形象进度44%，有力地提升了城镇污水处理率。婺源县已经成功创建全国生态文明建设示范县、江西省生态文明示范县、江西省绿色低碳示范县、饶河国家湿地公园、江湾镇获批省级生态文明示范基地。

（3）强化产业转型

通过加强发展绿色生态农业，发展绿色低碳工业，发展全域旅游等措施，坚持绿色发展新理念，不断拓展经济发展新空间。一方面婺源县加快扩园调区步伐，工业园区建成面积达7平方公里，新引进江西瑞运新能源科技有限公司、婺源福能达空气水科技有限公司等一批发展新经济、新动能的企业；另一方面发展绿色生态农业，获得国家级出口食品农产品（茶叶）质量安全示范区称号。这些新材料、新能源企业、"绿色农业"将有效助力婺源县生态文明和经济协调发展，加快生态文明和经济建设脚步，实现产业转型。这些新材料、新能源企业将有效助力婺源县生态文明和经济协调发展，加快生态文明和经济建设脚步，实现产业转型。同时，婺源县还对高层次人才创办的科技型企业给予资金上的扶持，对高层次人才创业的项目予以信贷融资服务等。

（4）强化共建共享

始终把生态文明建设作为第一民生工程，加强生态共享建设，社会共享生态文明建设红利。

2009年以来，婺源县累计承办了婺源国际马拉松赛、全国气排球邀请赛等重大体育赛事200余项,吸引包括参赛选手在内的各方人员超过120万人次;2017年婺源县被国家体育总局评为全国群众体育先进县和全省唯一的国家体育产业示范基地。

城市近郊免费开放的讲点有婺源县博物馆、婺源县植物园等,此外饶河源国家湿地公园科普宣教馆和蓝冠噪鹛馆均免费向公众开放。让民众享受到生态文明建设带来的红利,加强生态文明建设理念宣传。与此同时,婺源县还展开一系列婺源县宣传片等对外宣传和展示工作,充分释放生态红利,带动经济进一步发展,提高人均收入水平。

（5）强化生态示范

始终坚持以重大平台为载体,系统推进全面改革从创新。已经成功创建全国生态文明建设示范县、江西省生态文明示范县、江西省绿色低碳示范县、饶河国家湿地公园、江湾镇获批升级生态文明示范基地。正在积极争创国家卫生县城、国家森林城市、江西省文明县城等。统筹各项举措,积极稳步推进,协同创新工作。

（6）强化工作督导

加强生态文明工作督查,开展环境资源行政执法和刑事司法的衔接机制相关研究。通过建立常设联络员、案件信息共享、案件通报、案件移动、重大案件协调、联席会议等多项机制,建议不完善了各执法、司法部门在案件移动、办案协作等方面的协调联动。

3. 婺源县生态文明建设体制机制创新亮点及特色

"生态旅游+"名片效应增强,婺源县积极发挥全国唯一一个全域AAA级景区的比较优势,通过婺源旅游宣传片、婺源旅游攻略宣传等一系列举措,打造"中国最美乡村"的良好印象。

人才引进稳步推进,《婺源县高层次人才引进暂行办法》《婺源县关于大力推进大众创业万众创新若干政策措施的实施意见》等可操行性强的政策出台吸引了一批高层次、高水平人才,为婺源的经济发展建言献策。

强化"绿色农业"发展,婺源县通过开展农药零增长行动、化肥零增长行动等一系列措施确保农产品质量安全,进一步通过促进农产品深加工促进农业增值增效,取得了良好的经济效益。

大力保护生态环境,婺源县是林业重点县,出台了《婺源县"林长制"工作实施方案》等,自2009年以来坚持全面禁伐天然阔叶林,禁伐总面积162万亩,有效地保护了县域生态环境。在水环境治理方面,婺源县出台了《婺源县山塘水库承包养殖管理整治工作实施方案》《婺源县实施"河长制"工作方案》等,从2016年开始在全县山塘水库禁止化肥养鱼,实现人放天养。同时,深入开展土地污染防治和全面关停红砖厂等工作。

加大文化遗产保护利用。深入挖掘传播朱子文化,加大对徽剧、傩舞、"三雕"、歙砚制作和婺源绿茶技艺等国家级非物质文化遗产的保护与传承,2017年全县以旅游商品为主的传统文化企业和商铺5000多家,年销售收入达6亿元。

2017年,出台了《婺源县领导干部自然资源资产离任审计实施办法》,率先在珍珠山乡启动了领导干部自然资源资产离任审计试点工作。

旅游执法创新,为加快改善旅游环境,婺源县组建了旅游市场联合执法调度中心(旅游110),积极开展不合理低价游等专项整治活动。2017年还在全省率先成立旅游诚信退赔中心，推行旅游购物 30 天无理由退货，赢得了社会各界的广泛赞誉。

4. 婺源县生态文明建设指标体系评估

（1）利用国家生态文明指标体系对婺源现状进行评估，发现婺源生态文明建设指标层得分多分布在 60~100 分（专题表 1-6）。其中，空气质量达标率、地表水环境功能达标率、人均公共绿地面积、城市生活垃圾无害化处理率、生态文明建设示范创建比例、生态文明制度创新情况、环境保护投资占财政支出比例、环境信息公开率等 8 个指标，均在指标评价中得到满分评价，较好地完成了理想目标值。此外，服务业增加值占地区生产总值比例、农村卫生厕所普及率、基本养老保险覆盖率、人均消费生态足迹等 4 项指标得分位于 80 分以上，达到优秀的评价标准。2016 年，服务业增加值占地区生产总值 54.14%，得分为 81.21 分；根据婺源县卫计委提供数据显示，婺源县农村卫生厕所普及率为 96.54%，得分为 90.32 分，2017 年普及率进一步提高至 97.6%；基本养老保险覆盖率逐年提升，2016 年，婺源县基本养老保险覆盖率达到了 97.5%，得分为 97.5 分。《婺源县城市生活垃圾处理费征收和管理办法》的实施，集镇垃圾转运系统建成并投入使用，农村垃圾实现统一处理，婺源县、乡、村生活垃圾实行无害化处理。

在指标层中，有三项指标未达到 60 分，分别是生态承载力、城镇化率和 R&D 经费支出占同期 GDP 比例。江西省整体生态环境质量优良，但是位于温带阔叶林带，生态环境较为脆弱，其生态承载力为 0.573 6 hm^2/人，进一步增强生态环境保护力度；婺源县农村人口较多，从事异地产业的人口较多，其第一产业增加值 12.02 亿元，占 GDP 比值约为 13.17%，因此在城镇化率的得分也较低；R&D 经费支出占同期 GDP 比例为 0.26%，婺源县通过工业绿色转型、发展战略新兴产业，相比于 2015 年的 0.01%有所提升。

（2）婺源县生态环境质量位居江西省前列、管理逐步规范化。城区和乡村环境空气质量优良天数占比均达到 99%以上，空气环境质量优于二级，县域出境断面水质达到地表水 II 类标准，森林覆盖率达 82.64%等。

健全政府决策机制，建立县长办公例会制度，推动电子政务建设，优化网上办公系统，加大政府信息公开力度，政府管理进一步科学化、规范化。自觉接受县人大的依法监督和县政协的民主监督，坚持向县人大报告工作和向县政协通报工作制度，认真听取人大代表和政协委员的意见建议，完善了建议提案办理工作机制，办结人大代表建议 70 件，政协提案 70 件，办结率达 100%，满意和基本满意率达 100%。

（3）指数层方面，得分差异明显。在指数层层面，环境质量指数、绿色消费指数、制度创新指数、信息共享指数等 4 个指数指标得分超过 90 分，占 12 个指数层的 1/3。

部分指数层指数指标得分较低，承载力指数、经济发展指数、资源能源消耗指数、城乡和谐指数、绿色投资指数等 5 个指标得分位于 70 分以下。承载力指数由生态承载力构成，得分为 57.36 分；经济发展指数由人均 GDP 和科技进步贡献率构成，其中人均 GDP 得分较低，导致得分仅为 62.7 分；资源能源消耗指数由单位建设用地的地区生产总值、单位工业增加值新鲜水用水量、单位地区生产总值能耗、主要资源产出率、非化石能源占一次能源消费的比例等 5 个指标层指标构成，婺源县的工业基础较为薄弱，发展不够充分，因此此项得分偏低；城乡和谐指数由城镇化率、城乡居民收入比例、基本

专题表 1-6 江西婺源生态文明建设信息统计表

目标层	领域层	指数层	指标层	数值	单位	属性	年份	参考来源	备注
婺源县生态文明指数	生态环境	生态质量指数	生态环境状况指数（EI）	61.8	%	正向指标	2017	江西省生态质量气象评价公报（2017年2月）	
		承载力指数	生态承载力	0.5736	hm²/人	正向指标	2010	江西省生态足迹分析及预测	江西省数据
		环境质量指数	空气质量达标率	100	%	正向指标	2017	上饶市环境质量月报（2017年8月）	
			地表水环境功能达标率	100	%	正向指标	2017	上饶市环境质量月报（2017年8月）	只有一个乐安河监测断面
	绿色生产	经济发展指数	人均GDP		万元/人	正向指标		环科院	
			科技进步贡献率	52.91	%	正向指标	2016	上饶市科技创新"十三五"规划	上饶市数据
		产业结构指数	服务业增加值占地区生产总值比重	54.14	%	正向指标	2016	2016年婺源县主要经济指标	
			战略新兴产业增加值占地区生产总值比重	12.23	%	正向指标	2016	上饶市科技创新"十三五"规划	上饶市数据
		资源能源消耗指数	单位建设用地的地区生产总值		万元/km²	正向指标		统计局	
			单位工业增加值新鲜水用水量	58	m³/万元	负向指标	2015	上饶统计年鉴-2016	上饶市数据
			单位地区生产总值能耗	0.2649	tce/万元	负向指标	2016	婺源县国民经济和社会发展统计公报	
			主要资源产出率		亿元/万吨标准煤	正向指标		统计局	
			非化石能源占一次能源消费的比例	17.9	%	正向指标	2016	上饶统计年鉴-2016	上饶市数据
	绿色生活	城乡人居指数	人均公共绿地面积	15.29	m²/人	正向指标	2015	上饶统计年鉴-2015	上饶市数据
			城市生活污水处理率	71.6	%	正向指标	2016	婺源县国民经济和社会发展统计公报	
			城市生活垃圾无害化处理率	100	%	正向指标	2016	婺源县国民经济和社会发展统计公报	
			农村卫生厕所普及率	83.71	%	正向指标	2015	上饶统计年鉴-2015	上饶市数据
		城乡和谐指数	城镇化率	45.64	%	正向指标	2016	2016年婺源县主要经济指标	
			城乡居民收入比例	202		负向指标	2016	2017年政府工作报告	
			基本养老保险覆盖率	97.5	%	正向指标	2016	2017年政府工作报告	
			居民幸福感	1/11		正向指标	2014	中国幸福指数报告	
		绿色消费指数	人均消费生态足迹	2.1149	hm²/人	负向指标	2010	江西省生态足迹分析及预测	江西省数据

续表

目标	领域层	指数层	指标层	数值	单位	属性	年份	参考来源	备注
婺源县生态文明指数	绿色治理	制度创新指数	生态文明建设示范创建比例	100	%	正向指标		2016年政府工作报告	
			生态文明制度创新情况		1	正向指标		江西省人民政府办公厅关于改革创新林业生态建设体制机制加快推进国家生态文明试验区建设的意见	
		绿色投资指数	环境保护投资占财政支出比例	4.13	%	正向指标	2016	婺源县国民经济和社会发展统计公报	以节能环保支出计算
			科教文卫支出占财政支出比例	29.43	%	正向指标	2016	婺源县国民经济和社会发展统计公报	缺少文化事业支出数据
			R&D经费支出占同期GDP的比例	0.4	%	正向指标	2015	上饶市科技创新"十三五"规划	上饶市数据
		信息共享指数	环境信息公开率	106	%	正向指标	2016年1-9月	婺源县政府信息公开	超额完成

养老保险覆盖率、居民幸福感等4个指标层指标构成,得分为67.89分;绿色投资指数由环境保护投资占财政支出比例、科教文卫占财政支出比例、R&D经费支出占同期GDP的比例等3个指标层指标构成,婺源县在环境保护方面的支出比例较高,科教文卫方面的支出比例在占比方面略有较低的趋势,但是绝对数值保持增长,2016年的R&D经费支出虽然较2015年的支出有一定增长,但是仍然需要进一步加大投入。

(四)领域层方面,制度创新指数和信息共享指数的得分为满分,绿色治理的得分超过90分

由于婺源县县域第二产业基础薄弱,在绿色生产领域得分不足70分,婺源县2016年城市污水处理率为71.6%,低于江西省平均的87.74的城市污水处理率,得分仅为19.8分;近年来婺源县加强市政管网建设,2017年其城市污水处理率已经达到了81.3%,好转趋势明显。2016年婺源县的城镇化率为45.64,得分为38.46分,婺源县农村人口较多,从事异地产业的人口较多,其第一产业增加值12.02亿元,占GDP比值约为13.17%。

放在全省来看,婺源县的生态环境和绿色治理两项指标得分均高于全省平均水平,但是在绿色生产和绿色生活方面较弱,整体弱于全省平均水平。

第四章 基于"循环经济"产业的生态文明发展模式

(一)荆门市"循环经济"产业发展现状

2007年,荆门市被确定为湖北省唯一的国家循环经济试点城市。荆门市产业建设形成了在"循环经济"产业带动下,"城市矿产"和"生态农业"齐抓共管的生态文明建设新局面。荆门"城市矿产"以再生资源回收体系为依托,以技术进步为动力,以打造产业品牌为目标,形成了利用门类众多、初具规模、辐射作用较强的"城市矿产"产业体系,荆门市再生资源利用与环保产业发展已初具规模,形成了再生资源循环利用(包括电子废弃物循环利用、废塑料循环利用等领域)、农业废弃物综合利用(农作物秸秆综合利用)、工业固废综合利用(磷石膏综合利用)、环保产业与城市垃圾综合利用五大细分领域。在"生态农业"方面,荆门人均耕地占有量2.5亩,居全省前列,种植业资源、养殖业资源极为丰富,是全国重要的商品粮、优质棉、商品油、商品猪生产基地,为农产品加工业发展提供了充足的上游原材料,农产品加工产值过千亿元。荆门市"中国农谷"战略已经写入长江经济带规划纲要。荆门市初步形成了以"循环经济"产业为主导的生态文明建设模式。

2016年6月7日,湖北荆门市发文提出《荆门市创建国家生态文明建设示范市规划(2015—2025年)》,设立了生态文明建设的基本目标:到2020年,主体功能区布局基本形成,发展方式转变取得重大进展,生态环境质量明显改善,生态文明意识显著增强,率先在全省建成国家生态文明试验区。具体目标为生态空间合理、产业绿色发展、资源节约利用、绿色生活普及、城市绿色宜居、生态环境优良、生态制度健全。

1. 总体发展状况好

再生资源综合利用的效益在荆门得到了较好展现。一是经济总量迅速增大。2012 年，再生资源年综合利用量达 550 万 t，年工业总产值达 80 亿元，年缴税收超过 5 亿元。二是境内企业迅速集聚。废物资源综合利用企业已达 103 家，培育出了以格林美为代表的利用规模较大、经济效益好的"城市矿产"回收利用明星企业。三是产业链条逐渐成熟。形成了以大宗工业固废规模利用为主导的核心产业链条——以磷石膏制石膏粉、石膏板，作水泥缓凝剂，造新型石膏墙体等为补充的磷石膏循环利用产业链；以粉煤灰生产新型建材、纸品、水泥等产品的磷石膏综合利用产业链；对废旧电池、电子废弃物进行"回收—拆解—深加工"的深度利用产业链；对废旧金属、尾矿废渣、纺织品废弃物等小量副产品零星开发利用为辅的多级利用产业链。

2. 区域发展贡献大

荆门"循环经济"产业是生态文明建设的纵深发展，对于创新发展模式、改变增长方式、实现区域经济又好又快发展发挥了极其重要的作用。一是提高了资源效率。2012 年与 2006 年相比，每万元产值资源消耗下降了 0.35 万 t，每万吨资源对地区生产总值的贡献提高了 46.5%。二是减轻了环境负荷。2006 年以来，荆门共消化各类工业废弃物近 5000t，使烟尘、粉尘排放量下降了 26.2%、空气质量达标率上升为 90.7%、集中饮用水源水质达标率提高到 100%，环境质量出现了明显的改善。三是优化了产业结构。全市第一、二、三产业结构由"十五"末的 25.2∶36.2∶38.6 调整为 2012 年的 16.5∶54.1∶29.4，形成了以第一产业为基础、第二产业为主导、第三产业为支撑的新格局。四是改变了增长方式。依靠专业技术集约发展的创新型增长模式正在形成。按照目前的增长趋势，到 2016 年，荆门仅格林美产业园各类资源年利用规模将达到 104.72 万 t，可实现高新技术年产值 128 亿元。

（二）荆门市"循环经济"产业的综合效益

围绕生态立市战略，荆门市加快推进生态示范市的各项创建工作。强化顶层设计，印发《荆门市绿色发展指标体系》《荆门市生态文明建设考核目标体系》，出台《荆门市生态环境保护条例》。以循环经济发展为核心，推进建设生态文明。

生态文明建设指标评估客观地反映了生态文明建设现状，"绿水青山就是金山银山"的生态服务价值评估将从人类直接或间接从生态系统得到生态系统的服务利益考察生态系统的价值。生态服务价值（Costanza，1997）主要包括向经济社会系统输入有用物质和能量、接受和转化来自经济社会系统的废弃物，以及直接向人类社会成员提供服务（如人们普遍享用洁净空气、水等舒适性资源）。生态系统从食物生产、原材料生产、水资源供给、气体调节、气候调节、净化环境、水文调节、土壤保持、维持养分循环、维持生物多样性、提供美学景观等方面体现其生态服务价值。

生态系统服务价值：荆门市全市土地面积 1 233 943.50 hm^2（含沙洋监狱管理局）。其中，农用地 1 020 392.83 hm^2，占全市土地面积的 82.69%，建设用地 140 674.74 hm^2，占 11.40%，未利用地 72 875.43 hm^2，占 5.91%。在农用地中，耕地 502 278.46 hm^2，园

地 19 235.47 万 hm², 林地 380 014.16 hm², 草地 105.87 hm², 交通运输用地 14 643.48 hm²，水域及水利设施用地 86 245.71 hm²，其他土地 17 869.68 hm²；在建设用地中，城镇村及工矿用地 97 371.65 hm²，交通运输用地 6 658.58 hm²，水域及水利设施用地 36 644.51 hm²；在未利用地中，水域及水利设施用地 42 268.51 hm²，草地 25 887.98 hm²，其他土地 4 718.94 hm²。全市人均占有土地 6.15 亩，人均占有耕地 2.5 亩。根据初步核算（谢高地等，2008），荆门市森林生态系统生态服务价值约为 50 亿元，草地生态系统生态服务价值约为 1.3 亿元，农田生态系统生态服务价值约为 17.8 亿元，湿地生态系统生态服务价值约为 22.6 亿元，河流/湖泊生态系统生态服务价值约为 25 亿元，荆门市生态系统生态服务价值合计约为 117 亿元（专题表 1-7）。

专题表 1-7 荆门市生态系统生态服务价值

类型	单价[1]（元/hm²/a）	面积[2]（hm²）	合计（万元）
森林	12 628.69	397 300	501 737.85
草地	5 241.00	25 993.85	13 623.38
农田	3 547.89	502 278.46	178 202.87
湿地	24 597.21	91 800	225 802.39
河流/湖泊	20 366.69	122 890.22	250 286.70
荒漠	624.25	0	0
总计			1 169 653.19

资料来源：1. 谢高地等，2008；2. 荆门市年鉴编辑部，2016。

根据初步核算，荆门市生态系统生态服务价值以 2017 年不变价计算，合计约为 357.84 亿元，未来可达到 500 亿～800 亿元，人均约为 10 524 元，人均生态系统生态服务价值与人均 GDP 合计 63 039 元，超过中等高收入国家平均水平，接近高收入国家水平。

生态文明建设需要从环境效益、经济效益、社会效益等多个维度进一步考量。在环境效益方面，荆门市通过打造全市域"一带、两屏、四网、六廊"自然生态安全体系；实施污水处理、湿地保护、土壤修复、农村生态、碳汇林业、绿色建筑、绿色交通、绿色产业等工程，有效削减水体、大气、土壤环境污染负荷，有效提升市域环境质量；有效提升生态建设水平，提高人民生活质量，促进经济社会可持续发展，具有显著的环境效益。

生态效益：打造全市域"一带、两屏、四网、六廊"自然生态安全体系；通过实施污水处理、湿地保护、土壤修复、农村生态、碳汇林业、绿色建筑、绿色交通、绿色产业等工程，可有效削减水体、大气、土壤环境污染负荷，有效提升市域环境质量；可有效提升生态建设水平，提高人民生活质量，促进经济社会可持续发展。

"十二五"期间，荆门市累计完成造林绿化 6.99 万 hm²，湿地面积增加 6508 hm²，以单一年份计算、年均新增森林面积和湿地面积约 14 000 hm² 和 1300 hm²。按照森林生态系统生态服务价值 1.26 万元/(hm²·a)计算，湿地生态系统生态服务价值 2.46 万元/hm/a 计算，森林和湿地生态系统生态服务价值年均增加 176.80 万元和 31.98 万元，合计约 208.78 万元。森林覆盖率达到 32.16%，活立木蓄积量 2000 万 m³。

经济效益：通过荆门格林美"城市矿产"示范基地、中国农谷智慧农业循环经济产业园、京山县"百里生态画廊"建设项目等项目的实施，将极大提升荆门市生态经济规模与质量，助推产业结构调整，促进"循环经济"相关产业、旅游业、现代服务业等新兴产业的发展。根据初步估算，产生的年均间接经济效益可达 50 亿。2016 年，荆门市地区生产总值完成 1521 亿元，增长 8.5%，增速仅次于十堰和宜昌，居全省第 3 位。2017 年上半年，荆门市地区生产总值完成 748.82 亿元，增长 8.1%，增速跑赢湖北省全省的 7.8%，仅次于十堰和鄂州，居全省第 3 位，经济效益明显。

社会效益：通过一系列的政策和举措，"循环经济"产业预计可新增社会就业 500 多个，增加城乡居民收入，对社会发展和经济发展都有着非常积极的作用。并且进一步通过生态创建，改善城市投资环境，提高企业效益，带动经济增长。生态环境质量是当前投资者选择投资区域时考虑的一个重要因素。生态修复及生态创建细胞工程的实施，将有效修复人为因素产生的生态破坏，提升城乡生活环境质量，保护环境、节约资源将成为全社会的自觉行为。

（三）"循环经济"产业对荆门市生态文明的贡献

在产业发展方面，以循环经济四大特色园区为重点，以"生态农业"为特色；在生态环境保护方面，打造全市域"一带、两屏、四网、六廊"自然生态安全体系，共同促进国家循环经济示范城市建设，加快推进以"循环经济"产业为主导生态文明建设。

荆门市以"循环经济"产业为主导的生态文明建设模式具有鲜明的荆门特色。

1. "循环经济"产业总体发展状况良好，循环发展模式日渐成熟

荆门格林美"城市矿产"资源循环产业园国家"城市矿产"示范基地、荆门化工循环产业园、荆门静脉产业园、东宝绿色建筑建材产业园等形成了特色鲜明、发展良好的特色产业园区；"城市矿产"资源循环模式、石化资源循环利用模式、荆襄磷化工循环发展模式、中国农谷生态循环农业模式、农产品深加工及废弃物循环利用模式等一批具有荆门特色的循环经济发展模式，其"城市矿产""生态农业"相关产业发展模式日渐成熟。

2. "循环经济"产业区域贡献大，减量化、再利用和资源化水平提升明显

2017 年，预计全市农作物秸秆综合利用率达到 93.1%，畜禽养殖场粪污资源化利用率达到 75.9%，农业灌溉用水有效利用系数达到 0.53，工业固体废弃物综合利用率达到 78%，城市建成区规范化回收站比例达到 84%，废旧电池回收利用率达到 85.6%。2017 年，"城市矿产"相关产业规模以上工业总产值近 500 亿元，占到荆门市规模以上工业总产值（3377 亿元）的 14%左右，近年来年均符合增长率超过 10%，为荆门市经济增长带来新的动力；2017 年，荆门市农产品加工业产值 1336.7 亿元，占全市工业总产值四成。"循环经济"产业增速明显加快。

通过探索实践，"城市矿产"资源循环模式、石化资源循环利用模式、荆襄磷化工循环发展模式、中国农谷生态循环农业模式、农产品深加工及废弃物循环利用模式等一批具有荆门特色的"循环经济"发展模式日渐成熟。"城市矿产"资源循环模式入选国家 60 个循环经济典型模式案例，成为国家循环经济发展的地理标志。

3. 通过落实生态立市理念，生态环境持续改善

按照《省人民政府关于印发湖北省水污染防治行动计划工作方案的通知》的要求，荆门市9个地表水考核断面，2017年监测结果表明：除天门河拖市1个监测断面不达标，其余断面达标，达标率88.9%，与2016年（达标率77.8%）相比，上升了11.1%；2017年，荆门城区空气质量优良天数达标率为77.5%，与2016年（72.4%）相比提高5.1个百分点，荆门城区空气质量综合指数为5.13，与2016年（5.51）相比降低0.38。

综合数据显示，"城市矿产"经济对循环经济节能减排的贡献率近80%，荆门地区正在形成立足湖北、辐射中部、影响全国的"循环经济"产业基地。根据《荆门市高新技术产业"十三五"发展规划》《荆门市产业转型升级"十三五"规划》，到2020年，全市农产品加工业总产值力争突破2000亿元，新建国家级创新平台2家，其他各级技术中心6家，院士工作站达到15家，培育或参与重大科技成果15项，"生态农业"相关产业的发展将有力地促进荆门市经济进一步稳步发展。

第五章 基于"生态旅游+"产业的生态文明发展模式

（一）婺源县"生态旅游+"产业现状

生态旅游业在江西省具有重要地位，江西省旅发委提请江西省委省政府印发出台了《关于全面推进全域旅游发展的意见》，将助推江西省生态文明试验区建设写入了发展全域旅游的指导思想，将发展生态旅游，促进全域环境保护作为发展重要内容积极推进。以"大旅游、大产业、大消费"的思路，促进旅游与多产业融合发展，做到一产助推旅游、二产支撑旅游、三产激活旅游，发挥旅游业"一业兴、百业旺"的综合产业优势，强化与各行各业的关联互动，形成了"旅游+""+旅游"融合共进态势，逐渐成为发展新经济、培育新动能的强劲动力。江西生物资源丰富，森林覆盖率63.1%，自然保护区及名胜古迹众多，是全国首批全境纳入生态文明先行示范区建设的省份。

近年来，婺源成功创建国家生态保护与建设示范区、国家重点生态功能区、国家生态文明建设示范县、国家级徽州文化生态保护实验区、国家乡村旅游度假实验区、"中国天然氧吧"等。生态文明理念更加深入人心，生态工程扎实推进，生态优势不断凸显，生态经济日趋繁荣，生态红利持续释放，"中国最美乡村"的美誉度、影响力不断提升；以全面深化改革、创新发展为动力；有效整合资源；集成落实政策，完善服务模式，培育创新文化，激发全社会创新创业活力，进一步优化创业创新环境，激发全社会创业创新活力，以创业带动就业、以创新促进发展，促进经济平稳增长、健康发展，走出了一条具有婺源特色的经济社会发展与生态环境相协调的"生态旅游+""人才服务"的绿色发展之路。

1. 婺源县良好生态环境本底助力"生态旅游+"发展

婺源天蓝山青水绿。2015年成功创建国家生态保护与建设示范区、国家生态县。生态文明先行示范区建设实现"一年开好局"目标，生态文明理念更加深入人心，生态工程扎实推进，生态优势不断凸显，生态经济日趋繁荣，生态红利持续释放，"中国最美

乡村"的美誉度、影响力不断提升，走出了一条具有婺源特色的经济社会发展与生态环境相协调的绿色发展之路。

为进一步提升生态质量，婺源还在全县范围内实行"禁伐天然阔叶林"，对人工更新困难的山场实行全面封山育林。在农村，实施面源污染"十大整治"工程，垃圾规范化、标准化收集处理，所有规模畜禽养殖场全部实现粪便、污水无害化处理，对整改不到位、不达标的企业予以关闭，所有山塘水库全面禁止化肥养鱼。通过工业园区污染整治、农业面源污染治理、大气污染治理、城乡污水处理、城乡生活垃圾处理等一系列强化环境治理措施，把构筑生态屏障作为重要抓手，着力提升婺源县的自然生态功能。

近年来，婺源围绕乡村生态旅游带动农村做文章，将有一定旅游资源基础的乡村以乡村旅游点进行打造，发展"一村一景"，基本实现"景点内外一体化"和"空间全景化"，有序建设了严田、庆源、漳村、诗春、菊径、官桥、游山、冷水亭、玉坦、曹门等一批秀美乡村，打造了一批摄影村、影视村、驴友村，发展了莒莙、鄣山、水岚、洙坑、梅田等"零门票"红色旅游乡村点。

2. "人才服务"助力"生态旅游+"健康发展

一方面，婺源县通过制定出台《婺源县高层次人才引进暂行办法》《婺源县关于大力推进大众创业万众创新若干政策措施的实施意见》等科技优惠政策，统筹资金设立高层次人才引进专项基金600万元，为人才引进和集聚提供财力支持。同时，为策应乡村振兴发展，积极聘请了一大批符合生态创新发展需求的顾问，为婺源县的"乡村振兴"提档升级。

另一方面，婺源县通过打造精品旅游吸引游客。全县共有一个AAAAA级景区，江湾、篁岭、李坑、汪口、思溪延村、大鄣山卧龙谷、灵岩洞、严田古樟等12个AAAA级景区，还有其他一批精品景区。近年来，在发展全域旅游过程中，婺源找准风光秀美、徽韵浓厚的特点，对乡村旅游进行提档升级，大力发展民宿产业，使之成为全域旅游又一道靓丽的风景线。如今，婺源理尚往来、廿九阶巷、晓起揽月等100余家精品民宿500多家以农家乐形态为主的大众民宿已经形成巨大的产业集群效应，撑起了婺源旅游经济新亮点。

2017年3月婺源篁岭景区荣膺"2017华东十大最美赏花胜地"称号。4月，篁岭景区被农业部评为2017中国农村超级IP示范村。8月，篁岭景区被文化部评为2017年亚洲旅游"红珊瑚"最佳小镇。9月，由中国餐饮文化研究专业委员会牵头，婺源县人民政府主办的"篁岭杯"篁岭天街食府获"中国徽菜传承名店"荣誉称号。按照A级景区标准，打造一批摄影、写生、影视水口村。全域旅游西拓取得突破进展，珍珠山乡被国家体育总局评选全国首批运动休闲特色小镇，"旅游+体育、旅游+养生、旅游+文化产业、旅游+互联网、旅游+金融"等特色产业持续开展。

3. 全域旅游明确"生态旅游+"前进方向

婺源县积极策应全省打造"美丽江西"，全市建设"大美上饶"，县委、县政府实施"发展全域旅游、建设最美乡村"战略，把旅游业作为"第一产业、核心产业"进行发展,打造美丽江西"婺源样板"。出台了《关于加快发展全域旅游的实施意见》,明确今后五年全域旅游的发展目标和路径,按照"西拓、北进、东精、中优"旅游发展格局,通过"点、线、面"结合引导全域旅游差异化和特色化发展。聘请笛东规划设计北京股份有限公司编制了《婺源县全域旅游总体规划》,已完成了前三阶段汇报修改,下一步准备组织专家评审。

在生态文明建设过程中,婺源发挥全域 2967km^2 是一个国家 AAA 级景区的比较优势,实施"发展全域旅游、建设最美乡村"战略,把旅游业作为第一产业来打造,做到"产业围绕旅游转、结构围绕旅游调、功能围绕旅游配、民生围绕旅游优",带动经济社会协调、融合、健康发展。全域旅游发展迎来发展的春天,全县旅游接待人次连续十几年排在全省前列,2017 年 1~10 月全县接待游客 1883.5 万人次,同比增长 17.4%;门票收入 4.73 亿元,同比增长 17.02%;旅游综合收入 117.11 亿元,同比增长 46.59%。2017 年预计接待游客 2000 万人次,增长 14%,门票收入 5 亿元,增长 15%,旅游综合收入 160 亿元,增长 45%。

4. 强化旅游监管维护"生态旅游+"良好发展

《旅游产业发展扶持奖励暂行办法》《婺源民宿扶持办法》等法规政策条例的出台,旅游市场联合执法调度中心(旅游 110)的组建,进一步强化了婺源县旅游监管,维护了婺源县良好的旅游秩序。通过对"不合理低价团"利益链条的分析研判,明确了非法利益链条的关键节点为旅游购物店,并将其锁定重点打击对象,对景区企业和旅行社进行了一对一约谈,对全县所有购物店进行深入检查,严厉打击私授回扣、偷税漏税、物价虚高、以次充好、造假卖假等违法行为。2017 年还在全省率先成立旅游诚信退赔中心,推行旅游购物 30 天无理由退货,赢得了社会各界的广泛赞誉。

(二)婺源县"生态旅游+"产业综合效益

在生态文明建设过程中,婺源发挥全域 2967km^2 是一个国家 AAA 级景区的比较优势,实施"发展全域旅游、建设最美乡村"战略,把旅游业作为第一产业来打造,做到"产业围绕旅游转、结构围绕旅游调、功能围绕旅游配、民生围绕旅游优",带动了经济社会协调、融合、健康发展。

生态文明建设指标评估客观地反映了生态文明建设现状,"绿水青山就是金山银山"的生态服务价值评估将从人类直接或间接从生态系统得到生态系统的服务利益考察生态系统的价值。生态服务价值主要包括向经济社会系统输入有用物质和能量、接受和转化来自经济社会系统的废弃物,以及直接向人类社会成员提供服务(如人们普遍享用洁净空气、水等舒适性资源)生态系统从食物生产、原材料生产、水资源供给、气体调节、气候调节、净化环境、水文调节、土壤保持、维持养分循环、维持生物多样性、提供美学景观等方面体现其生态服务价值。

生态系统服务价值:婺源县 2010 年林地面积 24.40 万 hm^2,占土地总面积的 82.43%;耕地面积 2.03 万 hm^2,占土地总面积的 6.87%;牧草地面积 28.00 hm^2,占土地面积的 0.01%。婺源县河流属饶河水系,为婺源河上游,河流总长度 516.40km,流域面积 2.62km^2。

2005 年末婺源县其他用地 7067.91hm², 占土地总面积的 2.39%, 而在其他用地中可开发为耕地的荒草地 1 967.61 hm², 仅占土地总面积的 0.66%。根据初步核算, 婺源县森林生态系统生态服务价值约为 30.82 亿元, 草地生态系统生态服务价值约为 14.67 万元, 农田生态系统生态服务价值约为 7214.04 万元, 湿地生态系统生态服务价值约为 4839.77 万元, 河流/湖泊生态系统生态服务价值约为 533.61 万元, 荒漠生态系统生态服务价值约为 318.39 万元, 荆门市生态系统生态服务价值合计约为 32.11 亿元(专题表 1-8)。根据初步核算, 婺源县生态系统生态服务价值以 2017 年不变价计算, 约为 73 亿元, 人均 19 589 元。人均生态系统生态服务价值与人均 GDP 合计 48 974 元, 与 2017 年江西省人均 GDP 相比, 高出 21%, 达到中等收入国家水平。

专题表 1-8 婺源县生态系统生态服务价值

类型	单价¹[元/(hm²·a)]	面积²（hm²）	合计（万元）
森林	12 628.69	244 013.33	308 156.87
草地	5 241.00	28	14.67
农田	3 547.89	20 333.33	7 214.04
湿地/荒草地	24 597.21	1 967.61	4 839.77
河流/湖泊	20 366.69	262	533.61
荒漠	624.25	5 100.3	318.39
总计			321 077.35

资料来源：1. 谢高地等, 2008; 2. 婺源县人民政府, 2010

上述所采用生态服务价值评估方法中主要采取了直接利用价值进行评估, 忽略了生态环境生态资产的间接利用价值、社会文化价值等, 如遗传价值、控制侵蚀价值、保持沉积物价值、避难所价值、文化价值、娱乐价值、人文景观价值和自然景观价值等, 根据人们将来直接或间接利用某种服务的支付意愿或者人们确保某种服务继续存在的支付意愿作为参考, 婺源生态系统生态服务价值将达到 150 亿元, 人均 43 634 元, 人均生态系统生态服务价值与人均 GDP 合计, 进一步增加到 63 019 元, 超过中等高收入国家平均水平, 接近高收入国家水平。未来, 随着经济水平的发展和生态环境保护意识的提高, 婺源生态系统、生态资产和生态服务价值将持续增长, 可达到 200 亿~300 亿元。与谢高地等（2008）计算得到的结果相近, 以 2017 年不变价计算中国人均生态价值量为 48 000 元。

生态文明建设需要从环境效益、经济效益、社会效益等多个维度进一步考量。婺源县先后印发出台了《关于认真做好封山育林的决定》《婺源县自然保护小区（风景林）管理办法》《江西婺源饶河源国家湿地公园管理办法（试行）》等制度、文件, 有力地保护了名木古树资源, 实现森林资源的持续增长, 至 2017 年婺源县活立木蓄积增至 1837.7 万 m³, 森林覆盖率上升到 82.64%。

生态效益：全县森林覆盖率高达 82.64%, 空气、地表水达国家一级标准, 负氧离子浓度高达 7~13 万个/cm³, 是个天然大氧吧。有草、木本物种 5000 余种, 国家一、二级重点保护野生动植物 80 余种。境内有世界濒临绝迹的鸟种蓝冠噪鹛；有世界最大的鸳鸯越冬栖息地鸳鸯湖。《婺源县蓝冠噪鹛自然保护小区管理办法》的出台有力地保护了蓝冠噪鹛的生存环境,自1993年重新发现以来,已发展到2015年3个种群,约200只的规模。

经济效益:在乡村旅游的发展带动下,婺源县从事旅游商品、餐饮住宿的个体工商户近4000家,城乡居民人均存款2.05万元,以旅游业为主的第三产业占全县GDP比例达49.8%。旅游产业呈现快速上升,2010年接待游客530多万人次,仅2017年上半年,全县接待游客1129万人次,实现综合收入52亿元,同比分别增长21.7%、19.4%。

从2001年"婺源文化与生态旅游区"作为一个整体,被评为国家AAA级旅游景区;2008年婺源县进一步提出把全县2967km^2地域打造成"世界文化生态大观园"的奋斗目标;2013年又制定了《"建设中国最美乡村,打造中国旅游第一县"行动纲要》。2005年婺源县接待游客243.7万人次,实现旅游综合收入3.39亿元;接待游客人次和旅游综合收入,在2013年分别达到530万和23亿元,相比2005年,分别增长了2.17倍和6.78倍;2017年则更进一步,接待游客人次和旅游综合收入分别达到2178万和160亿元,分别增长了8.94倍和47.2倍。以旅游业为主的第三产业占全县GDP比例达56.2%。经济效益显著攀升,实现了从生态资产到经济资产的转变。

社会效益:婺源直接有8万多人从事农家乐、导游、交通运输等旅游相关产业,同时也带动8万人间接就业。其中,秋口李坑全村260多户就有500多人从事旅游业,做导游、撑竹船、开宾馆、办茶楼、卖特产等,户均年增收6000元。

(三)"生态旅游+"产业婺源县生态文明的贡献

1. 江西婺源生态文明建设的特征分析

作为"中国最美乡村",生态是婺源县最大的优势和发展基础。近年来,该县大力推进生态文明建设,实施"资源管护、节能替代、造林绿化"三大工程,全县森林覆盖率高达82.64%,空气、地表水达国家一级标准,负氧离子浓度高达7万~13万个/cm^3。主要特征包括如下。

(1)呵护生态环境,涵养"青山绿水"。婺源探索实施天然阔叶林长期禁伐工程,率先在全国创建了193个自然保护小区,完成长江防护林、退耕还林工程造林40万亩,封山育林180万亩,绿化公路500多公里。同时,通过实施以电代柴、改燃节柴和改灶节柴工程,使85%以上的家庭实现了以电代柴、以气代柴;关闭200家木竹加工企业,年均减少林木采伐5万m^3;建设饶河源国家湿地公园,呵护鸟类共有的"天堂"。

(2)营造生态家园,共享"景观村落"。2008年以来,婺源结合旅游发展优势,投入6亿元实施景观村建设工程,把全县的村庄建设成新农村,把新农村打造成景观村,把景观村打造成富裕村。婺源在新农村建设中注重做好与古村落保护相结合、与乡村旅游开发相结合、与生态环境相结合等"三个结合"。

(3)发展生态经济,挖掘"另一桶金"。直接或间接带动每年10多万人就业;仅2017年上半年,婺源接待游客1299.6万人次、门票收入3.2亿元、旅游综合收入79.37亿元;在发展生态旅游的同时,婺源发展壮大生态农业,在1.97万亩速生丰产针阔混交林基础上,发展山上种树、树下种蘑菇、栽药材的"立体林业"。

2. 典型产业经验分析

婺源县把全县作为一个文化生态大公园来打造,推进"生态旅游+"、强化人才服务、生态环境保护相结合、共促进,走出了一条独具特色的"生态旅游+"和"人才服务"并举的生态文明建设模式。

婺源生态文明建设模式的特点如下。

(1)"生态旅游+"产业发展稳步推进,内涵丰富,包括"旅游+民宿""旅游+体育""旅游+养生""旅游+农业"("龙头企业+基地+农户""专业合作社+基地+农户""超市+公司+基地+农户"等模式)。

(2)高层次人才聚集,生态旅游规模进一步扩大。一方面,制定科技优惠政策吸引高层次人才在婺源创业就业。另一方面,婺源发挥全域旅游的优势,吸引一大批游客前来婺源旅游参观。

(3)"绿色农业"持续良性发展。"绿色农业"产业大力发展,有机茶、山茶油、木雕中医药、竹木加工等产业发展较快。

(4)生态环境质量持续保持优良。生态环境指数2017年比2016年的71.6%提高近10个百分点。

第六章 基于特色产业的生态文明建设存在的问题及建议

(一)特色产业主导的生态文明建设存在的问题

荆门市和婺源县在不断深化生态文明建设理论,如可持续发展理论、循环经济理论研究的同时,开始加快生态文明建设实践的步伐,并取得了良好进展。但是,从对两地生态文明建设评估和现场实地调研的初步调查结果来看,荆门市和婺源县的生态文明建设与发展尚处于初级阶段,生态文明建设与发展还面临着很多困难。

1. "循环经济"产业为主导的生态文明建设存在的问题

荆门市生态文明建设问题多集中于环境污染控制、生态保护、城市环境质量、生态制度体系以及再生资源利用等问题。荆门是一座自然环境本底良好的城市,同时又是一座以重化工为"底色"的城市,特别是中心城区生态负荷日趋加重、环境污染严重。在建设新型城镇化和一体化过程中,通过循环经济的推进和提升,重点攻克以下短板制约。

(1)环境质量不优,生态赤字较重,环境承载力不足。空气质量达标率不够高,中心城区大气污染问题突出,颗粒物浓度居高不下。地表水环境功能达标率较低,仍有多处国控省控断面水质不合格,竹皮河等流域仍为劣五类水体。此外,实地调研获悉,农村环境综合整治任务繁重,村组以分散式饮用水源为主,水质达标率不高;环境风险仍然较为突出,汉江"水华"仍有发生。

(2)发展方式粗放,城市能级不高。"高投入、高消耗、高污染、高排放"的粗放增长方式仍然存在,"重经济轻环境、重速度轻效益、重利益轻民生"的发展方式依然没有除根,以牺牲生态环境为代价,片面追求 GDP 高速增长,导致人口、资源、环境的矛盾仍然较为严峻。荆门市主要资源产出率这项指标得分为 58.76 分,万元生产总值能耗、水耗远超过世界平均水平,能源利用效率低于国内平均水平,万元生产总值能耗为 0.6753 tce,万元工业增加值用水量为 132 m^3。

(3) 城乡发展不均衡,城市规划滞后。城市生活污水处理率、农村卫生厕所普及率等涉及民生问题的基础设施建设不足,部分乡镇配套管网不到位,支管网和入户管网未完全配套或者为完全接通,收集率不够,导致已运行污水处理厂进水浓度和符合率等指标达不到省定要求。城镇化率这项指标的得分仅为 54.02 分,城镇化水平较低;人均公共绿地面积虽有增长,但仍需要进一步加强建设。城乡居民收入差距过大,有待进一步缩小城乡发展差距,提升居民幸福指数,提高居民幸福感;新城新区、新型农村社区等建设步伐有待进一步加快。

(4) 再生资源回收体系及基础设施建设有待加强。再生资源回收体系不完善,网点布局无序、管理有待加强,没有形成相对集中的再生资源集散地,不利于再生资源得到及时充分利用;部分低值再生资源回收率较低,许多可以回收利用的品种,没有得到有效地回收利用;再生资源回收的相关基础设施建设落后,且破坏较为严重,需要进一步完善和监管。

(5) 在良好生态环境基础上的经济发展模式尚未形成。虽然荆门市确立了"生态立市、产业强市、资本兴市、创新活市"的"四市路径",生态环境有所改善,但是荆门作为一座传统重工业城市,石油、化工、水泥产业围城,以及过去对煤矿、磷矿、石膏矿的无序开采,导致荆门市社会经济发展与生态环境承载力不足的矛盾日益凸显。

2."生态旅游+"产业为主导的生态文明建设存在的问题

婺源县生态文明建设问题多集中于生态环境维护、社会经济建设、生态制度体系等方面。婺源县生态环境良好,同时具有良好的区位优势和交通优势,在经济建设和推进新型城镇化一体化过程中,通过将生态文明建设融入经济、政治、文化、社会建设各方面和全过程,重点攻克以下短板制约。

(1) 生态承载力脆弱,环境容量压力较大。婺源县整体生态环境良好,森林覆盖率较高,但是生态承载力较为脆弱,生态补偿压力较大;在城镇化加速建设的过程中煤资源能源消耗和污染物排放总量仍在增加,环境容量压力较大。

(2) 绿色生产发展不足,发展方式粗放。婺源县属于典型性的传统农业县,工业发展起步较晚,支柱产业尚未形成产业链,产品结构较为单一,上下游产业链尚未建立;企业以劳动密集型和技术中低层次为主的传统加工业,产品的技术含量和附加值较低,能源资源消耗较大。

(3) 绿色生活指数得分偏低,城乡发展不均衡。婺源县基础设施建设不够完善,污水处理管网建设不足,农村生活垃圾处理能力不足;城镇化率不高,城乡居民收入差距偏大。

(4) 科教文卫事业有待加强,基础研发能力薄弱。婺源县财政收入基础较为薄弱,在科教文卫方面的支出虽然有增长,但是占财政支出比例减小;缺少骨干龙头企业,和大型科研机构，基础研发能力投入不足，工业经济发展受限。

(5)"生态旅游+"产业融合度不足。在发展全域生态旅游过程中，婺源县形成了"旅游+""+旅游"融合共进态势，形成了"旅游+体育、旅游+养生、旅游+文化产业、旅游+互联网、旅游+金融"的产业，仍需要做大做强"生态旅游+"产业，进一步促进婺源县生态经济转型。

（二）基于特色产业的生态文明建设的政策建议

1. 基于"循环经济"产业的生态文明建设的政策建议

（1）大力发展"循环经济"和"城市矿产"，加快城市可持续发展步伐。在工业化和城镇化推进过程中，社会经济发展对生态环境要素需求持续增加，大气、水和固体废弃物污染造成的环境问题已经超过环境承载能力，生态环境需求旺盛与环境承载容量不足的矛盾更加突出。加快经济转型升级，加快传统行业绿色升级转型，提高资源能源效率，推进战略性新兴产业加速发展，提高绿色发展质量和效益，提升经济发展质量，进一步加强"循环经济"产业稳定有序发展。制定适合荆门市发展的战略规划，牢固树立"四市路径"战略观念，推动荆门市经济优化升级转型，以生态立市、产业强市、资本兴市、创新活市，进一步转变经济发展方式，提升经济发展质量。

深挖"城市矿产""生态农业"相关产业潜力，利用其产品进行深加工，盘活传统石化产业持续发展，深度结合相关产业，优化产业链条，拓宽领域，形成相关产业集群发展。继续打造延伸循环产业链条，推动行业间循环衔接，实现原料互供、资源共享，建立跨行业的循环经济产业链。抓住"中国制造2025"的国家战略机遇，积极推进"互联网+"与装备制造产业的融合发展，全面提升生产过程智能化水平。引导企业有序推进前沿技术开发利用；依托高校资源，深化市校合作、校企合作。加大创新人才引进培育力度，进一步提升领军型、高端型、成长型创新创业团队总量，带动就业率提高，增加人均收入。

（2）统筹城乡区域发展，深耕"生态农业"发展模式，提升城乡人居和谐指数。从顶层设计入手，完善政策支撑体制机制，进一步加强生态文明建设法律政策体系；构建生态环境治理和监管体系，着力加强生态环境保护投入，以"生态农业"为抓手，深化基于"循环经济"产业为主导的生态文明建设模式。

推动修订相关法律及其配套制度，从全生命周期管理需求考虑，将"城市矿产"资源循环利用等要求前置于产生源及全过程，明确和强化责任主体的法律责任和义务，推进生产、消费责任延伸制度建设。同时，强化国家财政专项资金、政府性投资，加大国家财政预算在"城市矿产"、农产品深加工领域的投入，引导社会资本进入"城市矿产""生态农业"产业市场，进一步以产业强市、资本兴市，加强荆门市生态文明建设。建立较为完善的循环经济政策体系，形成有利于全市循环经济发展的体制机制，构建起以农业、工业、服务业为支撑的新型循环型产业体系，资源节约和环境保护并重的经济增长方式得到普遍推广，将荆门市建设成为经济快速发展、资源高效利用、生态环境优良、具有鲜明特色的国家循环经济示范城市。

城乡协调发展是构建和谐社会的重要标志，城乡关系和谐是一个国家经济社会发展、现代化程度的综合性体现。进一步统筹推进荆门市城乡产业结构的战略性调整,继续发挥比较优势,大力促进农业农村发展,同时把城市产业结构优化升级和农业农村问题结合起来,进一步缩小城乡差距,提升城乡人居和谐指数。大力发展县域特色经济,加快"生态农业"相关产业发展,加强耕地管理,推进城乡产业结构调整,促进农业增效、农民增收,改变国民收入的分配格局,进一步加快新城新区、新型农村社区等建设步伐。

(3) 加强生态保护力度,构建优良生态环境系统。2018年6月24日,发布《中共中央国务院关于全面加强生态环境保护坚决打好污染防治攻坚战的意见》,对全面加强生态环境保护、坚决打好污染防治攻坚战作出安排部署。生态环境问题是长期形成的,根本上解决需要一个较为长期的努力过程。既要集中精力做好近期的污染防治工作,也要从源头预防根本上避免生态环境问题。加大财政经费在生态环境保护方面的投入;同时明确各个职能部门的责任,进行有机合作,推动和落实相关政策;进一步增强人民群众的生态环境保护意识。

建立健全环境质量监测体系,加强对重点污染面源监控管理,从源头上对企业排污进行监管;进一步加强环境治理工作,配套污染治理工程,加大财政经费在生态环境保护方面的投入;同时明确各个职能部门的责任,进行有机的合作,推动和落实相关政策;进一步增强人民群众的生态环境保护意识。在水环境治理方面,借鉴其他环境优良地区"治污水、防洪水、排涝水、保供水、抓节水"的"五水共治"的先进经验,系统治理竹皮河等流域水污染状况,保持漳河水库等流域一类水质。在大气环境治理方面,进一步推行清洁生产,减少废气污染物排放,降低大气中颗粒污染物含量。

2. 基于"生态旅游+"产业的生态文明建设的政策建议

(1) 加快"生态旅游+"产业发展,增强"人才服务"意识,充分体现生态环境和人才协同增效。发挥生态优良、气候宜人、环境优美的优势,以生态旅游为抓手,积极推进服务产业发展,持续推进第一、二、三产业融合发展进程。

以传统产业绿色转型、加快新兴产业发展为契机,加大招商引资力度,完善相关优惠政策,优化投资环境,科学合理地释放生态红利,进一步促进"生态旅游"和"绿色农业"相关产业发展;丰富产业产品结构,建立上下游产业链,形成众多中小企业围绕大型骨干企业的发展格局,促进产业的整体发展。此外,人才也是"生态旅游"和"绿色产业"发展的关键之一。一方面,引进高层次适应婺源发展需求的人才是发展的突出问题,招才引智需要切实提高服务人才的工作水平,突出"人才服务"的战略性地位,为人才搭建创新创业的平台载体,进一步发挥好企业留住人才的主体作用;另一方面,加强旅游宣传工作,突出生态环境本底良好的优势,吸引更多旅游人次,带动当地消费促进就业,进一步科学合理地释放生态系统生态服务价值。

(2) 制定多样化的"生态旅游+"模式,提升城乡发展水平,提高发展质量。在加大生态旅游景区景点开发、完善景区景点配套设施和加强旅游推介宣传的同时,应继续加大力度做大做强"生态旅游+体育、+养生、+文化、+互联网、+金融"等特色产业,以"生态旅游+"模式促进体育、养生、文化、互联网、金融、国际交流与合作等产业的发展,以其他产业的发展进一步加强融合"生态旅游+"模式建设,进一步共同促进婺源县生态经济转型统筹城乡发展、区域发展，突出"生态旅游+农业"产业，通过农业龙头企业带动、农民专业合作社联动、种养大户引导三种方式，鼓励农户积极参与农业产业。通过抱团发展，实现帮扶带动、互惠共赢，提升城乡发展水平，进一步缩小城乡差距。

以生态为核心资源、以旅游为消费方式、以融合为产业发展方向，做强"生态旅游+"模式。以"生态旅游+体育"为例，以观赛追赛为本体，强化运动爱好者、户外发烧友体验，打造体育夏令营、游学、培训，深挖体育赛事周边，开展全民运动等一系列措施，做强"生态旅游+体育"的发展模式。以"生态旅游+养生"为例，以优良生态环境为本底，建立以高端养生为核心的休闲养生产业体系，发挥高端人群的聚集作用，充分挖掘人才智库效应，形成画家、音乐家等为主体的聚落，进一步促进文化、教育、体育等事业的发展。

加强国际合作，建立生态环境和绿色经济等领域国际和国家级学术、技术和产业交流论坛，引入先进理念、推广婺源生态文明发展模式，提升国际国内影响力。

（3）制定生态文明发展战略，强化生态红线管理，补足生态文明建设中的短板，提升生态资源直接和间接价值以及环境质量。制度设计对推进全面建成人与自然和谐的小康社会具有重要的指导意义。把生态文明建设放在突出地位，融入婺源经济建设、政治建设、文化建设、社会建设各方面和全过程，加速婺源建设进程；构建全过程的生态文明绩效和责任追究体系，全面落实生态保护红线制度，加快突出问题治理，保证婺源的生态环境质量不下降。

因地制宜、大胆探索，充分发挥婺源全国唯一一个全域 AAA 级景区的比较优势，提升生态文明建设制度化、长效化水平，大力推动基于"生态旅游+"产业为主导的生态文明建设，长效持久释放生态系统生态资产的间接利用价值，引导婺源经济快速健康发展。"生态旅游+"和生态文明建设具有天然的耦合关系，是生态文明建设的有效载体，借助"绿水青山"，积极发展以"生态旅游+"产业为主导的休闲、康养、旅游、体育等产业，加大婺源优良生态环境本底宣传，吸引更多优质高层次人才创新创业。加强婺源"生态旅游"名片效应，吸引更多旅游人次，进一步合理释放生态红利，促进更多的人关注身心的修养，吸引生活在喧嚣城市里的人们去生态环境优美的地方净化身心和灵魂。通过消费偏好转型使得生态红利被发现，并不断拓展延伸，实现婺源经济快速健康发展。

建立健全环境质量监测体系，加强对重点污染面源监控管理，从源头上对企业排污进行监管；进一步加强环境治理工作，配套污染治理工程，加大财政经费在生态环境保护方面的投入；同时明确各个职能部门的责任，进行有机的合作，推动和落实相关政策；在国家、省、市制定管理办法的基础上将进一步细化管理办法并严格落实，建立督察考核和责任追究工作机制；进一步增强人民群众的生态环境保护意识，确保环境质量"稳中有升"。

主要参考文献

国家发改委，国家统计局，环境保护部，等. 2016-12-12. 关于印发《绿色发展指标体系》《生态文明建设考核目标体系》的通知. http://www.ndrc.gov.cn/gzdt/201612/t20161222_832304.html. [2019-4-1].
胡芳，刘聚涛，温春云，等. 2018. 江西省水生态文明镇评价方法及其应用研究.中国水土保持，(4): 58-62.

胡锦涛. 2012-11-9. 坚定不移沿着中国特色社会主义道路前进为全面建成小康社会而奋斗——在中国共产党第十八次全国代表大会上的报告. 人民日报, 第1版.

环境保护部. 2013. 关于印发《国家生态文明建设试点示范区指标(试行)》的通知. http://www.mee.gov.cn/gkml/hbb/bwj/201306/t20130603_253114.htm[2018-6-20].

季晓立. 2013. "城市矿产"资源开采潜力及空间布局分析. 北京: 清华大学硕士学位论文.

李金惠, 程桂石, 等. 2010. 电子废物管理理论与实践. 北京: 中国环境科学出版社.

刘耕源, 杨青. 2018. 生态系统服务价值非货币量核算: 理论框架与方法学. 中国环境管理, (4): 10-20.

宋颖. 2018. 新常态下中国生态文明建设的路径与对策分析. 生态经济, (12): 223-226, 231.

王耕, 李素娟, 马奇飞. 2018. 中国生态文明建设效率空间均衡性及格局演变特征. 地理学报, 3(11): 2198-2209.

吴耀, 韩龙喜, 谈俊益, 等. 2017. 苏南五市生态文明建设状态评估. 四川环境, (2): 125-131.

习近平. 2017-10-28. 决胜全面建成小康社会夺取新时代中国特色社会主义伟大胜利——在中国共产党第十九次全国代表大会上的报告. 人民日报, 第1版.

习近平. 2018. 推动我国生态文明建设迈上新台阶. 求是, (3).

解钰茜, 张林波, 罗上华, 等. 2017. 基于双目标渐进法的中国省域生态文明发展水平评估研究. 中国工程科学, (4): 60-66.

谢高地, 甄霖, 鲁春霞, 等. 2008. 一个基于专家知识的生态系统服务价值化方法. 自然资源学报, (5): 911-919.

杨娇, 张林波, 罗上华, 等. 2017. 典型城市群的市域生态文明水平评估研究. 中国工程科学, (4): 54-59.

Costanza R, d'Arge R, de Groot R, et al. 1997. The value of the world's ecosystem services and natural capital. Nature, 387: 253.

Dugarova E, Gülasan N. 2017. Global Trends: Challenges and Opportunities in the Implementation of the Sustainable Development Goals. United Nations Development Programme.

专题二

基于生物质能的河南省生态文明建设模式研究

作为农业大省,河南省生态文明建设的重点在农村。基于生物质能建设生态文明具有天然的优势,是绿色、循环、低碳发展的重要纽带。有利于社会主义新农村建设、三农问题解决,生态产业建设,减少化石能源消耗和污染排放,经济、环境和社会效益显著。通过深入分析河南省生物质资源潜力、发展现状,剖析生态效益纽带潜能;进行生物质能的绿色高效开发和利用,发展绿色经济、保护环境、提高社会认同;进而研究找到农业、工业和第三产业的有机契合点,推进生态文明建设。最终探索、建立和完善一套适合河南省资源状况和地区经济发展,以生物质能为基础纽带的生态文明建设体系。

生态文明建设是小康社会建设的一项新要求,并将生态文明建设置于国家发展建设的战略高度,与政治、精神文明建设同等重要。生态建设以生态文明建设为核心,而生态文明建设必须立足于优良的生态环境,以繁荣发展的生态产业和生态环境为依托。作为农业大省的河南,农业、农村和农民是生态建设的动力和主体,基于生物质能的生态文明体系建设是促进人与社会、自然和谐发展的重要纽带。发展生物质能是合理利用废弃物资源,提升废弃物资源价值的重要方向;转变生物质为清洁能源,可实现"不与人争粮,不与粮争地"的政策,减少和解决农林废弃物带来的环境污染,实现生态的良性循环;有利于中原经济区的"三化"协调科学发展和能源结构的进一步优化、劳动就业的进一步提高、低碳经济的进一步发展、社会主义新农村建设的进一步加快。

本报告将对基于生物质能的河南省生态文明建设模式进行初步探讨。

一、河南省生态文明发展现状

河南是人口大省、农业大省、畜牧大省,农业剩余物丰富、农业生物质资源量全国第一。随着中部地区崛起,中原经济区、粮食生产核心区、河南自贸区、郑州航空港经济综合实验区、郑洛新国家自主创新示范区、中国跨境电子商务综合试验区等上升为国家发展战略,河南省已经成为中部地区乃至全国未来重点发展的省份。然而,随着河南省工业化和城镇化的步伐加快,能源消费量和碳排放仍保持增长的趋势,能源消费与生态环境瓶颈的约束进一步加剧;随着粮食产量的逐步提高,化肥、农药使用量逐年增加,也产生了一定的环境问题;近年来,商品能源在河南省农村使用越来越广泛,大量的秸秆等生物质被直接燃烧,能源利用量不高,造成了秸秆随意焚烧,由此带来了相应环境污染,再加上生活垃圾、污水排放不合理等现象,农业生态环境状况不容乐观。

（一）自然地理基础条件

河南省地处山丘向平原、暖温带向亚热带双重过渡地带，复杂多样的气候条件和地貌类型为全省自然生态环境特征的形成奠定了多种多样的物质基础。全省总面积16.70 万 km^2，其中平原 9.30 万 km^2，占总面积的 55.69%，全省耕地面积 7926.40 万 hm^2，人均占有耕地面积 0.07 hm^2（1.05 亩）。全省年均降水量 573.60mm，水资源总量 265.50 亿 m^3，人均水资源量 252.47 m^3。根据 2018 年河南省生态环境状况公报可知全省林业用地面积 502.00 万 hm^2，其中森林面积 416.50 万 hm^2，森林覆盖率 24.94%。全省现有省级以上森林公园 118 个，面积 30 万 hm^2；其中国家级森林公园 31 个，面积 13.33 万 hm^2；省级森林公园 87 个。全省野生动植物资源比较丰富，植被类型丰富多样，全省有维管束植物近 4000 种，分属 198 科 1142 属，其中列入国家重点保护植物名录的有 27 种（国家一级 3 种，国家二级 24 种），列入省重点保护植物名录的有 98 种。已知的野生陆生脊椎动物 520 种，其中两栖动物 20 种、爬行动物 38 种、鸟类 382 种、兽类 80 种。列入国家一级重点保护野生动物 15 种。全省已建立不同级别、不同类型自然保护区 30 处，总面积 78.90 万 hm^2，约占全省面积 4.72%。其中，国家级自然保护区 13 处，面积 44.75 万 hm^2；省级自然保护区 17 处，面积 34.15 万 hm^2。全省湿地总面积 62.79 万 hm^2（不包括水稻田），全省湿地面积占国土面积的比率（即湿地率）为 3.76%。建立国家级湿地公园 35 处（其中试点单位 28 处，正式通过验收挂牌 9 处）。省级湿地公园试点单位 13 处，总面积 8.80 万 hm^2，保护湿地面积 7.00 万 hm^2。全省共经历 11 次重度及以上污染过程，全省 18 个省辖市平均重度及以上污染天数 25 天（含沙尘），较 2017 年增加 2 天。较往年同样不利的气象条件下的污染程度明显降低，在长达半个月之久的污染过程下，日均空气质量均未达到爆表级别。1 月中旬和 11 月 24 日~12 月 3 日，全省出现大范围严重雾霾天气，对交通运输和空气质量造成严重影响。河南省矿产资源比较丰富，是全国重要的矿产资源省份之一，已发现矿产资源 127 种，探明储量的有 75 种，其中约 50 种矿产储量居全国前 10 位。

（二）生态环境改善主要措施

1. 强化污染减排，推进污染防治

《河南省"十二五"主要污染物排放总量控制规划》等相关文件提出了开展"污染减排工程促进年"活动，强力推进污染物减排项目建设，规模化畜禽养殖场新建污染治理设施；《河南省流域水污染防治规划（2011—2015 年）》《河南省重金属污染综合防治"十二五"规划分年度实施方案》等提出高度重视环境综合整治工作，开展了集中式饮用水水源地基础环境状况调查，及时研判环境形势，解决环境问题；每年都确定几个污染严重的流域、区域、行业作为整治重点，集中力量，多策并举，强力推进，通过淘汰落后产能和对企业进行深度治理，削减污染物排放总量。

2. 开展循环经济试点建设，推进节能环保

河南省整体被列为国家循环经济试点省，共有 8 家单位被列为国家级循环经济试点

（钱发军，2010），相继出台《河南省循环经济试点实施方案》等文件，推进重点工程建设，通过开发利用低碳技术，培育五大循环产业链，通过抓好重点领域和关键环节，构建循环型社会体系；强力推进产业结构调整，将发展循环经济与产业结构升级结合起来，积极探索工农业复合型循环经济发展模式，加快节能减排重点工程建设，强化监督管理和目标责任考核。

3. 加强环保基础设施建设，提升基础能力

2018 年全省启动搬迁改造企业 96 家，退出电解铝产能 106 万 t，压减水泥产能 1138.5 万 t，关停落后煤电机组 11 台 107.7 万 kW，整治取缔"散乱污"企业 8043 家。进一步扩大超低排放改造行业范围，全面启动 35 蒸吨/小时及以下燃煤锅炉拆改，积极推进重点行业特别排放限值改造和挥发性有机物治理，完成提标治理项目 1423 个。完成"双替代"112 万户，取缔散煤销售点 283 个。严格管控扬尘污染，全省 98%的工地安装在线监控监测设备，常态化开展城市清洁行动。深化机动车污染治理，淘汰老旧车辆 35.1 万辆，取缔"黑加油站点"2412 家，抽检柴油货车 18.4 万辆，查处不合格车辆 1.05 万辆。强化重污染天气应急应对，修订完善重污染天气应急预案和管控清单，坚持"一厂一策、一企一策"，实施差异化错峰生产，重污染天气管控企业由 2017 年的 12 442 家增加到 22 817 家，有效消减了污染峰值，减轻了重污染天气的影响，加强了环保基础设施建设，提升基础能力（河南省生态环境厅，2018）。

4. 深化林业生态建设，打造林业生态省

《河南林业生态省建设提升工程规划（2013—2017 年）》提出了着力从森林抚育和改造、林业产业发展、支撑体系建设等方面提升，充分提高林地利用率和生产力。严厉打击破坏林地资源、野生动物资源的违法犯罪活动，在全省组织开展保护野生动物"百日会战行动"；全面启动集体林权制度改革，解放林地生产力，调动农民发展林业的积极性；组织实施退耕还林、天然林保护等国家林业重点工程，启动山区生态体系、生态廊道网络建设、环城防护林和村镇绿化等一批省级林业重点生态工程。

5. 完善监管机制，加大信息公开力度

全面实施主要污染物排放总量预算管理，实现环境资源的量化管理；建立完善"责任网格化、制度体系化、执法模板化、管理分类化、技能专业化"的环境监察执法模式；完善环境监控运行管理体系，确保监控系统的稳定运行和数据质量；完善水环境生态补偿机制，增加考核制度，改进考核方法。定期召开新闻发布会，通过网站及时公布全省的环境质量状况、污染减排指标完成情况、环境综合整治进展情况及通过挂牌督办、列入黑名单、区域限批等措施对环境违法案件的查处情况。

6. 提升废弃物资源化利用水平，开展生态文明美丽乡村建设

2013 年 1 月河南省人民政府颁布了《河南生态省建设规划纲要》，2014 年 4 月河南省省委省政府出台《关于建设美丽河南的意见》；其中《河南生态省建设规划纲要》指出加强畜禽粪便、农作物秸秆和林业剩余物的资源化利用，着力推进畜禽粪便的沼气化

利用、秸秆的"四化"（肥料化、饲料化、原料化、能源化）利用以及林业剩余物的材料化利用，逐步建立"植物生产—动物转化—微生物还原"的农业循环系统。在平原、丘陵地区加大"养殖—沼气—种植""秸秆—养殖—沼气—种植""秸秆—沼气—种植"等循环农业模式推广力度，建设驻马店、周口、漯河等农业废弃物综合利用示范区，提高农业废弃物资源化利用水平。在山地区积极推广"山区复合型生态农林牧业"模式。大力推动农村地区发展生物质能，在全省科学布局一批生物能源化工示范工程，建设一批循环型高效农业产业化示范园区。

（三）主要成效

1. 各项指标均有所优化

从 2012 年开始全省环境保护工作围绕中原经济区建设和经济社会发展大局，坚持以科学发展观为主题，以加快转变经济方式为主线，强化污染减排、促进产业结构调整，深化污染防治、逐步改善环境质量，严格环境监管、解决突出环境问题，加强农村环保，不断推进生态建设，努力做到保护生态环境、保障科学发展、保护群众环境权益、提高环境质量水平。截至 2018 年各项指标均有所优化，全省四大流域中海河流域、淮河流域、黄河流域为轻度污染，长江流域为优，主要污染因子为化学需氧量、总磷和五日生化需氧量。全省城市地下水水质污染程度基本不变，水质级别为较好；全省城市饮用水源地浓度年均值评价水质级别为优，除周口市由良好变为优，其他 17 个城市的水源地水质级别保持不变。全省水库营养化水平为中营养，三门峡水库属轻度富营养，宿鸭湖水库属中度富营养，彰武水库由轻度富营养变为中营养，千鹤湖由贫营养变为中营养，其他湖库营养化状态保持不变。大气环境质量持续改善，全省 PM_{10}、$PM_{2.5}$ 年均浓度分别为 $103\mu g/m^3$ 和 $61\mu g/m^3$，同比分别下降 2.8%和 1.6%，优良天数比例达到 56.6%；全省 18 个省辖市降水 pH 年均值为 6.75，酸雨发生率为 0。与上年相比，全省酸雨发生率无变化，降水 pH 年均值增加 0.19 个单位（权克，2012）。按《声环境质量标准》（GB3096—2008）进行评价，全省城市区域昼、夜间声环境质量级别分别为较好、一般，城市功能区噪声测点昼、夜间达标率分别为 79.9%、57.0%，城市道路交通噪声昼、夜间达标率分别为 86.8%、70.8%。全省 18 个省辖市的 26 个辐射环境质量自动监测基站 γ 辐射空气吸收剂量率连续监测结果在 78.31~192.76 nGy/h，平均为 102.83±10.30 nGy/h，与天然放射性本底调查结果相比无明显变化。全省 19 个电磁辐射环境质量自动监测站监测的辐射综合场强范围为 0.30~3.43 V/m，均值 1.47±0.92 V/m，电磁辐射环境质量状况良好，环境电磁辐射水平均低于国家标准规定的公众限值。

2. 污染减排成效显著

按《环境空气质量标准》（GB3095—2012）中细颗粒物（$PM_{2.5}$）、可吸入颗粒物（PM_{10}）、二氧化硫、二氧化氮、一氧化碳、臭氧六项因子评价全省城市环境空气质量，全省城市环境空气质量首要污染物为 $PM_{2.5}$；18 个省辖市的 $PM_{2.5}$、PM_{10} 浓度年平均值均超二级标准，二氧化硫浓度年均值达到二级标准的城市有安阳、济源，其他城市浓度年均值达到一级标准的城市；二氧化氮浓度年均值超过二级标准的城市有焦作、洛阳、安阳、鹤壁、新乡、郑州 6 个城市，其他 12 个城市的二氧化氮浓度年均值达到二级标准；一氧化碳年 95 百分位分数浓度均达到二级标准。全省省辖市中除焦作、安阳市的环境空气质量级别为中污染之外，其他 16 个城市环境空气质量级别总体为轻污染，大气环境质量需要持续改善。

3. 基础能力提升程度显著

截至 2018 年年底，全省建成危险废物利用处置单位 105 家，其中 3 座省级危险废物集中处置中心（年设计处置能力 11.67 万 t），无害化处置危险废物 5.34 万 t；24 家医疗废物处置中心（年设计处置能力 8.96 万 t），处置医疗废物 6.39 万 t；78 家持有危险废物经营许可证单位（年设计资源化综合利用处置能力 491.55 万 t），累计处置危险废物 65.42 万 t，资源综合利用 154.55 万 t。全省 7 家纳入国家基金补贴的废弃电器电子产品拆解处理处置企业年设计拆解处置能力 1487 万台/套（列入废弃电器电子产品第一批目录），共拆解列入第一批目录的废弃电器电子产品 703.43 万台，实现了 14.36 万 t 一般固体废物综合利用和 2.83 万 t 危险废物的无害化处置。

4. 生态保护意识不断增强

全省已有 28 个县（市）被命名为国家级生态示范区，23 个县正在开展生态县创建工作，洛阳市栾川县、信阳市新县被命名为省级生态县；有 24 个乡镇和 7 个行政村分别获得国家级生态乡镇和生态村称号，159 个乡镇和 1036 个行政村获得省级生态乡镇和生态村称号，23 个省辖市和县荣获国家园林城市称号。

（四）示范工程典型案例

1. 兰考县：成功创建省级生态县并启动国家生态文明建设示范县

兰考县位于河南省东部，是河南省直管县、焦裕禄精神的发源地，是习近平总书记第二批党的群众路线教育实践活动联系点、国家级扶贫开发工作重点县、国家新型城镇化综合试点县、河南省省直管县体制改革试点县、河南省改革发展和加强党的建设综合试验示范县、首批国家级生态保护与建设示范区。兰考县是以粮食生产为主体的欠发达农业县。"十二五"期间，兰考县经济规模不断扩大，经济实力显著增强，产业结构实现新突破。

面对经济发展新形势，根据"十三五"规划、城市总体规划、新农村发展规划、产业发展规划、旅游规划、现代农业产业规划等专项规划，利用县域可再生能源资源储量高、建设条件简单的特点，兰考县已经进行了农村能源革命，形成了以能源互联网为核心，建立以低碳清洁能源为主的能源体系，主要包括：生物质开发将秸秆量的 25%用于养殖，养殖的畜禽养殖粪便 100%回收利用，剩余秸秆用于生物天然气的制作；形成了"光伏+农业""光伏+工业园区""光伏+村（社区）"的模式；采用集中式和分布式开发"风电+富民""风电+旅游"和"风电+交通"的模式；地热资源采用热+生态农业与旅游观光工程、地热+供暖制冷工程的开发模式；城乡垃圾无害化处理考虑采用垃圾焚烧发电处理的模式；风能资源和太阳能资源的开发，既考虑兰考县燃煤替代和电力负荷的需求,剩余电量根据电网输送能力向兰考县附近负荷中心输送。可再生能源的开发利用有利地促进了能源结构性改革,提升了经济发展质量和效益,推动了经济稳步发展,全面推进兰考县生态文明建设。2017年4月26日,河南省环保厅正式命名兰考县为省级生态县,标志着兰考县生态文明建设进入了加快发展的重要阶段,对于全市推进环境管理战略转型、促进经济结构调整和发展方式转变,全面建成小康社会都具有十分重要的学习和借鉴意义。

自2015年兰考县创建省级生态县工作开展以来,兰考县不断加强对生态创建工作的领导,严格按照省级生态县创建指标,明确责任主体,细化责任分工,分解目标任务,全面推进生态县创建工作。创建期间,兰考县上下各司其职、各负其责、通力协作,形成了一级抓一级、层层抓落实的工作格局。同时,兰考县强化宣传教育力度,深入发动全社会参与生态县创建工作。充分利用新闻媒体积极开展生态环境保护宣传教育,宣传生态县建设过程中涌现出的生态工业、生态农业、人居生态环境、农村生态环境建设的亮点、成效;强化舆论引导,传播生态环境保护知识,提高公众对生态县建设的知晓率、参与率,形成了全县上下支持创建、参与创建、共同创建的社会舆论氛围。

省级生态县创建成功了,但是生态文明建设工作并未止步,兰考县委县政府表示,兰考县将继续秉承"绿水青山"就是"金山银山"的发展理念,大力实施生态强县战略,在习近平新时代中国特色社会主义思想的指引下,深入落实"五位一体"总体布局和"四个全面"战略部署,以绿色发展为导向,以改善生态环境质量为核心,以污染防治和生态修复为重点,以改革创新为动力,以社会共治共享为基础,系统管控源头,系统治理修复,系统管控风险,系统提升手段,系统落实责任,以省级生态县验收为契机,切实抓好验收反馈意见的整改落实,不断巩固拓展生态县创建成果,举全县之力向着国家生态文明建设示范县的高峰发起新的冲锋,努力把生态优势转化为发展优势,确保环保工作走在全市全省前列,确保实现与全面小康相适应的环境目标,让全县人民共享生态文明建设的成果。

2. 南阳市:河南天冠铸就了以生态文明为基石的"美丽中国梦"

天冠集团位于河南省南阳市,创建于1939年。是目前国内工业领域存续最完整的具代表性的"红色企业",国家520家重点企业和河南省50家高成长型重点企业集团之一。是国家燃料乙醇标准化委员会的设立单位、国家燃料乙醇定点生产企业以及国家新能源高技术产业基地主体企业,同时也是国家命名的循环经济试点企业和循环经济教育示范基地。拥有国家唯一的车用生物燃料技术国家重点实验室、国家级企业技术中心、国家级质量检测中心、国家能源非粮生物质原料研发中心和博士后科研工作站以及国家国际技术合作基地等多个国家级技术平台。拥有国内最大的年产80万t燃料乙醇生产能力,建成了国际上最大的日产50万m^3生物天然气工程、年产7.5万t谷朊粉生产线和国际领先的4万吨级纤维乙醇产业化示范装置、万吨级全降解塑料(PPC)装置以及万吨级生物柴油装置。

天冠集团是中国生物能源产业的开拓者和先行者。早在20世纪末,企业跳出传统思维,成功开发燃料乙醇并率先推动燃料乙醇在我国的大规模推广,实现了传统乙醇行业到新兴生物能源产业的历史性跨越,为我国推动能源替代、农业发展以及环境改善做出了积极贡献。多年来，天冠集团坚持在发展中促转变，在转变中谋发展，逐渐形成了以生物质资源为基础，以生物能源及生物化工为主导，以综合利用和精深加工为双翼的"一体两翼"发展格局。企业的三大产业化技术处于全球同行业领先位置：每天50万立方大规模生物天然气技术获得国家发明专利金奖，受到联合国有关部门关注，并列为具有世界性推广价值的技术项目；纤维乙醇技术的全面突破，尤其是4万t纤维乙醇产业化示范项目成功实现了纯生物质生产，为生物能源大规模替代一次性石油资源奠定了技术基础；开发的全降解塑料PPC新型生物材料的开发，为解决世界范围的"白色污染"难题提供了重要途径，也把乙醇产业再次提升到了低碳产业的崭新高度。天冠集团已成为最具代表性的生物能源和化工产品研发生产基地、循环经济和低碳产业示范基地。

"十三五"期间，天冠集团在"一体两翼"战略的基础上，立足于对乙醇产业的独特深刻理解，整合了企业的现有产业技术和绿色理念，以低碳、循环、可持续发展为核心，完善了"生物炼制、能化并举"的战略发展规划，实现了将整个生物质的生产转化过程，打造成为绿色、低碳、环保的循环经济产业链，形成"取之自然——用于自然——回归自然"的持续发展良性循环。随着"十三五"规划的实施及全球首个15万t纤维乙醇产业化示范项目的全面建设，天冠集团燃料乙醇和生物天然气产能将分别达到200万t和5亿m^3，销售收入将达180亿元，税利20亿元。全力践行绿色、低碳、循环、可持续发展的"天冠之梦"，全力铸就以生态文明为基石的"美丽中国梦"。

3. 洛阳市：推动绿化惠民，转变发展理念

洛阳市积极应对林业建设面临的新挑战，更新发展理念，调整工作重点，加快民生林业发展。一是根据市场经济规律和群众满意度，转变工作重心。根据市场需求和群众需要来调配林业资源、制定林业规划，先后把城郊森林、廊道绿化、核桃基地和花卉苗木基地建设作为林业生态建设的重点，推动"身边增绿"和"农民增收"，让全市人民切身感受到林业发展带来的好处。2012年，全市共吸引社会投资30多亿元，新发展核桃18万亩，发展花卉苗木13万亩，城郊森林公园总数达16个，总规模达13.5万亩，均创下历史之最。二是推动林业工作从重管理向重服务转变。在服务中心、服务大局、服务基层、服务群众上创造性地履行职责，将林业建设与结构调整、农民增收有机结合，把群众满意作为检验工作成效的标准，强化服务意识，提高服务效率，优化发展环境，积极构建服务型政府。三是推动林业工作从重任务向重成效转变。因地制宜、科学规划，在丘陵区大力发展名、特、优、新生态经济林，在平原川区大力营造速生丰产林、干果基地、时令鲜果和花卉产业基地。经过多年培育，在水果产业发展上，"洛宁的苹果孟津的梨，堰师的葡萄甜似蜜"成为有口皆碑的地方品牌。在城市周边发展林果、花卉为主的生态经济林，在增加森林覆盖率的同时提升森林质量和效益，注重生态效益与经济效益、社会效益的有机统一，调动社会各界投身林业建设的积极性，形成良性循环。

4. 鹤壁市：发展循环经济，转变发展方式

鹤壁市将发展循环经济作为转变经济发展方式的重要战略举措，通过工业经济体系、城市循环体系和农业经济体系的循环利用，探索新型工业化道路。一是完善政策和体制变革。建立激励约束机制，把循环经济指标量化纳入考核范围，在政策上给予发展

循环经济的企业倾斜，同时增加技术研发投入，重点突破循环关键链接技术。二是综合利用资源和废弃物。充分利用资源，初步形成煤电化材、食品工业、金属镁等循环经济产业链。三是推进污染减排。强化政府和企业的责任，一方面，建立政府节能减排工作责任制和问责制，加大环保执法力度，淘汰落后产能，另一方面，在所有企业全面推行清洁生产审核，全方位监督和管理。同时，积极推进城市节能和生活节能。2012年全市城市环境空气质量优良天数333天，占比91%，较往年提高0.9个百分点；城市集中式饮用水源地水质达标率100%，级别为优，是全省饮用水质量最好的地区之一；主要污染物排放大幅削减，其中化学需氧量、氨氮、二氧化硫和氮氧化物排放量分别为4.3万t、0.4万t、4.8万t和6.2万t，削减率分别达4.2%、3.9%、5.5%和4.3%，圆满完成年度减排目标。2013年全市重点推进30个循环经济项目，累计完成投资16.7亿元，占总投资额的61%，位居全省前列，人均生产总值3.5万元，高于全国平均水平。

二、河南省生态文明体系建设的经验和问题

（一）生态文明体系建设的经验

在绿色生态发展的理念下，河南省是继云南省之后相继提出建设绿色经济强省，坚持走"产业发展生态化，生态建设产业化"发展之路。经济建设和生态建设经历了矛盾和调整、磨合与协调等较长时间的探索和发展，最终确立"生态立省、环境优先"的发展战略。

正是遵循这样一条发展新路，近年来，河南经济建设保持了良好的发展势头，产业结构比例有较为明显的改善，通过大力发展生态经济，深入推进以生物质资源为重点的生物多样性保护工程，大力开展节能减排和水污染治理，加速推进"美丽河南"建设，生态建设取得了较为显著的成就。

（二）生态文明体系建设存在的问题

河南省在不断深化生态文明建设理论，如可持续发展理论、循环经济理论研究的同时，开始加快生态文明建设实践的步伐，并取得了良好进展。但是，从对省内一些市、县因发展生态示范区建设的初步调查结果来看，河南省生态文明建设与发展尚处于初级阶段。全省范围内生态文明建设与发展还面临着很多困难。归纳起来，河南生态文明建设面临的主要问题有：缺乏符合河南打造全国生态文明示范区和生态省建设目标要求的、高水平的建设规划，尤其缺乏详细的、科学的、可操作的实施方案；工业企业规模小，工艺设备较为落后、能耗高、污染物排放量大，发展工业循环经济缺乏规模和技术支撑；耕地资源相对缺乏，经营分散、技术落后、设施不够完备，农副产品利用率低，发展农业循环经济基础薄弱；自然生态环境比较脆弱、水资源时空分布不均、自然灾害频繁；城市与城市、城市与乡镇、城市与农村之间的人居环境差距明显；人口整体文化科技素质偏低，缺乏具有鲜明特色和竞争力的生态文化和文化产业体系；科学、高效、稳定的能力保障体系尚未建立。具体分为以下几点。

1. 生态文明意识有待提高

"高投入、高消耗、高污染、高排放"的粗放增长方式仍然存在,"重经济轻环境、重速度轻效益、重利益轻民生"的发展方式依然没有除根,以牺牲生态环境为代价,片面追求 GDP 高速增长,导致人口、资源、环境的矛盾日益突出。生产者的生态文明意识不强,一方面,一些单位过度消耗自然资源,无节能量化考核标准,用水、用电、燃油以及办公用品消耗等浪费现象严重;另一方面,一些企业违法排污加重环境污染。管理层生态文明意识不强,土地开发格局不合理,生产空间偏多、生态空间和生活空间偏少,由于盲目开发、过度开发、无序开发,加之相关法律、政策和考核体系还不能适应生态文明建设的要求,一些地区已经接近或超过资源环境承载能力的极限。

大部分农民按照"靠天吃饭"的传统的农业生产方式进行生产,他们并不了解"生态农业"这种新思想、新理念。出现这种现象的原因有:一是政府对生态农业的宣传不到位,广大农民对生态农业缺乏全面、系统的认识;同时,政府未建立一个有效的激励广大农民推行生态农业的动力机制。二是广大农民的受教育程度较低,整体素质不高,使得他们对于生态农业新知识缺乏足够的理解和接受能力,所以农民生态意识也比较薄弱。

2. 能源资源约束趋紧

全省人口基数大,资源能源相对不足,重要资源的人均占有量均低于全国平均水平,能源、水资源和环境容量是影响全省长期持续发展的三大制约因素。如人均水资源占有量不足全国平均水平的 1/5,远低于国际公认的水资源紧张警戒线,多数地区地下水超采现象严重。人均耕地面积仅相当于全国平均水平的 1/4,可利用的后备耕地资源严重不足,土地人口承载压力较大。资源能源利用效率不高,能源矿产等资源开发程度过高,在已探明矿产储量中,探明的石油储量已消耗 67.1%,天然气已消耗 53.4%。粗放式生产使得保障能源和重要矿产资源安全的难度日益增大。一方面,资源面临枯竭、能源渐趋紧张;另一方面,能源资源的消费量不断增加,经济社会发展的瓶颈约束更加明显,发展难以为继。

3. 农村生态环境污染比较严重

首先,河南省农业的生产过程中,化肥、农药、塑料薄膜等使用仍然大量存在,2015年河南省农用化肥施用量为 716.1 万 t,农用塑料薄膜使用量为 16.2 万 t,农药施用实物量为 12.9 万 t。化肥和农药的使用固然可以提高粮食产量,然而大部分的化肥和农药都留在了空气、土壤、河流中,会造成土壤污染、环境污染和生态污染。其次,随着河南省经济水平的不断提高,农民的生活水平也有了一定程度的改善,同时也会在日常消费中产生大量的生活垃圾,如塑料袋、生活垃圾和污水等。如果任由农村环境污染下去,不仅对农业生态文明的建设造成消极的影响,同时也不利于农民的身体健康。最后,河南省产业层次较低、结构性污染突出,工业内部资源能源型加工业比例较大,服务业比例偏低,全省污染物排放强度总体偏高,加之乡镇生活污水处理、垃圾处理设施以及医疗废物、其他危险废物污染防治设施建设滞后,超出环境自净能力,水、土壤、空气污染不断加重。随着全省工业化、城镇化进程的加快和经济总量的不断增加,能源资源消耗和污染物排放仍会持续增加,生态环境承载能力面临严峻挑战。

4. 生态系统退化

人类的过度开发导致生态系统不能正常的循环和更新,污染物大量排放与有限的环境容量之间矛盾凸显。全省森林覆盖率处于中等偏下水平,森林生态系统质量不高。水土流失、土地沙化面积比较大,自然湿地萎缩、河湖生态功能退化、生物多样性锐减等问题十分严峻,全省自然灾害频繁,因气象、水文、地质、生物和人为活动造成的灾害损失每年平均达 30 亿～40 亿元,受灾最严重的年份高达 80 亿元以上,生态建设和环境保护的任务仍十严峻。全省水土流失面积占国土总面积比例不断上升;资源开采和地下水超采造成土地沉陷和破坏;生物多样性减少,濒危动植物物种数增加,生态系统缓解各种自然灾害的能力减弱(郑邦山,2016)。

5. 制度不健全

一是环境产权制度不明晰,环境经济政策体系不完善。现行土地制度存在农村土地产权不完整、土地流转机制不健全、征地制度不合理、政府垄断城市建设用地供应、城市土地使用制度不完善等问题。水资源管理制度和空气质量管理制度的环境产权界定不清,利益主体不明,生态补偿机制很不完善。二是市场调节没有建立起来,价格偏低,产权不明确,缺乏合理的市场评价体系,环境执法成本高、违法成本低,监管机制不健全。三是以 GDP 为考评的行政激励制度不合理。对生态文明的认识不足、重视不够,过分倚重经济发展指标,生态环保指标在干部的政绩考核体系中所占比例偏低,资源消耗高、利用率低的发展模式持续占主导,导致环境污染严重。

6. 以生物质能为主体的清洁能源发展落后

河南省是国家确定的 14 个大型煤炭基地之一,煤炭资源分布不平衡,保有资源储量大部分分布于豫西和豫北地区。而油气资源相对较少,石油基础储量 5400 万 t,占全国的 1.8%,主要分布在东濮凹陷和南阳盆地。因此,河南省的能源供给是以煤炭为主,煤炭占能源总产量的比例保持在 80% 以上。石油、天然气、水电所占比例较小,而且近几年来产量逐渐减少。2015 年河南省能源生产总量为 11 231 万 tce,其中煤炭、石油、天然气、水电分别占 89.3%、5.2%、0.5% 和 5.0%。与全国煤炭占比相比(70% 以上),河南省煤炭占比高于全国平均水平(专题图 2-1)。以生物质能为典型代表的清洁能源的发展远远落后,以高污染性煤炭为主体的能源结构极大地限制了河南省生态文明建设的进程。

基于河南省能源生产情况(专题图 2-2),河南省的能源消费结构呈现出以煤为主的特征,2000～2012 年每年煤炭的消费比例高达 80% 以上,2013～2015 年稍微有所降低。煤炭在燃烧过程中产生很多污染物,有二氧化碳、二氧化硫、氮氧化物、汞及其他重金属,对大气产生严重污染。虽然近年来石油和天然气的比例有所增加,但是以煤炭为主体的消费结构并未改变。2015 年,河南省煤炭、石油、天然气、水电分别占能源消费总量比例的 76.5%、13.1%、4.5% 和 5.9%。

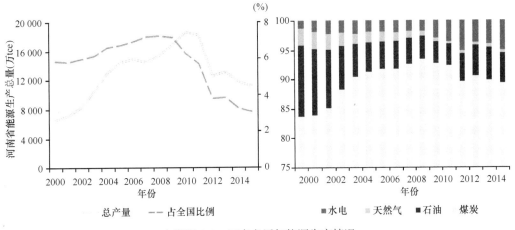

专题图 2-1　河南省历年能源生产情况

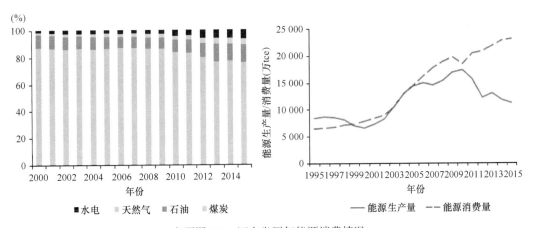

专题图 2-2　河南省历年能源消费情况

综上所述，全省的生态系统已难以承载传统发展方式的消耗和破坏，只有加大生态文明建设力度，才能从根本上解决资源环境瓶颈制约，继而保证经济社会的持续健康发展。

三、国内外生态文明体系建设的启示

（一）国内生态文明体系建设的启示

1. 福建

（1）倡导前瞻性探索。在 2000 年习近平就提出了建设生态省的战略主张，要求加大对环境的保护和治理力度，力争实现经济发展与环境保护的良性互促。2002 年习近平在政府工作报告中正式提出了将福建省建设为生态省的战略目标，时隔 5 个月，国家环保总局批准福建成为第四个生态省建设试点省份。2004 年印发的《福建生态省建设总体规划纲要》则对福建省 2020 年前的生态省建设工作进行了全面规划。规划中提出在对福建省现有的生态条件和经济环境进行综合考量后，从生态效益、资源保障、城镇人居环境、农村生态、生态安全保障、科教支持和管理六个方面着手构建了六大体系并根据生态功能区划的技术规范要求，明确了全省的生态区、生态亚区，对县域生态功能区进行了细化，从而完成了对全省生态功能的区域划分（丁刚和翁萍萍，2017）。

（2）强化规划引领。2006年福建省政府办公厅印发了《关于生态省建设总体规划纲要的实施意见》，明确提出"十一五"期间推进生态省建设的相关任务措施及各级各部门的工作职责，标志着福建生态省建设从规划阶段真正落实至各级政府和相关部门的实际工作之中。为深入推进"十一五"时期的生态文明建设工作，通过统筹规划、合理布局，福建省以生态省建设为抓手实施了一批重大生态示范工程并结合各市县的实际情况，按照部门职能制定了相应的生态建设配套实施方案，按年度对具体目标和任务进行了分解细化。在生态省建设各项工作扎实推进的基础上，2010年福建省政府印发实施了《福建生态功能区划》，进一步明确了省内各地区在全省生态安全保障中所处的地位和作用，指出了各地区资源开发、产业发展的优势条件和限制因素；同年颁布的《福建省人民代表大会常务委员会关于促进生态文明建设的决定》再次强化了全省人民建设生态文明的共同意志。2011年《福建生态省建设"十二五"规划》对"十二五"时期福建生态省建设的目标和任务进行了明确规定，对加强生态建设、促进可持续发展提出了一系列新部署新要求。2012年福建省政府印发《福建省主体功能区规划》，提出到2020年要将福建省建设成为一个综合科学发展、改革开放、文明祥和、生态优美的地区。福建省一直扎实推进生态省建设目标与任务的落实工作，且成效明显，成为全国唯一一个水、大气等生态环境状况全优的省份。

（3）注重示范带动。2014年3月，支持将福建省建设成为全国第一个生态文明示范区的文件《关于支持福建省深入实施生态省战略加快生态文明先行示范区建设的若干意见》正式获颁，从国家战略层面确立了福建生态文明建设的重要地位。福建省注重以示范区建设为契机，大力推进生态文明建设。2014年5月，福建省环保厅印发《福建省环保厅工商登记制度改革后续市场环保监管实施办法（试行）》，将行政审批制度改革进一步推向深化，加快对政府职能转变的推动，对工商登记制度改革后续环保审批事项监管措施进行完善。2014年7月，福建省政府通过《福建省排污许可证管理办法》，对排污许可行为进行了规范，以更严格地监督管理污染源、降低排污总量。2014年10月，《福建省贯彻落实〈国务院关于支持福建省深入实施生态省战略加快生态文明先行示范区建设的若干意见〉的实施意见》出台，进一步明确了生态文明制度建设的注意事项及考核评价体系的完善等系列措施，将福建生态文明示范区建设推进至更深的制度层面。2014年11月，习近平在福建省考察时对福建发展提出了新定位——努力建设"机制活、产业优、百姓富、生态美"的新福建，指明了福建生态文明建设的新方向。

2. 海南

（1）完善科技支撑体系。生态文明建设与科技进步有着密切关系。海南省在生态文明建设的过程中，一方面，充分利用已有科技成果发展绿色经济。以海南矿产行业为例，将已有的环保技术与生态恢复保证金制度相结合，保证了矿产开发利用与环境保护协调发展。目前东方天然气化肥化工、洋浦油气炼化油品化工电力、老城凝析油精细化工与石英浮法玻璃、昌江铁钴铜炼制与水泥建材等四大绿色矿业集群，已基本实现达标排放甚至零排放。另一方面，不断提升相关的环保创新科学技术水平，支撑循环经济的发展。如作为海南省生态节能循环利用的示范厂——白沙门污水处理厂工程，就是采用高负荷活性污泥处理法处理污水，沼气的能源化利用也是其循环利用的一个主要成果。

（2）建立生态补偿机制。针对海南岛内生态保护面积大而经济发展能力差的区域，海南省政府加大资金投入，建立了完善的生态补偿机制。一是完善中央财政转移支付和横向财政转移支付制度。重点向欠发达地区、重要生态功能区和自然保护区倾斜。二是增强政策倾斜力度，大力扶持绿色产业发展。三是建立起地方、民间、企业和个人等多种渠道的融资体制。2015年海南省制定了《海南省中部生态核心区保护管理条例》《海南省国家重点生态功能区环境保护考核办法》相关管理法规，明确了生态补偿资金的来源，以及生态补偿的范围、对象、用途和标准，实施多元生态补偿。

（3）积极发展循环经济。海南鼓励农民发展以沼气为核心的"作物—沼气—牲畜"循环农业模式，利用作物秸秆和牲畜排泄物进行沼气发酵，沼气渣滓再循环成为作物肥料的农业循环模式不仅循环利用了农村的废弃物资源，而且还给农民带来了非常可观的经济收益。工业方面，海南在大部分支柱产业中都推出了新的循环发展模式，如石油化工产业新推行的海南炼化循环模式，造纸行业推行的林浆纸一体化循环模式，矿产资源也进入了深加工阶段。旅游业方面，将循环经济的"3R"基本原则贯穿其中，建设了亚龙湾热带森林公园等一批生态旅游区。

（4）完善环保政策法规。近年来，海南省逐步完善了生态文明建设的政策法规，制定和修编了《海南省环境保护管理条例》《海南经济特区土地管理条例》《海南省实施〈中华人民共和国海域使用管理法〉》《海南省矿产资源管理条例》《海南经济特区水条例》《海南省林地管理条例》《海南省沿海防护林保护管理办法》《海南经济特区农药管理若干规定》等政策法规。海南省还先后颁布了《海南省人民政府关于加强环境保护工作的决定》《关于重点公益林保护管理和森林生态效益补偿的意见》等行政规章。海南省不断加强环境保护政策研究，不断完善资源环境保护政策法规，为海南生态文明示范省建设提供了充分的法律依据。

（二）国外生态文明体系建设的启示

1. 瑞典

（1）加强生物质能技术产业的政策引导。瑞典的能源发展经历了从石油煤等化石能源到生物质能等可再生能源的转变，综合考虑生态、环境与经济发展的生物质能最终成为第一大能源，一个重要的因素是政府引导和大力支持（王志伟等，2019）。瑞典政府将保护环境视为经济发展的前提条件，在能源、交通、制造业、建筑、回收等产业推出了许多政策措施，支持生物质能等可再生能源产业发展。瑞典政府启动了可再生能源的开发利用研究项目后，对工业企业、服务部门和家庭征收碳税，大幅提高化石燃料的使用成本，使得可再生的生物燃料具有市场竞争优势，最终生物质能等可再生能源发展稳定后就走上了经济和环保的结合的最优之路。作为欧盟成员国，瑞典执行了为促进欧盟的可再生能源利用《可再生指令》《生物质能源指令》《排放贸易指令》《电能联产指令》《能源标签指令》《能源税指令》等，同时瑞典也先后颁布和实施了《电力法》《固体燃料法》《能源税法》等。

我国制定出台了《可再生能源法》、"十一五"至"十三五"的《可再生能源发展规划》《生物质能源发展规划》《能源发展战略行动计划（2014——2020）》等法律和规划，农业部、国家林业局等职能部门也制定了大量的促进可再生能源发展的部门政策，《中华人民共和国可再生能源法》《中华人民共和国节约能源法》《可再生能源中长期发展规划》《可再生能源产业发展指导目录》《秸秆能源化利用补助资金管理暂行办法》《关于印发编制秸秆综合利用规划的指导意见》《关于印发促进生物产业加快发展若干政策的通知》《关于发挥科技支撑作用促进经济平稳较快发展的意见》等，这些文件明确了支持发展生物质能科技产业，但总体上我国的可再生能源政策还不够完善和细致，执行力度也不够。

生物质能是最接近煤炭利用形式的可再生能源，而我国目前是煤炭利用大国。生物质能技术创新和发展最终要产业化并与市场接轨，煤炭、石油价格对生物质能产业的影响很大，在化石燃料价格下降到一定程度，技术创新和产业发展如得不到政府补贴和扶持就很难进行。如前几年出台了对生物质成型燃料的每吨140元补贴，由于个别企业不当做法等问题被叫停，加上煤炭价格下跌，2015年以来生物质成型燃料企业出现了不同程度的亏损，甚至有些企业倒闭。生物质能产业发展需要探索出有效的发展机制，如诚信的发展机制，依靠法律法规打击借生物质能名义而偷偷烧煤的行为。据报道，因为缺乏缺少技术标准与产业标准体系，生物质能产业化程度和产业规模小于其他可再生能源，而且市场乱象频出，存在企业一边拿着国家的补贴，一边用煤替换生物质，影响行业健康发展。生物质能需要切切实实地发展，需要建立和完善技术标准与产业标准体系、法律保障体系、综合管理和专业监管体系，提高生物质技术创新和产业自主创新的积极性；同时，加强产业建设，提高经济效益，使生物质能产业健康良性地发展。

（2）实现生物质能技术不断创新。瑞典的生物质能技术多数在20世纪80年代从美国引进，但在应用和推广过程中不断改进和提升，最终实现了技术的突破和革新，目前多数生物质能技术处于世界领先水平，保证了瑞典生物质能产业的高效、经济和环保，企业走上了环保又经济的发展之路。生物质能高效清洁、低成本开发利用技术是生物质能科技发展的根本趋势。预计未来10~20年，我国将在以下几种生物质能技术方面取得突破：生物质组分间结合键的作用及其清洁分离机理，生物质复杂大分子解构解聚新方法及定向调控技术、化学催化技术，生物质转化为液体燃料的高效低成本机制，生物质转化为生物柴油、生物油、丁醇、酯类燃料、航空煤油等技术，生物质热解定向气化及零焦油技术，高效纤维素降解的厌氧细菌工程菌株，生物质热解与化学气化技术，厌氧发酵过程碳、氮的转化规律和代谢网络，生物质成型粘接机制和络合成型机理，生物质燃烧的沉积结渣和腐蚀特性，产油微藻核心性状的遗传多样性、进化途径与诱变育种技术。

（3）解决生物质能的原料收集问题。瑞典的林业资源丰富，林业剩余物建立了一套收集和运输的体系，从而保证了其造纸、发电和供热的原料供应。河南省的农林剩余物，尤其是农业剩余物资源丰富，目前还没有建立完善的、规模化的收集、储存、运输体系；土地种植的分散造成了农业剩余物资源的分散、不宜收集和能源密度低，同时，劳动力成本与日俱增，也造成原料收集成本过高，不利于生物质能技术创新和发展；而秸秆等农业剩余物的收集困难使得其浪费、闲置、随意焚烧问题相继出现、屡禁不止，环境污染问题滋生。如何组织收集生物质原料是生物质能生产及规模化利用的关键。河南省应依托现有的资源条件和技术产业现状，尽快探索和建立农业剩余物原料的收、储、运体系，完善高效、有序的原料收储模式和产业发展模式。因此，对生物质原料的收集、运输及储存等影响因素进行深入研究，提出合理的组织方法以保证原料供应的连续性，研究并建立不同的生物质转化技术的规模化生产体系的原料最佳收集模式，促进生物质能生产系统的规模化稳定运行。进一步建立完整的生物质能产业技术体系，实现技术创新链、产业链、价值链的有机融合。

（4）尽早实现垃圾分类。垃圾是生物质能原料的重要组成部分，是放错了位置的资源。垃圾分类是实现其变废为宝、循环利用、能源转化、无害化填埋的重要前提，也是人文素质的重要体现。目前瑞典的垃圾分类工作做得非常详细，纸、玻璃、金属、塑料、餐厨等分开投放和处理，玻璃、纸、塑料和金属等进入循环处理，部分纸和塑料进入电厂用于燃烧发电和供热，餐厨垃圾、液态垃圾等回收用于沼气生产等，多数沼气生产后集中输送到城市中心进行车辆的使用。由于瑞典人口少，产生的垃圾不能满足其热电厂的原料供应，所以要从英国、挪威等进口可以燃烧发电的垃圾，不过进口的垃圾需要出口国支付垃圾处理费用，瑞典不但获得了生物质能原料而且获得了处理垃圾带来的发电、供热等，同时燃烧后的灰渣制作为建筑材料，实现垃圾的全利用。

瑞典的教育机构和环保企业都在进行相关的宣传，大众环保意识非常强。生活垃圾等废弃物无害化处理遵循的原则是减少使用优先，然后是重复使用、循环利用、能源利用，填埋处理最后，最终使得瑞典仅有 0.8% 的家庭垃圾是填埋处理。而目前我国的家庭垃圾填埋比例高达 60%，一个重要原因是垃圾分类没有做好。我国每年产生的总垃圾了达 10 亿 t 以上，河南每年产生的总垃圾 7000 多万 t，并且垃圾产生量呈 6%～8% 的速度增长。国家和政府投入了大量的资金和人力，但仍然出现垃圾围城，农村的垃圾污染问题更是严重，这其中最重要的因素是缺少垃圾分类，造成垃圾高效处理成本非常高，部分垃圾由于缺少分类最终造成不能处理。因此尽早出台垃圾分类实施方案、规范细则甚至相应的法律，建立垃圾处理工程技术应用体系，同时普及相关知识，促使民众提高环保意识并积极参与，保证生态环境不受垃圾所困，尽早让民众受益、社会受益。

2. 日本

（1）大力发展循环经济。作为发达国家，日本的高生产力发展水平以及资源匮乏的现实决定了日本发展循环经济的核心是循环利用废弃物。日本摒弃焚烧和填埋废弃物的传统做法，选择大力发展废弃物循环利用，不仅不会破坏环境、浪费资源、占用土地，解决了废弃物处理的难题，而且作为资源小国，此种变废为宝的先进做法，也在一定程度上缓解了日本资源利用的紧张局面。除了循环利用废弃物，日本企业非常注重生产链条上下游环节的减量化和再循环，从根本上减少废弃物的产生，将"产业垃圾零排放"作为发展目标。

（2）科学制定政策法规。为提高产品在国际市场的竞争力，日本政府实施了生态产业倾斜政策。例如，在预算方面，政府对技术开发费用率的补助最高可达 50%，以此来支持中小企业环保技术开发；在融资方面，提供低利率的融通资金给引进最新循环经济环保技术的企业；在纳税方面，提供税收优惠政策给引进再循环设备的企业；在法律法规的制定和完善方面，除了制定《环境基本法》等基本法律外，还制定《大气污染防止法》等专业性法律。健全完善的政策体系，保障了日本环保产业的健康发展，为日本的环保事业奠定了坚实的基础。

（3）发挥政府表率作用。生态文明建设要求国民的消费意识逐步转变为绿色适度消费，这需要政府正确的引导。根据《绿色采购法》的规定，日本政府的各级机关必须购买环境友好型产品作为政府采购的商品，从而降低对环境的影响，减轻环境的负担。早在2002年，日本政府便不再使用原生纸浆，凡是办公用纸一律使用再生纸，不仅循环利用了废弃纸张，而且大大降低了对森林的破坏，使用环保文具和低碳汽车也大大降低了二氧化碳的排放量。政府的绿色采购是最好的环保实际行动，起着重要的示范带头作用，这也对国民消费观念的更新起着至关重要的作用。

（4）协调各相关部门合作。生态文明建设既要求政府宏观层面的统筹协调，也要求相关部门在实际操作层面的通力合作。日本政府采用举行内阁会议等方式努力促进经济产业省、环境省、农林水产省等相关部门密切配合，通过制定相互补充的生态环境政策，齐心协力构建循环经济社会。例如，经济产业省制定了支持和振兴环境保护企业的政策，环境省颁布了促进资源循环再利用的相关环保政策，农林水产省制定了鼓励和支持环保农业发展的农业政策等。日本政府内与循环经济建设紧密相关的各部门互相之间配合默契，以确保日本循环经济的顺利发展。

（5）开展多领域环境教育。除了发挥政府和企业在环保建设方面的主导作用之外，还应该要发动广大公众积极参与到生态文明建设中来。运用教育手段与宣传手段相结合的方式大力倡导生态文明建设，提高国民的环保意识，是日本政府生态文明建设的又一有效途径。日本政府、企业、民间团体共同推进不同年龄层的民众在学校、社区、家庭、单位等多个地方进行环境教育和学习。时常关注环境政策的动向，保证各个环境组织的行政负责人员具有环保资质，并在其中推行环境研修。除此之外，日本不断丰富其环境保护宣传方式：利用各种媒体进行环保宣传活动，包括制作和分发宣传环保知识的宣传单，开设绿色购物网提供商品的环保信息等。

3. 德国

（1）大力发展循环经济。德国社会普遍认为，发展循环经济能够带来经济利益，循环经济理念能够帮助企业在激烈的竞争中脱颖而出。正是这一认识促使企业广泛在发展中实践循环经济。如德国的垃圾处理公司蓬勃发展，已经成长为德国的一个重要产业，它们向企业提供垃圾回收处理的相关技术咨询业务，以此获取公司生存发展的资金。例如，德国BIOJerm公司实行的运用垃圾发酵产生的沼气进行发电以及剩余底物形成有机肥等举措，实现了在经济、生态和社会三个方面的效益统一。

（2）拉动社会绿色消费需求。在满足自身温饱需求的情况下，人们便会自觉追求生态环境的改善和生活质量的提高。德国作为老牌发达国家，其消费理念已经过渡为倡导环境友好和绿色消费，绿色、无污染或低污染用品已成为消费主导。资源循环利用、保护生态环境已经深入到其日常生活的各个方面。例如，餐厅不使用一次性餐具、厕所不使用一次性拭手纸等。需求决定供给，这种对环保商品的偏好势必会影响企业的生产导向，这无疑对绿色环保产品的生产产生了强大的推动力。拉动绿色消费需求，除了在个人的消费行为中有所体现，还体现在组织创新方面。例如，德国建立了有效的包装废物二元回收体系，将产品厂家、包装物厂家、商业企业以及垃圾回收企业网罗进来，形成一个循环利用体系，专门回收处理包装废物——这是由社会绿色需求激发出的组织创新。

（3）推动环保技术进步。生态文明建设能否有效推进，技术水平是其重要支撑。德国注重推动环保技术进步。例如，创新性地利用回收垃圾进行发电来补充传统形式的发电，从垃圾中选出适合发电的种类产生沼气，再利用垃圾产生的沼气进行发电，回收利用垃圾发电的整个过程都建立在拥有先进环保技术的基础上。在冶金生产中剩余的废料和矿渣也被德国循环利用在很多地方，有的用于充当建筑材料，甚至还有用于化肥和水泥生产的，德国的循环利用思想无处不在。

（4）发挥政府支持作用。德国政府除了为循环经济的创新和落地创造了良好的市场前景外，还颁布了一系列的激励政策，充分发挥了政府的政策导向作用。这些政策主要包括设立环保专项基金专门进行环保建设，政府以身作则实现政府绿色采购，为环保企业提供更加完善的融资服务，为环保企业设立绿色财政补贴，对环保企业实施税费减免等。例如，1990年颁布的《电力输送法》规定德国政府要对运营可再生能源电力的电网运营商强化支持力度，在财政上给予其一定补贴。于2000年颁布的《可再生能源优先法》，进一步表明了政府对可再生能源发电的支持态度。

四、河南省生态文明体系建设特色与优势分析

河南省是我国的人口大省、农业大省，生物质资源极为丰富。2016年年底，河南省全省总人口数10 722万人，其中农村人口为5781万人，占总人口的54%，全省农作物播种面积14 425千hm^2。生物质能原料来源比较广泛，有农业剩余物、林业剩余物、畜禽粪便、工业有机废弃物、城市有机垃圾、能源植物等。农业剩余物是指主要农作物的副产品，包括稻谷、小麦、玉米、其他谷类、大豆、绿豆、花生、油菜籽、芝麻、棉花、麻类、烟叶等；林业剩余物是指林地生产和林业生长过程中剪枝和采伐而产生的剩余物。河南省农作物秸秆资源实物总蕴藏量较大，生物质秸秆资源分布不均匀。从生物质秸秆蕴藏潜力来看，蕴藏潜力量较大的是南阳、周口、驻马店三市，生物质秸秆总数占全省的35.3%；其次是商丘、信阳、新乡、安阳、开封和许昌等市；生物质秸秆分布较少的地区是鹤壁、三门峡、济源等市。从生物质资源利用角度来看，河南省秸秆生物质资源可利用量最大的是周口和驻马店两个地区，其可利用量约占全省可利用总量的1/4；其次是南阳、商丘、信阳、新乡和安阳5个地市；济源市生物质资源可利用量最少，仅占全省可利用总量的0.03%。

（一）生物质资源概况

1. 河南省主要农作物产量与林业生产情况

河南省农业剩余物资源量丰富，可开发潜力巨大。2014年河南省农业剩余物生物质可用于能源资源的理论可获得量总计为$9.3×10^7$t，其中秸秆资源量为$1.1×10^7$t，养殖资

源量为 $8.2×10^7$ t（吴明作等，2014）。专题表 2-1 列出了河南省 1996~2016 年的主要农作物产品产量，专题表 2-2 列出了河南省林业生产情况，数据分别来自于《河南省统计年鉴》(1997—2016)，根据这 20 年农产品产量数据和林业生产情况可知，河南省农林业废弃物量极其丰富。表格中所指的其他谷类包括高粱、谷子和大麦。

2. 河南省农林剩余资源量和资源密度情况

河南省生物质的能源资源量在各地分布差异较大，具有明显的地域性（朱纯明，2011）。河南省生物质资源量从西南向东北以及中南向西北区域呈现逐渐减少的趋势。吴明作等（2014）计算得到了河南省农林生物质能资源密度，其分布格局见专题表 2-3；各地区资源量统计特征见专题表 2-4。

通过专题表 2-3 可知，各个市的资源量与资源密度的空间分布格局并不完全一致，这主要是由于总资源量与土地面积的差异引起的。对受运输距离限制较大的秸秆资源量而言，全省的资源密度为 64.50 t/km^2，超过 90.00 t/km^2 的城市有鹤壁市、焦作市、濮阳市、许昌市、漯河市、商丘市、周口市，其他城市均达到 12.03 t/km^2 以上。根据河南省当地生物质发电需求，除了鹤壁市、焦作市、濮阳市、许昌市、漯河市、商丘市、周口市可建设 2.5 万 kW 的发电装机以外，其他地区均可建设 0.6 万 kW 的发电装机，而总量丰富的南阳市、信阳市因其面积较大而资源密度较小，亦可建设乙醇企业等。若能同时使用养殖剩余物，则相应的生物质能利用规模可扩大，布局也相应改变，但需要相应的利用技术作为支撑。

由专题表 2-4 可知各地区的生物质资源量，无论是秸秆资源量、养殖资源量还是资源总量，变异系数分别为 8.6~32.7，13.3~29.8，11.2~28.6。秸秆资源量中信阳市最大值与平均值、最小值的比值最高的，分别为 1.72 与 3.67；养殖资源量中最大值与平均值、最小值的比值最高的，分别为 2.04（信阳市）与 3.44（驻马店市）；资源总量中最大值与平均值、最小值的比值最高，分别为 2.00（信阳市）与 3.30（驻马店市）。

3. 生物质资源消耗现状分析

根据文献（崔保伟和郭振生，2012）可知，河南在生物质秸秆资源利用中，秸秆还田比例高达 62.6%，秸秆饲用、生活用能、工业原料的比例分别为 11.5%、10.8%、2.0%，秸秆有效利用率为 90.0%。河南是我国生物质资源最丰富的省份，目前主要用于生产燃料乙醇，其中河南天冠集团是利用生物质资源制备燃料乙醇的代表性企业。在世界各国中利用生物质生产固体、液体和气体燃料以及利用情况各不相同。根据近两年美国可再生燃料协会统计的生物质能消费现状可知，生物质资源主要用于制备燃料乙醇、生物柴油及生物燃料等。我国生物质资源非常丰富，但其开发利用还比较低。从专题图 2-3 可知，2017 年我国一次能源消费中煤炭占 64.4%、原油占 19.8%、天然气占 7.0%，水能和核能分别占 3.3% 和 2.2%，而生物质能仅占 1.9%，相比于美国、巴西、加拿大等国生物质资源消费仍有较大差距。因此，随着传统能源枯竭及能源消费结构失衡，以生物质能为首的可再生能源亟待开发利用。

专题表 2-1 1996~2016 年河南省主要农作物产量 (单位: 万t)

种类	1996年	1997年	1998年	1999年	2000年	2001年	2002年	2003年	2004年	2005年	2006年	2007年	2008年	2009年	2010年	2011年	2012年	2013年	2014年	2015年	2016年
稻谷	314.8	342.9	369.7	333.0	318.8	202.7	202.7	240.2	358.2	359.8	404.6	436.5	443.1	451.0	471.2	474.5	492.5	485.8	528.6	531.5	542.2
小麦	2026.8	2372.4	2073.5	2291.5	2236.0	2299.7	2248.4	2292.5	2480.9	2577.7	2936.5	2980.2	3051.0	3056.0	3082.2	3123	3177.4	3226.4	3329	3501	3466
玉米	1038.3	807.7	1096.3	1156.6	1075.0	1151.4	1189.8	766.3	1050.0	1298.0	1541.8	1582.5	1615.0	1634.0	1634.8	1696.5	1747.8	1796.5	1732.1	1853.7	1753
其他谷类	37.5	20.6	33.3	32.2	40.0	51.1	52.5	47.0	48.5	41.3	25.9	24.2	17.2	18.8	18.9	14.1	13.8	14.0	15.0	16.4	18
大豆	91.1	95.2	112.1	115.2	115.8	107.8	97.8	56.7	103.5	58.1	67.8	85.0	88.7	86.0	86.4	88.0	78.1	72.9	54.6	49.9	50.6
绿豆	3.7	3.0	4.4	3.7	13.1	9.4	12.0	7.1	8.9	10.0	6.5	5.9	6.9	6.4	6.4	6.5	6.0	5.4	4.1	3.6	3.7
花生	218.6	218.3	258.8	292.9	335.9	295.1	336.2	228.2	306.3	338.3	353.1	373.6	384.6	412.6	427.6	429.8	454.0	471.4	471.3	485.3	509.2
菜籽	41.1	42.0	339.	31.4	33.8	42.6	56.0	69.8	78.1	87.8	79.2	85.9	97.1	93.1	88.9	77.3	87.6	89.8	86.4	86.1	81.7
芝麻	18.2	15.5	19.1	24.5	22.0	23.9	27.6	11.0	22.7	22.1	25.8	22.3	22.2	26.2	23.2	24.1	26.8	26.9	25.9	27.3	27.2
棉花	73.6	79.0	72.8	70.7	70.4	82.8	76.5	37.7	66.7	67.7	81.0	75.0	65.1	51.8	44.7	38.2	25.69	19.0	14.7	12.6	10.1
麻类	11.2	13.7	7.7	4.9	3.6	2.4	5.4	3.3	3.7	3.8	4.1	4.8	4.4	4.6	3.9	4.4	3.7	3.7	2.9	2.9	2.7
烟叶	27.7	41.6	31.1	28.4	27.6	32.0	27.5	21.8	25.8	28.8	23.0	23.9	26.7	29.7	28.8	29.3	30.7	34.7	30.0	28.9	28.3

注: 其他谷类包括高粱、谷子和大麦

专题表 2-2 1996~2016 年河南省林业生产情况

种类	1996年	1997年	1998年	1999年	2000年	2001年	2002年	2003年	2004年	2005年	2006年	2007年	2008年	2009年	2010年	2011年	2012年	2013年	2014年	2015年	2016年
人工造林面积/hm²	306.7	108.5	179.4	201.8	206.5	117.6	238.8	300.2	260.4	173.4	155.3	41.4	320.8	382.1	211.5	193.5	206.0	253.1	260	154.8	97.7
幼林抚育面积/hm²	784.9	890.7	488.7	538.5	978.0	989.7	1059.9	1139.2	1033.5	1239.0	1278.6	1868.2	1080.0	1066.7	973.2	586.7	768.5	324.0	349.1	—	—
成林抚育面积/hm²	429.5	534.8	593.2	573.6	694.86	47.8	751.9	850.7	874.5	959.9	1219.6	1333.3	1188.7	1160.8	951.2	710.2	514.7	400.7	264.6	217.1	300.4
木材采伐量/万m³	305.0	315.0	315.0	324.8	306	328.0	318.0	60	59.6	55.9	198.0	131.0	151.6	110.3	149.7	279.0	278.5	243.1	228.8	228.9	274
竹材采伐量/万根	41.9	59.0	68.0	71.0	158.0	198.6	236.0	44.7	40	506.5	36.0	40.7	55.0	451.2	76.5	167.5	159.8	125.9	151.4	153.9	154

专题表 2-3 河南省农业剩余物资源密度 (单位: t/km²)

城市	全省	郑州市	开封市	洛阳市	平顶山市	安阳市	鹤壁市	新乡市	焦作市	濮阳市	许昌市	漯河市	三门峡市	南阳市	商丘市	信阳市	周口市	驻马店市	济源市
秸秆资源	64.53	49.55	85.51	29.64	48.89	86.48	98.66	87.40	96.85	106.54	109.13	121.11	12.03	44.02	103.78	39.53	111.26	77.82	24.36
养殖资源	492.37	326.68	751.44	268.43	562.78	316.63	399.96	473.84	565.76	562.63	784.40	691.53	164.23	511.69	832.86	250.66	776.49	663.26	203.96
总资源	556.90	376.23	836.95	298.07	611.67	403.10	498.62	561.24	662.61	669.17	893.53	812.65	176.26	555.72	936.64	290.20	887.76	741.08	228.33

专题表 2-4 河南省农业剩余物资源统计特征 (单位: 万t)

城市	秸秆资源量				养殖资源量				总量			
	平均值	变异系数	最大值/平均值	最大值/最小值	平均值	变异系数	最大值/平均值	最大值/最小值	平均值	变异系数	最大值/平均值	最大值/最小值
全省总计	1071.50	16.6	1.23	1.68	8176.03	13.7	1.29	1.66	9247.54	12.5	1.27	1.62
郑州市	36.89	8.6	1.10	1.31	243.25	14.9	1.23	1.59	280.15	13.3	1.21	1.55
开封市	53.58	14.4	1.19	1.71	470.85	20.0	1.29	2.03	524.43	18.4	1.26	1.91
洛阳市	45.08	18.0	1.20	1.89	408.23	19.7	1.32	1.90	453.31	18.8	1.30	1.88
平顶山市	38.54	15.8	1.20	1.89	443.58	29.3	1.59	2.88	482.12	28.0	1.55	2.66
安阳市	64.11	16.0	1.22	1.50	234.71	15.5	1.20	1.55	298.82	15.0	1.20	1.51
鹤壁市	21.53	15.2	1.20	1.63	87.27	22.9	1.27	2.03	108.80	20.8	1.25	1.91
新乡市	71.40	13.2	1.21	1.46	387.08	17.9	1.33	1.79	458.47	16.4	1.29	1.66
焦作市	39.43	11.0	1.14	1.48	230.32	22.0	1.28	2.06	269.75	18.7	1.24	1.85
濮阳市	44.62	13.4	1.18	1.57	235.63	17.2	1.28	1.95	280.25	15.0	1.24	1.76
许昌市	54.52	9.5	1.14	1.38	391.89	20.4	1.27	2.24	446.41	18.2	1.22	2.03
漯河市	31.70	15.7	1.18	1.64	180.97	15.0	1.20	1.77	212.67	14.1	1.19	1.68
三门峡市	12.63	18.5	1.23	1.85	172.38	24.6	1.44	2.23	185.01	23.6	1.42	2.14
南阳市	117.10	19.7	1.27	1.73	1361.11	27.9	1.53	2.17	1478.20	25.2	1.50	2.02
商丘市	111.09	19.8	1.23	2.07	891.50	13.3	1.18	1.56	1002.58	11.6	1.18	1.54
信阳市	74.82	32.7	1.72	3.67	474.38	29.8	2.04	2.57	549.20	28.6	2.00	2.54
周口市	133.06	19.4	1.24	2.09	928.61	14.2	1.17	1.48	1061.67	11.2	1.16	1.37
驻马店市	116.73	29.4	1.39	2.77	994.89	19.8	1.20	3.44	1111.62	19.8	1.20	3.30
济源市	4.70	14.7	1.28	1.64	39.39	14.9	1.23	1.89	44.09	12.3	1.19	1.66

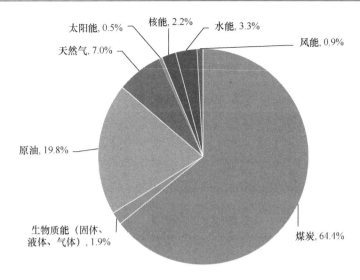

专题图 2-3　2017 年中国一次能源消费结构

4. 河南省生物质资源开发利用情况

河南省生物质能开发利用起步较早，其开发利用技术主要涵盖了生物质成型燃料、生物质液体燃料、生物质气体燃料和生物质发电等方向，涉及燃料乙醇、纤维乙醇、沼气、成型燃料、生物柴油、生物质发电等。2004 年在全国率先实现了乙醇汽油的全覆盖，成功创造了乙醇汽油推广的"河南模式"。目前河南省生物质能利用技术及规模水平方面基本走在了全国的前列，其中燃料乙醇、沼气和秸秆成型燃料等技术和装备居国内领先地位，有一批在生物质能的研发方面具有较强实力的科研机构和高校，从事生物质能研发和产业推广的企业上百家。生物质能产品总产值超过 100 亿元，折合标煤达 420 多万 t。

近年来河南省生物质能研究整体技术水平达到国内先进，部分技术达到国内领先和国际先进水平，在生物质能转化和利用方面取得多项成果，获得了国家科技进步奖二等奖、河南省科技进步奖一等奖、国家能源科技进步奖、国家专利发明奖等多项国家和省部级奖励，为河南生物质能规模化利用和产业发展以及河南农村能源革命提供重要的技术支撑。

（二）生物质能发展潜力分析

草谷比是估算生物质能资源储量的关键，因为不同年份生长条件和技术条件不同，导致谷草比在不断变化。通过参考现有文献中关于河南省的谷草比（蔡飞等，2013）（专题表 2-5）及国内同类研究林业剩余物的折算系数（专题表 2-6）来估算河南省生物质资源储量。

专题表 2-5　主要农作物谷草比

农作物	稻谷	小麦	玉米	其他谷类	大豆	绿豆	花生	油菜	芝麻	棉花	麻类	烟叶
谷草比	1	1.1	1.5	1.6	1.6	2	0.8	1.5	2.2	9.2	1.7	1.6

专题表 2-6　各类林业剩余物的折算系数

林业工作	造林截杆	幼林抚育	成林抚育	木材采伐	竹材采伐
折算系数	2.5t/hm^2	0.5t/hm^2	0.72t/hm^2	0.45t/m^3	0.005t/根

生物质资源潜力由农林剩余物资源储量指标表示，生物质资源储量为各种农作物产量与谷草比乘积以及林业剩余物与折算系数乘积的总和。根据专题表 2-1、专题表 2-2、专题表 2-5 和专题表 2-6 求得河南省 1996~2016 年不同年份的资源储量（专题表 2-7）。由表 2-7 可知目前河南省生物质资源储量为 10 386.1 万 t，与 2014 年的 9300 万 t 相比，在两年时间里河南省农林剩余物储藏量增加了 1086 万 t，农林剩余物资源量及发展潜力巨大。

专题表 2-7　1996~2016 年河南省生物质能资源潜力　　（单位：万 t）

时间	资源	时间	资源	时间	资源
1996	6 152.8	2003	5 459.7	2010	8 269.8
1997	6 167.6	2004	6 683.3	2011	8 964.4
1998	6 283.0	2005	7 149.5	2012	9 009.7
1999	6 584.7	2006	8 136.7	2013	8 880.3
2000	6 448.2	2007	8 285.3	2014	8 778.8
2001	6 613.8	2008	8 370.3	2015	8 668.1
2002	6 633.8	2009	8 326.0	2016	10 386.1

（三）近期生物质能行业发展情况分析

由于数据的局限性，对全省生物质资源利用情况进行统计分析存在一定的难度。对以河南省兰考县、永城市等为代表的典型市县生物质能进行了调查，作为样本来分析近期河南省生物质行业发展情况。

1. 生物质能利用初具规模

河南省兰考县拥有丰富的农林资源。粮、棉、油产量位居全国百强县之列，已被确定为国家优质粮食产业工程项目县。兰考县又是著名的"泡桐之乡""瓜果之乡"，蔬菜、树莓、桑蚕、食用菌、莲藕、小杂果等特色生态农业发展迅速。

兰考县生物质秸秆资源丰富。根据调研显示，兰考县年粮食产量 54 万 t，年产秸秆量 42 万 t 左右；另外兰考县 2015 年林木覆盖率达到 26.1%，全县造林面积 1.5 万亩。尤其适合规模化生物质清洁能源工程的建设，可为生物天然气生产提供稳定的原材料来源。兰考县规划在 13 个乡镇建设 16 个生物质天然气能源站，每个能源站日产沼气 2.5 万 m^3，提纯生物天然气 1.1 万 m^3，0.6 万 m^3 沼气。同时，项目产生的沼渣和沼液，还可以生产成有机肥，另外规划建设 500 kW 沼气发电装置，发电余热配套发展集装箱养鱼项目，形成以农业生产等生物质资源和畜禽养殖等有机废弃物为原料，采用先进技术工艺在乡镇和村庄建设不同规模的大中型沼气生产装置，制取生物天然气和有机肥，实现农作物秸秆的全量化利用（专题图 2-4）。目前，兰考县生物质资源利用的企业已成立 5 家，这些企业建设项目投资大概在 2 亿元左右，每年在兰考及周边地区收购农作物秸秆、花生壳、树皮及树枝等农林废弃物 35 万 t。在河南省全省已形成多家规模较大的生物质资源利用企业。

专题图 2-4　兰考县代表性的生物质资源利用企业

2015 年河南永城市秸秆、畜禽养殖业废弃物、林业废弃物和蔬菜垃圾等生物质资源总量为 268.1 万 t，可供应总量为 187.6 万 t，其中秸秆量 106.5 万 t、畜禽养殖业废弃物（干重）28.1 万 t、林业废弃物 42 万 t、蔬菜垃圾 10.3 万 t。在农村能源革命示范区建设规划的迫切需求下，目前永城市已有大中型的生物质能开发利用工程建立。同时，根据规划，在进一步提高秸秆和畜禽粪便集成收集水平的基础上，到 2025 年力争在永城市共布局建设 20 个大型生物天然气工程。年产生物天然气 14 400 万 m^3，年发电 34 560 万 kW·h，年产沼渣肥 100 万 t。

2. 生物质能利用整体效益显著

根据实地调研兰考县某生物质资源利用企业，该项目投资 2 亿元，建成后可每年在兰考及周边地区收购农作物秸秆、花生壳、树皮及树枝等农林废弃物 35 万 t，为兰考地区农民创收 8000 多万元，每年碳减排 21.6 万 t CO_2 当量，生物质秸秆燃烧后的草木灰用于农作物化肥，过滤废渣每年 2 万 t 全部由兰考当地建筑材料公司回收用于生产混凝土多孔环保砖。在农业秸秆、树皮、树枝等农林废弃物收储、运输、经营等环节共解决和涉及农村产业链用工 1060 人左右，涉及贫困人口 224 人，解决了就业压力和促进农民增收。这不仅可促进生物质等行业的生产发展，实现生物质秸秆资源的综合利用，降低产业发展对高碳化石资源的需求，减轻对生态环境的压力；还引领了当地产业发展，增加了地方财政收入和提高农村居民生活水平，具有明显的经济、社会、环境效益。

3. 生物质能发展前景广阔

通过调研发现，河南大多数生物质开发利用的企业经营良好，产品除了满足本省需求以外，在湖北、河北、安徽和陕西等周边省份也有一定的市场；其中以河南天冠为代表的生物燃料乙醇目前供应河南、湖北、河北等周边省市。天冠集团位于河南省南阳市，是中国生物能源产业的开拓者和先行者。成功开发燃料乙醇并率先推动燃料乙醇在我国大规模推广，实现了传统乙醇行业到新兴生物能源产业的历史性跨越，为我国推动能源替代、农业发展以及环境改善作出了积极贡献。多年来，天冠集团逐渐形成了以生物质资源为基础，以生物能源及生物化工为主导，以综合利用和精深加工为双翼的"一体两翼"发展格局。4 万 t 纤维乙醇产业化示范项目成功实现了纯生物质生产，为生物能源大规模替代一次性石油资源奠定了技术基础,成为最具代表性的生物能源和化工产品研发生产基地、循环经济和低碳产业示范基地。"十三五"期间,天冠集团以低碳、循环、可持续发展为核心,完善了"生物炼制、能化并举"的战略发展规划,实现了将整个生物质的生产转化过程,打造成为绿色、低碳、环保的循环经济产业链,形成"取之自然-用于自然-回归自然"的持续发展良性循环。随着"十三五"时期可再生能源的开发需求快速增长以及传统能源资源的枯竭,生物质能的开发利用前景广阔。

(四)河南省生物质能发展利用难点分析

在能源发展新时代,我国能源行业应贯彻十九大报告精神,以能源发展"十三五"规划为指引,构建清洁低碳、安全高效的现代能源体系。优化能源结构,实现清洁低碳发展,是推动我国能源革命的本质要求,是我国经济社会转型发展的迫切需要。根据规划,到2020年我国非化石能源消费比例提高到15%以上,天然气消费比例力争达到10%,煤炭消费比例降低到58%以下。为实现我国能源规划,以农业和人口著称第一的河南省的能源结构亟待优化。虽然河南省生物质能技术发展较好,在实现清洁低碳能源发展等方面也取得了一些突破,但生物质能整体发展和利用方面仍存在滞后现象,为了解决滞后问题,不仅要从技术方面继续技术引领,还要从政策方面加强对生物质能利用的推广力度。

1. 生物质能资源利用率低

河南省农村能源主要以生物质能和煤为主,这两种能源超过了农村能源使用量的60%以上,生物质能仍然是农村能源消费的主要组成部分。但由于河南省能源结构不合理,能源分布不均衡,农村能源的资源优势仍然没有得到充分的利用开发。生物质资利用的一个突出特点是要因地制宜,要结合当地可再生能源资源的分布情况进行高效开发利用。秸秆作为能量密度低、分散广的资源,不宜收集和存储,这就增加了秸秆等生物质资源的收集成本;随着河南经济的快速发展,商品能源在农村使用越来越广泛导致大量秸秆等生物质被直接燃烧,减少了利用量。另外,河南省农作物一年两熟,在收获季节和种植下茬作物时需要及时清理田间地头,如果大量的农作物秸秆没有及时清理出去,就会占用耕地影响下一季的农业生产,这就造成了大部分的秸秆和薪材等生物质能源被丢弃、随意焚烧,引起大气污染,使生物质资源白白浪费。

2. 生物质能资源利用途径有限

目前河南省生物质秸秆资源的利用方式还是比较传统。崔保伟和郭振升(2012)在研究河南省农作物秸秆资源综合利用现状及对策时指出,河南省具有代表性的南阳市秸秆直接燃烧量占到该市总量的61%,三门峡、南阳秸秆直接作为饲料均占该市总量将近20%;其他地市也都存在不同程度的直燃、直饲,这些数字表明河南省生物质资源的利用途径有限,也是产生秸秆随意焚烧现象的主要原因。

3. 生物质能资源利用技术水平落后

国外对生物质能的开发利用技术主要有沼气技术、生物质热裂解气化技术、生物质液体燃料技术等（董玉平等，2007）。我国早期对生物质能的利用主要集中在沼气开发上，近年逐渐重视热解气化技术等的开发应用，也取得了一定突破，但其他技术进展却非常缓慢，包括生产酒精、热解液化和速生林的培育等，都没有突破性的进展。随着社会进步和人们对产品质量的要求，传统生物质能的开发利用技术已不再满足日益进步的社会需求。生物质能的开发利用将依赖不断的新技术来实现规模化生产，从而促进生物质能的高效开发利用。因此，发展适合河南省情的生物质能技术，依靠资源优势和科研平台重点研发生物质成型燃料技术、餐厨废油转化生物柴油技术、大中型沼气技术、纤维素乙醇技术、纤维素酯类车用燃料技术等，突破技术瓶颈，掌握核心技术，大力推进产业发展。

4. 生物质能资源开发利用成本过高

能量密度较低的生物质原料没有形成完善的收集、运输、生产体系，生物质材料收集运输过程会消耗大量的人力，而农村劳动力相比在城市难招，或招来的劳动力贵等原因导致生产效率下降，造成生物质资源收集、运输成本过高。同时受传统能源煤炭价格的影响，煤炭价格忽高忽低对生物质能产业运行产生很大的影响，在煤炭价格下降到一定程度时生物质产业就出现亏损，等煤炭、能源价格重新上升时企业或许已经亏损倒闭。

（五）基于生物质能的河南生态文明体系建设的重要性

1. 生态文明建设是生物质能清洁高效开发的必然结果

能源支持和推进着人类社会的发展和进步，但近些年，以利用煤炭和石油等化石能源为代表的两次工业革命而引起的大气污染和气候变化问题，日益威胁到人类社会发展，能源与环境协调发展已成为全世界共同关注的议题（呼和涛力等，2015）。在此背景下，以生物质能绿色清洁利用为核心的生态文明建设被提上日程，它着重强调可持续发展和绿色发展，实现经济、社会、环境的共赢。生态文明指导人与自然的和谐相处，改变人类现有的能源利用模式，从根源上形成环境友好型的生产和生活模式。生态文明对能源结构的要求推动了能源结构的不断优化和升级。一直以来，社会经济的发展过度消耗了大量的自然资源和能源，造成自然生态环境脆弱，生态承载能力下降。随着对资源和环境的约束力加大，人类对生态问题也越来越重视，传统的"先污染，后治理"的生产方式，已经不能再继续进行，在现在"边发展边防治"的基础上，"防患于未然"的理念将进一步打响。因此，必须用全新的理念重新调整目前的能源结构，加大生物质资源的清洁高效利用，走绿色、低碳、可持续发展道路。而生态文明的"污染最小化，效益最大化"的理念，正好可以最大限度地发挥生物质资源的效用，实现自然生态和生产生活的和谐发展，生态文明建设是生物质能清洁高效开发的必然结果（杜祥琬等，2015）。

2. 生物质能绿色低碳发展是生态文明建设的必由之路

能源生产和消费方式促进着社会经济的发展，直接影响着一个国家的经济发展水平。生态文明要求人类在不断满足自身发展的同时，实现人与自然的和谐发展。用生态文明理念来指导生物质能的绿色低碳发展，是改变社会-经济-环境可持续发展的重要方式，是实现能源生产和消费方式变革创新的重要手段，也是实现能源生态化发展的必由之路。能源生态化注重环境保护和资源的综合利用，它要求能源的生产和消费方式都符合生态经济的要求，从而改善人类的生活环境。要实现生物质能发展的生态化，生物质能开发是基础，技术是核心。因此，推进生物质能绿色低碳发展，调整优化能源结构，形成有利于节约资源和保护环境的发展模式，是建设生态文明的必由之路（刘战伟，2012），也是实现人与自然、环境与经济、人与社会的和谐发展的必然条件（莫神星和贾艳，2013）。

3. 生物质资源为生态文明提供环境基础

生态文明以协调人与自然的关系为核心。生物质资源是生态环境的重要组成部分，为生态文明建设提供了良好的环境基础。所以，在国家的生态文明建设中，总是将生物质资源建设置于首要的发展地位。生物质资源作为可再生资源，为社会发展、生态文明提供着丰厚的物质保障。人类生产建设所需的木材，生活所需的药材、纤维、果类等都来自农林生物质，农林业所产生的众多林副产品，满足了人们生产、生活所需，并且极大地改善了生态环境，为生态文明建设奠定了发展基础。众所周知，林木资源可治理土地沙化、土地盐碱化、水土流失、旱涝灾害等环境问题，另外，对维护物种安全也有着无法替代的作用。在小康社会建设中，应充分发挥生物质资源优势，加快生物质能资源产业的发展，从而更好地推动小康社会的发展进程。生物质资源不仅为人类提供丰厚的物质所需，更为生态系统平衡起着重要的维护作用。同时，生物质资源产业的合理发展可调节自然环境，减轻自然灾害，保护人类生存环境。因此，生物质资源在生态文明建设中，为其发展提供着良好的生态环境基础。

4. 农林生物质资源为生态文明建设提供文化保障

随着人类文明社会的进步，人们越来越注重生态文明的建设，注重和谐发展，而生态建设中，促进和谐发展的纽带正是农林生物质资源。因而，生态文明建设，应将农林生物质资源置于主体发展的突出地位。农林生物质资源是生态建设的基础保障，处于前沿阵地，指导生态建设发展进程，肩负着极为重要的历史使命。一是作为农林生物质资源发展体系中一项重要内容的生态文化建设，对科学发展观的全面落实，和谐社会的整体构建、建设现代化文明都具有重要的推动作用。二是森林作为人类文明的起源及摇篮，其中孕育着丰厚悠久、多彩绚丽的生态文明，野生动物文化、森林文化、生态旅游文化等都极为形象的向人们彰显着丰富浓郁的林业生态文化；并且生态文化引领着和谐发展的理念，倡导人们尊重生态、保护自然环境，为生态文明建设奠定了文化基础。

5. 生物质资源的发展利用经济社会和生态环境效益显著

经济社会效益：河南省以生物质原料为基础，生物质能利用技术和相关企业为保障平台，构建生物质利用产业链，产业链上的各种企业在农村地区形成企业群集，促进经济活动在局部空间上的集中，从而吸收大量的农村劳动力，消耗大量的生物质能原料并取得了重大突破。每年如果把河南省的 2000 万 t 秸秆等农业废弃物用作生物质能,收集成本按照每吨 200 元,则 2000 万 t 可为当地农民增收 40 亿元,覆盖农民 1000 多万人,人均增收约 400 元/年;同时,2000 万 t 的秸秆等生物质能利用产业可满足 5 万~10 万人就业,对农业大省的经济发展方式的转变起到积极的作用。生物质的能源规模化利用,具有双向清洁作用,以秸秆为例,如果不被利用就难免被就地焚烧,随意焚烧时会释放大量的二氧化碳,导致大气中二氧化硫、二氧化氮、可吸入颗粒物三项污染指数明显升高,还会引起非常明显的雾霾现象,危害人体健康,影响民航、高速等交通的正常运营,2000 万 t 的秸秆可替代标煤约 1000 万 t,减排二氧化碳 2200 万 t,减排二氧化硫 20 万 t。这些农业废弃物转化为生物质能,一方面,大大缓解了农作物秸秆等生物质随意焚烧带来的空气污染,另一方面,替代了化石能源,起到节能减排的作用。农业废物资源的能源化利用促进其规模化利用,对促进农业经济、低碳经济的发展具有重要的意义。

生态环境效益:进行生物质资源的利用会减少二氧化碳排放,实现农业废弃物资源化处置,缓解对传统化石能源的过度依赖,解决农村环境、改善生态等问题,最终实现绿色、低碳、清洁的能源环境。为大力发展清洁能源和可再生能源系统起决定性作用,也为能源发展与生态文明建设的高度融合打下坚实的基础,是着力推进清洁能源高效发展的重要途径之一;不仅可以减缓我国能源紧张局面,减轻生态保护和环境污染的压力,而且还可以满足农民对水、电、热、气的能源需求,改善农村生存环境,提高农民生活质量,促进城乡协调,实现社会经济的可持续发展。

通过生物质天然气等资源合理利用项目将减少秸秆焚烧及有机废弃物对环境的污染,实现资源的生态循环;农村生活垃圾焚烧发电等项目将有效减少农村生活垃圾及固体废弃物的堆放,同时也可降低因垃圾回收和处理不当引起的污染;有利于清洁能源的广泛普及,缓解节能减排和相关产业的环境保护压力,促进农村地区经济的持续发展,为全省提供显著的生态环境效益。

综上所述,生物质能资源的高效利用具有明显的经济、社会、环境效益(专题图 2-5),对生态文明建设有着重要的作用和意义。

专题图 2-5　河南省 2000 万 t 农业废弃物能源转化的经济社会效益和生态效益量化估算

五、基于生物质能的河南省生态文明体系建设的方案

（一）指导思想

以邓小平理论和"三个代表"重要思想、科学发展观及习近平新时代中国特色社会主义思想为指导，全面贯彻落实河南省《"十三五"能源发展规划》提出的发挥河南省资源和区位优势，顺应能源发展新形势，优化"四基地、一枢纽、两中心"总体布局，到2020年河南省要基本形成清洁低碳、安全高效的现代能源体系，力求最大限度降低能源活动对环境的不良影响，坚持把生态文明建设放在更加突出的战略位置，立足于河南省生态区位重要、原生态民族文化多彩、生物质资源丰富等特点，秉承生态优先、文化提升、创新发展、集聚发展、绿色发展、和谐发展的理念，依据"以改革促发展、以发展促生态、以生态促和谐"的发展思路，加强空间结构和产业结构调整，推动生态工业和生态城镇的聚集发展、现代农业的高效发展、特色旅游业的高端发展，努力把生态美丽河南建设成为生态良好、生产发展、生活富裕的全国生态文明示范省，对保障全省经济社会持续健康发展、全面建成小康社会、大力推动能源生产和消费革命及生态文明建设具有重要意义。

（二）战略定位

河南省生态文明建设的战略定位是把河南省建设成为全国生态文明建设示范省、民族文化旅游发展创新试点、全国承接以生物质能为主的产业转移与创新示范省、生物质能产业体制改革与城乡统筹示范区、民族团结进步繁荣发展示范区，打造生态安全省、文化繁荣省、绿色富裕省、优美宜居和社会和谐省。

（三）建设的目标

通过深入分析河南省生物质资源潜力、发展现状及生态效益，列出生物质能的绿色高效开发及利用研究的方向；探索出农业、工业和第三产业的有机契合点，推进生态文明建设；建立和完善适合河南省资源状况和地区经济发展，并以生物质能为基础纽带的生态文明建设体系；提出河南省生态文明建设体系的战略政策建议。建成生活品质优越、生态环境健康、生态经济高效、生态文化繁荣的生态美丽河南，全面达到全国生态文明建设示范省的要求。

（四）建设的模式

1. 生物质能的集约化综合高效利用模式

根据国家能源战略部署，依托河南省现有资源条件和产业现状，未来生物质能开发应以技术为纽带，生物质能合理化、规模化利用为途径，生物质能装备创新为依据，生物质能产业体系建设为载体，生物质能产业化发展新途径为借鉴，生物质能示范工程建

设为契机,提升自主创新,发展绿色区域和新能源体系,进行综合开发、阶梯利用、集约整合,打造生物质能领域高起点的研发和技术推广平台,有力推进生物质能产业向着集约化综合高效方向发展。

2. 生物质能的分布式利用模式

根据中国能源研究会分布式能源专业委员会、中国通信工业协会能源互联网分会于2017年8月在北京主办的"第十三届中国分布式能源国际论坛"了解,该论坛旨在为分布式能源单位提供交流分布式能源新技术、新装备、新项目的成功经验的平台,推动中国分布式能源健康和规模发展。国家能源局领导在论坛中表示,分布式能源具有能源利用效率高等优势,是我国未来能源发展的一种重要趋势,要积极推动分布式能源成为重要的能源利用方式。

"十三五"时期,我国能源消费增长换挡减速,保供压力明显缓解,供需相对宽松,能源发展进入新阶段。《能源发展"十三五"规划》指出,传统能源产能结构性过剩问题突出,可再生能源发展面临多重瓶颈,天然气消费市场亟须开拓,能源清洁替代任务艰巨,能源系统整体效率较低。而我国分布式能源起步较晚,目前以天然气分布式能源项目为主。根据相关统计,截至2016年年底,全国共计51个天然气分布式能源项目建成投产,装机容量将达到382万kW;根据相关规划,到2020年年底,全国将建成天然气分布式能源项目147个,装机容量将达到1654万kW。为实现《能源发展"十三五"规划》目标,河南省作为生物质资源极为丰富的大省,开展生物质能分布式综合利用是未来我国生物质能技术的重要发展方向,具有生物质能利用效率高、环境负面影响小、生物质能供应可靠性和经济效益好等特点。

3. 秸秆高效气化清洁能源利用示范县集中布局-整县推进模式

河南是全国的粮食生产大省,农林剩余物资源丰富,造成秸秆区域性、季节性过剩问题突出。目前,河南省秸秆利用率低,随意丢弃和焚烧严重,不但严重污染大气,还造成了资源的浪费;因此,在河南省布局建设一批秸秆产量大、利用能力强、基础条件较好的县,集中规划建设秸秆高效气化清洁能源利用示范工程,形成农村清洁能源供应体系。实施秸秆热解气化多联产、秸秆沼气多联产等能源利用重点项目,对于示范带动全省秸秆规模化利用、改善农村用能结构、保障农村能源革命的顺利实施,强化大气污染治理、提升农村生态文明水平具有重要的推动作用;实施秸秆高效气化清洁利用是贯彻落实党的十九大会议精神,以"创新、协同、绿色、开放、共享"五大发展理念为指导,是推动乡村振兴战略、农村能源革命、农村清洁能源供给、建设美丽乡村、改善农村生态环境质量和生态文明建设的重要保障。

4. 生物质全组分清洁深加工模式

目前,生物质的开发利用有生物质成型燃料(何晓峰等,2006;胡建军等,2008;李在峰等,2015;Haykiri-Acma et al.,2013)、生物质液体燃料(Chen et al.,2017;陈高峰,2014;Ao et al.,2018)、生物质燃气和发电(Luk et al.,2009.吴创之等,2006;王久臣等,2007;刘亚飞等,2009;胡燕,2012)等,在此研究技术基础上,建立了生物质全组分清洁深加工模式,技术路线大至分3条,如专题图2-6所示。

1)"生物质-生物质液体燃料-生物质高值化学品"产业链模式

以生物质资源为原料定向液化制备生物汽油、生物柴油和生物航空燃油等清洁液体燃料,并联产高附加值化学品;建立以生物质资源为基础,到生物液体燃料,再到高值化学品的关键技术和整体工艺装备产业链,涉及生物质原料的清洁预处理技术及装备,生物质液体燃料高效催化转化技术及装备,液体燃料低能耗分离系统,高值化学品的催化合成关键技术及设备,高效催化剂的制备等技术。

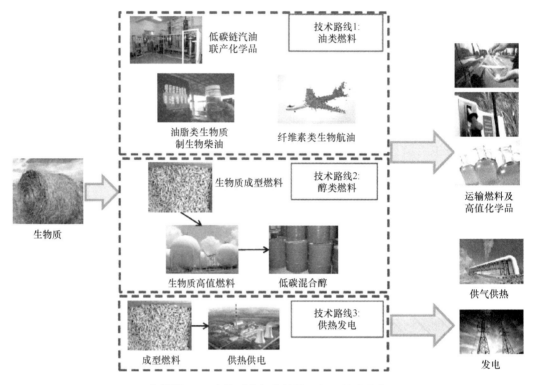

专题图 2-6　生物质全组分清洁深加工技术路线

2)生物质成型燃料定向气化间接液化制备醇类燃料及复配技术产业模式

以生物质致密成型燃料为原料定向热解气化制备高值燃气,生物质燃气间接液化制备低碳混合醇,低碳混合醇再与汽柴油复配。建立生物质气化燃料的定向调质高效成型预处理技术及装备,生物质成型燃料定向热解气化、燃气高效净化脱除焦油技术及设备,生物质合成气催化重整工艺体系及合成气成分的有效调整及控制技术,低碳混合醇高效制备清洁分离系统及汽柴油复配技术。开发一整套生物质调质成型、定向气化及催化重整、清洁高效合成液体燃料整体工艺及成套装备,实现生物质到低碳醇液体燃料的清洁高效转化。

3)生物质成型燃料及供热供电技术产业模式

以生物质成型燃料为原料高效燃烧后的蒸气进行供热供电产业化生产。建立一定规模的生物质成型燃料智能化供热系统,生物质成型燃料混燃发电系统及在混燃发电系统中的生物质燃烧量计量检测和监控技术。实现生物质能的清洁供暖和高效供电,加快农林废弃物的可持续利用步伐。

（五）建设的对策建议

1. 规划方面：制定生物质能发展战略规划，推动能源优化升级

河南省在生物质能发展中要制定详细的发展战略目标，提出明确的规划，为生物质能产业的发展提供宽松的环境，让生物质能产业各主体各司其职，实现目标。河南省应该在国家可再生能源总体目标和中长期规划指导下，组织相关部门对生物质能进行详细调查和评估，确定生物质能产业在可再生能源总体发展规划中的地位和目标。加快制定生物质能的专项发展规划。进而把规划落实到有关地方和部门的可再生能源发展规划上，落实到政府部门组织实施的有关项目上，为社会各方提供能源产业发展的"路线图"。

生物质能建设所涉及的政府部门分散在省发展和改革委员会、省能源规划建设局、省农业农村厅、省林业局等多个部门，这些机构往往负责某一方向或单一技术的推广应用，缺乏对生物质能发展的全局协调和谋划。要把生物质能的建设作为"生态文明建设"及"农村能源革命"的重要任务来抓，必须明确各个机构的责任，进行有机的合作，推动和落实相关政策。建议成立生物质能建设领导小组，统筹各个部门之间的协调管理工作，明确各单位职责，研究制定生物质能建设发展的重大政策和方案，加强宏观指导，制定有利于促进生物质能发展的经济政策，形成分工合理、密切配合、整体推进的工作格局。

2. 科研方面：加强生物质能产业的创新研发力度，突破相关技术瓶颈

集中精力发展一批适合河南省资源优势、科研平台条件和产业基础优势的生物质能技术，积极开发应用生物质能的先进技术，提高创新能力。把技术创新作为提升产业综合竞争力的重要手段，积极提升河南省生物质能产业的整体技术水平。为了提高生物质能产业自主创新能力和核心竞争力，突破生物质能产业结构调整和产业发展中的关键技术装备制约，强化对国家能源产业、农业资源综合利用重大战略任务和重点工程技术的支撑和保障，应集中精力发展一批适合河南省资源优势、科研平台条件和产业基础优势的生物质能技术，重点发展纤维素类生物质液体燃料制备技术，如燃料乙醇、丁醇、生物柴油、酯类等，攻克生物质液体燃料清洁制备与高效分离等技术，推动农林废弃物的资源化利用，建设纤维素类生物质乙醇燃料示范工程；着力攻克生物质航油提炼技术和降低成本的难题；积极推进农村生物沼气提质提纯技术及沼气发电和混烧发电等生物质发电技术。另外，要不断提高生物质能开发利用队伍的技术水平，加大对技术培训机构等的支持力度，在重点院校增设生物质能高效开发利用专业，在试点企业开展生物质能开发利用技术培训，推进生物质能的高效开发利用。

3. 模式方面：建立分布式生物质能低碳化网络系统，倡导多能互补协同发展

发展生物质能要重视整体利用和分散利用相结合，因地制宜，多途径、多角度提升生物质能的综合利用程度。河南省生物质能的发展离不开当地的具体条件，而河南省人口多，各地区的自然资源、社会经济发展水平差异大，生物质能发展必须结合各个地区生物质资源的区域特征，因地制宜，构建可持续发展的分布式低碳能源网络。开展生物质能分布式利用模式具有利用效率高、环境负面影响小、经济效益好的特点。

农村各地区资源、气候、经济发展水平、生活质量需求、环境容量等各方面存在较大差异。应面向农村用户多种用能需求，根据不同地区、不同气候特点以及不同的经济社会发展状况，统筹开发、互补利用传统能源和新能源，因地制宜推广适合本地区的生物质能创新应用模式和途径。探索"互联网+分布式能源模式"创新，推广以农林剩余物、畜禽养殖废弃物、有机废水和生活垃圾等为原料的分布式供能模式。围绕新农村建设，因地制宜实施传统能源与生物质能等可再生能源的协同开发利用，推动能源就地清洁生产和就近利用，提高生物质能源的综合利用效率。

4. 法规方面：建立健全法律政策为生物质能的发展保驾护航

河南省应从能源法制保障、发展规划、发展转型等方面，立法先行，理顺生物质能相关主体权益关系，提升能源监管能力和水平，尽快改革完善生物质能定价机制，加快生物质能发电应用，出台减免生物质能产业环节税费、税收等产业扶持政策。同时应认真宣传贯彻《中华人民共和国可再生资源法》，研究制定地方配套法规，提高各级政府部门和全社会对生物质能及其战略地位的认识，鼓励社会各界自愿开发利用生物质能。积极利用国家促进生物质能发展的价格、补贴、投资、信贷、税收等激励政策，研究、制定适合河南的配套政策，鼓励和支撑生物质能的开发利用。

为推动生物质能产业的发展，建议河南省设立生物质能产业技术支持专项资金，在生物质能产业建设和发展期间，每年扶持专项资金，对示范区项目采取投资、补助、贴息等形式，引导社会和企业资金支持生物质能产业项目建设。借鉴发达国家扶持生物质能发展的经验，参照我国新能源和战略新型产业扶持政策，制定和完善河南省生物质能发展的扶持措施，切实加大扶持力度和强度，进而促进生态文明建设。建议在基建投资、资源节约及循环经济建设资金、环保专项资金、节能装备资金上对生物质能示范项目建设实现优惠政策，保障建设用地需要，给予优惠的土地供应政策；同时，对生物质能产业技术具有重大示范效应的生物质能项目立项、产业扶持等方面给予优先考虑。

政府部门应加大对生物质能企业投资力度，利用政府对生物质能行业的资金投入，带动民间投资、风险投资等对于生物质能的资金支持。政府的投资应涉及生物质能产业的多个环节，提高投资额，建立生物质投融资中心，保障投融资活动的顺利进行。加大银行对于生物质能产业的信贷支持，建立金融机构和生物质能企业的合作机制，利用信贷资金促进生物质能行业的有效发展。降低融资标准，优先扶持有核心实力的生物质能企业上市融资。

5. 标准方面：构建生物质能行业准入标准，建立产品质量体系

建立适合河南省生物质能行业发展的准入标准，对生物质能企业的生成和销售环节做出严格的控制和把关，促进生物质产业提高生产效率，做到合理有效的发展。对于产能落后的企业及时淘汰，支持生物质能企业并购重组，形成规模经济，提高产业结构效率。建立生物质能产品质量检验中心，对于由生物质能制备的产品可做不同规定。生物质能产品检验是生物质能产业中重要环节，为保证产品质量，需要对产品性能测试、系统安装测试、产品及零部件设计制定标准，对产品质量严格把关，推动生物质能产业的蓬勃发展。

6. 人才方面：加强生物质能人才的培养力度

河南省生物质能产业的健康发展离不开科技创新，而科技创新归根结底离不开人才。因此，河南省应高度重视对生物质能产业的相关人才的培养，并建立专门的团队和平台。鼓励生物质能企业培训与高校教育相结合，以校企合作的形式培养专业人才，通过教育政策调整，在高校设立与生物质能产业发展相关专业，培养生物质能方面复合型高素质人才。对于生物质能领域的专家、研究人员、掌握技术或工艺流程的工人及企业有经验的管理人员，应给予高度重视，并进行进一步的培养和教育，使之成为满足河南省生物质能产业发展的重要人才。

7. 宣传方面：提高人们的生物质能的环保意识

在党的十八大报告中强调了生态文明建设并提出"美丽中国"的说法。党的十八届三中全会指出："紧紧围绕建设美丽中国深化生态文明体制改革，加快建立生态文明制度"，再次强调了美丽中国建设。而美丽河南，是美丽中国建设在河南的具体实践，是贯彻和落实党中央政策理念和习近平总书记系列讲话精神的重要举措，也是河南省生态文明建设的重要目标。培育人民群众的生态意识文明和生态文明理念，一方面，通过宣传党中央的有关生态文明的法制理念，使更多的民众响应党中央的号召，进而在全社会开展丰富多彩的环保活动和教育活动；另一方面，通过传统文化的宣传和公共参与机制的建立，唤起人们对河南的热爱，热爱家乡的山山水水，倡导低碳环保的生活和绿色生态的消费方式，使更多的民众凝聚美丽河南共识，形成推进美丽河南建设的良好氛围。

经济较发达地区的农民认为收集、翻晒秸秆很麻烦，既占地方、又浪费时间和劳动力，宁愿多买化肥施肥，将省下的时间、精力从事养殖、办企业或外出打工，以增加经济收入，而将秸秆一烧了之；此外，河南地区的夏收夏种季节性强、时间短、劳动力紧张，导致大量秸秆需要短时间内处理而被焚烧。经济不发达地区的农民由于没有地方叠放或担心秸秆资源带来大量草虫等原因，只留足一年所需的燃料，其余则在田间地头直接焚烧；导致秸秆等生物质能的严重浪费。所以要加快生物质资源的开发利用，首先应加大力度宣传生物质能的利用价值、利用技术以及秸秆焚烧、丢弃对当地农业和环境造成的危害。充分利用网络、电视、报纸、杂志等多种媒体，采取多种形式发放宣传材料等措施，宣传先进生物质能利用技术的典型案例和成功经验，让农户更全面地了解生物质能产业化及综合利用的好处，提高农民节能环保意识，鼓励农民接受新能源技术应用，并积极参与新能源投入。同时深入基层，定期对农业生产者开展教育培训，并开展农业技术咨询活动，帮助农业生产者解答各种农业难题，提高农业生产者对生态农业理论知识的掌握程度，提高农业生产者节约资源意识和保护环境意识，培养农业生态文明建设所需要的专业型农民，从而促进河南省农业生态文明建设的发展。

六、基于生物质能的河南省生态文明建设体系示范工程建设

（一）案例一：汝州秸秆成型燃料生产基地

农业废弃物是木质纤维素生物质的最重要的组成部分，河南省农业废弃物资源量丰

富,是一笔巨大的可再生资源。把大量的农业废弃物转化为高值的液体燃料再用于车用燃料和供热发电是生物质能转化技术的核心组成,也是建立基于生物质能发展的生态文明建设体系的关键因素。生物质能产业的发展与农村经济和亿万农民密切相连,该产业发展潜力大,为实现精准脱贫提供了有效途径。

农村废弃物分布广而散,能源密度低,故收集困难,且运输成本高,造成难以实现大规模的推广应用,且由于生物质种类不同、液体燃料转化技术及利用方式的不同,有必要建立一套完善的秸秆类农业废弃物从原料的生产到收集-运输,再到转化利用体系,实现秸秆的全生命周期评价。

为此,建立了秸秆—生产—收集—储存—运输—转化—供热发电利用综合分析和利用系统。其整体工艺如专题图2-7所示,农作物从幼苗期到生长期再到成熟期,粮食收获,秸秆堆晒、打捆、运输到生产线,压缩成型、预处理后的农业废弃物经水解、醇解、热解、酶解、发酵、气化再间接液化等技术制备液体燃料,粗合成的液体燃料经萃取、蒸馏、分离提纯制备生物油、醇类燃料、乙酰丙酸、航空燃料等液体燃料,其中乙酰丙酸可以经进一步的酯化反应和加氢反应制备乙酰丙酸酯类燃料及高值化学品 γ-戊内酯等,制备的液体燃料可作车用燃料及供热发电。

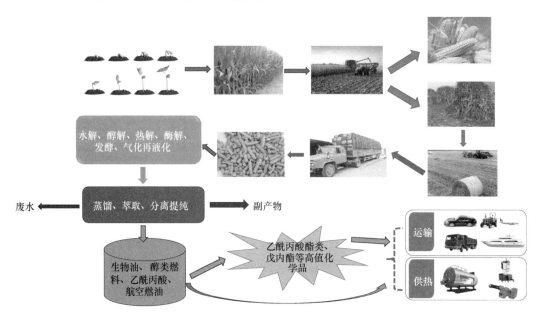

专题图2-7 秸秆综合化利用整体路线图

随着散煤的替代和低碳能源政策的落实,生物质供热将成为主要的利用形式之一,有很大的发展前景。生物质供热在国际上发展最快也是最成熟的技术之一,更是最有可能实现产业化的生物质利用形式。在生物质发电方面,与国外技术相比,缺乏先进燃烧技术优化设计软件,集成控制系统特别是智能化操作系统及相关的过程感知、评判、预警、调控等应用配件,主要依赖进口,发电效率存在差距较大,混燃发电由于政策和监测技术缺乏而发展极其迟缓。为此,建立了以生物质成型燃料为原料高效燃烧后的蒸气进行供热供电产业化生产体系。建立一定规模的生物质成型燃料智能化供热系统,生物质成型燃料混燃发电系统及在混燃发电系统中的生物质燃烧量计量检测和监控技术。实现生物质能的清洁供暖和高效供电，加快农林废弃物的可持续利用步伐。

针对河南省汝州市农作物秸秆产出及分布特点，选择合适的区域，建立了以玉米秸秆等为主要原料的4个成型燃料试验厂。通过调试运行，形成1个稳定生产能力为2万t、3个生产能力为1万t的农作物秸秆成型燃料生产线，最终完成年产5万t的农作物秸秆成型燃料生产体系或基地。在汝州市杨楼乡黎良村建立成型燃料试验厂，并形成2万t以玉米秸秆、小麦秸秆为原料的成型燃料示范生产线，覆盖面积4万亩；汝州市王寨乡樊古城村建立成型燃料试验厂，并形成1万t以玉米秸秆为原料的成型燃料示范生产线，覆盖面积2.4万亩；汝州市庙下乡文寨村建立成型燃料试验厂，并形成1万t以玉米秸秆为原料的成型燃料示范生产线，覆盖面积2万亩；汝州市温泉镇张寨村建立成型燃料试验厂，并形成1万t以玉米秸秆为原料的成型燃料示范生产线，覆盖面积2.6万亩。

建立以生物质资源为基础定向液化制备生物液体燃料（生物汽油、生物柴油、生物航油）并联产高附加值化学品的关键技术和整体工艺产业链。可逐渐替代对化石能源的需求，减轻对环境的压力，更是循环经济及生态文明建设要求下的必然产物。

建立以生物质资源为基础到生物液体燃料再到高值化学品的关键技术和整体工艺装备产业链（专题图2-8），涉及生物质原料的清洁预处理技术及装备，生物质液体燃料高效催化转化技术及装备，液体燃料低能耗分离系统，高值化学品的催化合成关键技术及设备，高效催化剂的制备等技术。

生物质　　　　　　　　生物液体燃料　　　　　　　　高值化学品

专题图2-8　生物质高值化学品资源化利用路线

（二）案例二：兰考县生物质综合利用

生活垃圾一直是农村面临的比较头疼为问题，处理不当，不但污染环境，还严重影响了乡村容貌。迫于建设美丽乡村的内在要求和"三农问题"的解决，迫切需要建立生活垃圾-供热发电工程综合化利用生态模式（专题图2-9）。

兰考垃圾资源化利用模式为垃圾处理的成功案例。全县的垃圾收储运系统由政府部门运作，在每个村设立一个垃圾仓，投置多个移动垃圾箱，移动垃圾箱的分布根据村民的密集程度平均按间距约为10~15m放置一个；每个乡镇建1~2个垃圾中转站。村民的生活垃圾先就近倒入移动垃圾桶，由专门的环卫工人将垃圾箱中的垃圾收集运送到垃圾仓，通过垃圾运输车再将垃圾仓中的垃圾运输到垃圾中转站，每天约有200多辆垃圾环保车将垃圾中转站收集的全部垃圾运输到光大垃圾处理厂。

送来的垃圾先在发酵罐中发酵1周后，采用国际先进成熟的机械炉排垃圾焚烧处理技术，配备2台日处理量300t的垃圾焚烧炉和1台15MW的汽轮发电机组进行焚烧发电，烟气净化系统采用SNCR+半干式旋转喷雾反应塔+干法脱硫+活性炭+布袋除尘器的

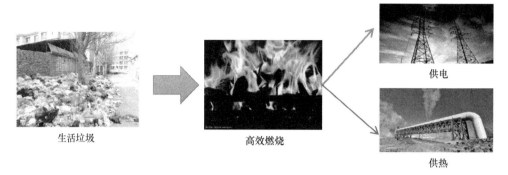

专题图 2-9　生物质热电产业化利用路线

处理工艺，烟气排放按新国标或欧盟 2000 最高之标准执行，年发电量约 7700 万度，其中 6500 万度并网发电，上网电价为 0.65 元/度；垃圾焚烧渣经去除重金属后用于制作环保砖，垃圾渗透液采用高压反渗透膜污水处理系统净化后反流回垃圾焚烧炉，实现了污水零排放；焚烧过程产生的灰分经压块后填埋，实现了垃圾的全组分的综合开发与利用。目前整个兰考日产生垃圾量为 400~500t，而光大垃圾处理厂一期的日均垃圾处理规模就达到了 600t，能够吸纳兰考的全部垃圾，全部建成相当于一个 15 兆瓦的发电厂。光大在河南其他地区还建立了生物质和垃圾两线并一线式基础资源共享发电厂。

兰考建立的良好的生物质发电的收储运系统，以政府为导向、企业为先导、市场为动力建立了较为完善的生物质收储运系统。初期瑞华电力在兰考县堌阳镇建立了占地约 20 亩的示范点，购置了地磅、机械用于加工各种类型的秸秆，建立粉碎标准（包括长度、厚度、泥土含量、水分含量等），让愿意从事秸秆收集加工的农民来参观学习，比如哪一类型的秸秆用何种机械，如何加工、粉碎，以及粉碎等，经过三四年的运营，市场已经培育成熟。客户收集秸秆后按照粉碎标准自行加工后，送到厂区，98%客户签有合同，建立了完善的收购标准，价格体系。目前年收购 7 万~8 万 t，年发电量 2 亿度左右，年发电 7000~8000 小时，运营良好，上网电价 0.75 元/度。

以瑞华为先导建立了较为完善成熟的收储运体系，收集的秸秆先打碎或打捆，先处理碎秸秆，炉膛一次给料不能太多，因为秸秆很轻，如果一次给料太多，容易堵塞且很难进入炉膛，其他未处理秸秆先存放起来，下半年是秸秆大量收购的季节，有玉米秸秆、玉米芯、花生壳、花生瓢、棉花秆，上半年主要是林业作物，树皮和板材厂的边角废料及少量花生壳。生物质发电项目很好地带动了兰考地区的经济发展，为当地农民提供了更多的就业机会，且企业经济性收入良好，企业规模约 130 人，在建厂初期主要以外地员工为主，兰考当地人主要从事门卫、保洁、厨师等行业，而现在企业 47%的员工为当地兰考人，有的当地人甚至已经进入科研管理岗位。在农业秸秆、树皮、树枝等农林废弃物收储、运输、经营等环节总共解决和涉及农村产业链用工 1060 人左右。公司年碳减排 21.58 万 t CO_2 当量。

（三）案例三：南阳生物燃料乙醇生产

2017 年 9 月 13 日，由国家发改委、国家能源局、财政部等十五个部委联合印发了

《关于扩大生物燃料乙醇生产和推广使用车用乙醇汽油的实施方案》,到 2020 年,全国范围将推广使用车用乙醇汽油,基本实现全覆盖,市场化运行机制初步建立。推广 E10 乙醇汽油有助于减缓对石油资源的依赖,促进农业发展,在二氧化碳减排、降霾及大气污染治理中发挥重要作用。

生物燃料乙醇生产的三大类原料主要包括以谷物、薯类为主的淀粉质原料,以甘蔗、甜高粱为主的糖质原料和以秸秆、籽壳为主的纤维类原料。在可持续发展和"不与人争粮,不与粮争地"的原则下,E10 乙醇汽油战略的提出为秸秆类非粮原料生产燃料乙醇的大规模生产迎来了契机,同时也提出了挑战。

目前有关木质纤维素生物质能利用方面的技术问题主要体现:①对于原料的生物质能转化特性和转化机制尚缺乏充分的基础研究;②还没有形成高效的组分分离技术(预处理技术);③生物炼制技术尚处于起步阶段,还需要大量基础性实验和理论研究。所以,以木质纤维素为原料的第二代生物质燃料开发既是全球研发的热点也是难点。

为此,建立以秸秆类生物质为原料定向热解气化制备高值燃气,生物质燃气间接液化合成低碳混合醇及混合醇与汽柴油复配的关键技术与整体工艺产业链(专题图 2-10)。建立生物质气化燃料的定向调质高效成型预处理技术及装备,生物质成型燃料定向热解气化、燃气高效净化脱除焦油技术及设备,生物质合成气催化重整工艺体系及合成气的成分的有效调整及控制技术,低碳混合醇高效制备清洁分离系统及汽柴油复配技术。开发了一整套生物质调质成型、定向气化及催化重整、清洁高效合成液体燃料整体工艺及成套装备,实现生物质到低碳醇液体燃料的清洁高效转化。建立一定规模的纤维素类生物质醇类燃料示范工程,实现农林废弃物的能源化资源化利用。

生物质　　　　　合成气　　　　　醇类燃料　　　　汽柴油复配燃料

专题图 2-10　生物质醇类燃料能源化利用路线

河南南阳天冠集团拥有国内最大的年产 30 万 t 燃料乙醇生产能力,建成了国际上最大的日产 50 万 m^3 生物天然气工程和国际领先的 4 万 t 级纤维乙醇产业化师范工程、万吨级生物柴油装置,形成了从农业种植加工–生物能源–生物化工及下游产品及废弃物资源化利用的全产链。

天冠集团年产 30 万 t 燃料乙醇生产线是国家"十五"重点工程和河南省产业结构调整的标志性项目(专题图 2-11)。各项制备均完全达到设计要求,部分指标优于初设指标,并得到了国家八部委和省市领导的充分认可。目前可满足河南全省、湖北、河北部分地市的燃料乙醇的供应,有力地保障了国际车用乙醇汽油推广试点工作的燃料乙醇市场供应,为国家实施的能源替代战略作出了积极贡献。全力探索了后石油时代和石油后时代人类对绿色液体能源的替代渠道,随着乙醇汽油的推广,可有效减少汽车尾气的污染。

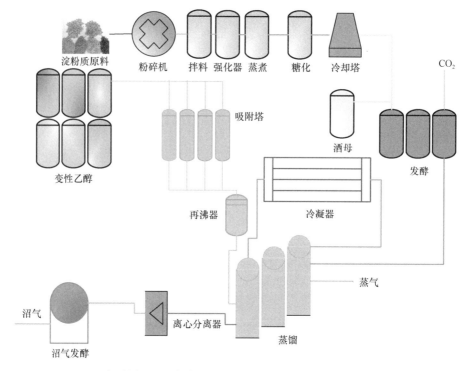

专题图 2-11 年产 30 万 t 的生物质燃料乙醇生产线

（四）综合效益分析

1. 河南汝州生物质成型燃料生产综合效益分析

（1）经济效益分析。在汝州市杨楼乡黎良村建立的 2 万 t 以玉米秸秆、小麦秸秆为原料的成型燃料示范生产线，覆盖面积 4 万亩；在汝州市王寨乡樊古城村建立的 1 万 t 以玉米秸秆为原料的成型燃料示范生产线，覆盖面积 2.4 万亩；在汝州市庙下乡文寨村建立的 1 万 t 以玉米秸秆为原料的成型燃料示范生产线，覆盖面积 2 万亩；在汝州市温泉镇张寨村建立的 1 万 t 以玉米秸秆为原料的成型燃料示范生产线，覆盖面积 2.6 万亩。总共年生产 5 万 t 生物质成型燃料（专题图 2-12、专题图 2-13），每年为企业净收入 400 多万元，年替代标煤 2.5 万 t。

专题图 2-12　年产 1 万 t 成型燃料生产线

专题图 2-13　年产 2 万 t 成型燃料生产线

（2）环境效益分析。专题图 2-14 为年产 5 万 t 玉米秸秆成型燃料的生命周期温室气体分析，由专题图 2-14 可知该示范基地利用生物质秸秆固定的二氧化碳为成型燃料和使用排放出二氧化碳的 96%，说明秸秆成型燃料的生命周期存在少量的温室气体的排放，但在很大程度上减少了温室气体的排放。专题图 2-15 为年产 5 万 t 玉米秸秆成型燃料的生命周期标准排放物分析，由专题图 2-15 可知标准排放物总量在秸秆的压缩成型过程最多，其次为成型燃料的燃烧利用过程。其中，二氧化硫的量在标准排放物中占的比例最大，主要产生于压缩过程的用电，即电厂的排放。PM_{10} 主要产生于成型燃料的燃烧利用。氮氧化物主要产生于成型燃料的燃烧利用和成型压缩过程的电厂排放。所以，该基地可减少温室气体排放 5.5 万 t、二氧化硫排放 500t。

（3）社会效益分析。该项目的运行所消耗的秸秆每年为当地农民增收 1000 多万元，解决劳动就业 300 多人。该基地促进了秸秆等生物质能的规模化利用，对促进生态文明建设、农业经济发展、建设美丽乡村具有重要的意义，社会效益、生态效益巨大。

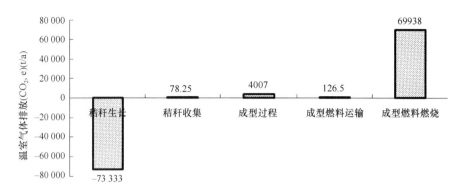

专题图 2-14　年产 5 万 t 玉米秸秆成型燃料的生命周期温室气体分析

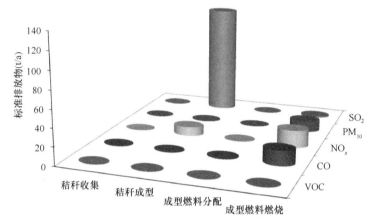

专题图 2-15　年产 5 万 t 玉米秸秆成型燃料的生命周期标准排放物分析

2. 河南省兰考县生物质利用企业综合效益分析

该项目的运行不仅可促进生物质等行业的生产发展，实现生物质秸秆资源的综合利用，降低产业发展对高碳化石资源的需求，减轻对生态环境的压力；还引领了当地产业发展，增加地方财政收入和提高农村居民生活水平，具有明显的经济、社会、环境效益。

根据实地调研兰考县某生物质资源利用企业，该生物质资源利用项目投资 2 亿元，建成后可每年在兰考及周边地区收购农作物秸秆、花生壳、树皮及树枝等农林废弃物 35 万 t，为兰考地区农民创收 8000 多万元，每年碳减排 21.6 万 t CO_2 当量，生物质秸秆燃烧后的草木灰用于农作物化肥，过滤废渣每年 2 万 t 全部由兰考当地建筑材料公司回收用于生产混凝土多孔环保砖（专题图 2-16）。

专题图 2-16　兰考县某生物质资源利用企业效益分析

同时,在农业秸秆、树皮、树枝等农林废弃物收储、运输、经营等环节共解决和涉及农村产业链用工1060人左右,涉及贫困人口224人,解决了就业压力和促进农民增收。

3. 河南南阳天冠生物质燃料乙醇生产综合效益分析

(1) 经济效益分析。河南天冠4万t纤维乙醇产业化示范项目成功实现了纯生物质生产,为生物能源大规模替代一次性石油资源奠定了技术基础,成为最具代表性的生物能源和化工产品研发生产基地、循环经济和低碳产业示范基地,每年消耗数十万吨的农作物秸秆,这些农业废弃物转化为生物质能,一方面,大大缓解了农作物秸秆等生物质随意焚烧带来的空气污染,另一方面,替代了化石能源,起到节能减排的作用。农业废物资源的能源化利用促进其规模化利用,对促进农业经济、低碳经济的发展具有重要的意义。

(2) 环境效益分析。进行生物质资源的利用会减少二氧化碳排放,实现农业废弃物资源化处置,缓解对传统化石能源的过度依赖,解决农村环境、改善生态等问题,最终实现绿色、低碳、清洁的能源环境。为大力发展清洁能源和可再生能源系统起决定性作用,也为能源发展与生态文明建设的高度融合打下坚实的基础,是着力推进清洁能源高效发展的重要途径之一;不仅可以减缓我国能源紧张局面,减轻生态保护和环境污染的压力,而且还可以满足农民对水、电、热、气的能源需求,改善农村生存环境,提高农民生活质量,促进城乡协调,实现社会经济的可持续发展。生物质的能源规模化利用,具有双向清洁作用,以秸秆为例,如果不被利用就难免被就地焚烧,随意焚烧时会释放大量的二氧化碳,导致大气中二氧化硫、二氧化氮、可吸入颗粒物三项污染指数明显升高,还会引起非常明显的雾霾现象,危害人体健康,影响民航、高速等交通的正常运营。

(3) 社会效益分析。通过河南天冠生物质资源利用项目,可实现资源的生态循环,有效减少农村生活垃圾及固体废弃物的堆放,同时也可降低因垃圾回收和处理不当引起的污染;有利于清洁能源的广泛普及,秸秆等生物质能利用产业可增加农村人口就业,缓解就业压力和相关产业的环境保护压力,促进农村地区经济的持续发展,为全省提供显著的社会效益,对农业大省的经济发展方式的转变起到积极的作用。

主要参考文献

蔡飞, 王静, 史建军, 等. 2013. 基于农林剩余物的河南省生物质能资源潜力研究. 北京林业大学学报(社会科学版), (2): 54-57.

陈高峰. 2014. 两亲性介孔Pd/C-SiO_2-Al_2O_3催化剂的制备及其在生物油提质中的应用. 郑州: 郑州大学硕士学位论文.

崔保伟, 郭振升. 2012. 河南省农作物秸秆资源综合利用现状及对策研究. 河南农业, (13): 22-23.

丁刚, 翁萍萍. 2017. 生态文明建设的国内外典型经验与启示. 长春工程学院学报(社会科学版), (1): 36-40.

董玉平, 王理鹏, 邓波, 等. 2007. 国内外生物质能源开发利用技术. 山东大学学报(工学版), (3): 64-69.

杜祥琬, 呼和涛力, 田智宇, 等. 2015. 生态文明背景下我国能源发展与变革分析. 中国工程科学, (8): 46-53.

何晓峰, 雷廷宙, 李在峰, 等. 2006. 生物质颗粒燃料冷成型技术试验研究. 太阳能学报, (9): 937-941.

河南省生态环境厅. 2019-6-4. 2018 年河南省生态环境状况公报. http://www.hnep.gov.cn/hjzl/hnshjzkgb/webinfo/2019/06/1559009570563036.htm[2019-7-1]

河南省统计局. 2007-2016. 河南统计年鉴. 北京: 中国统计出版社.

呼和涛力, 袁浩然, 赵黛青, 等. 2015. 生态文明建设与能源、经济、环境和生态协调发展研究. 中国工程科学, (8): 54-61.

胡建军, 雷廷宙, 何晓峰, 等. 2008. 小麦秸秆颗粒燃料冷态压缩成型参数试验研究. 太阳能学报, (2): 241-245.

胡燕. 2012. 生物质气化合成气发酵制乙醇工艺分析. 郑州: 郑州大学学位论文.

李在峰, 门超, 杨树华, 等. 2015. 生物质(秸秆)成型燃料冷却干燥特性研究. 河南科学, (10): 1741-1744.

刘亚飞, 郭瑞林, 王海燕, 等. 2009. 河南省农村沼气建设现状与发展对策. 河北农业科学, (8): 108-111.

刘战伟. 2012. 生态文明理念下的河南省产业结构优化问题研究. 价格月刊, (6): 37-40.

莫神星, 贾艳. 2013. 科学发展观指导下的中国能源发展战略. 中外能源, (5): 4-11.

钱发军. 2010. 河南省循环经济发展步入新阶段. 创新科技, (2): 24-27.

权克. 2012. 标准制修订信息-环境保护部发布 GB3095—2012《环境空气质量标准》. 中国标准导报, (4): 49-49.

王久臣, 戴林, 田宜水, 等. 2007. 中国生物质能产业发展现状及趋势分析. 农业工程学报, (9): 276-282.

王志伟, 雷廷宙, 陈高峰, 等. 2019. 瑞典生物质能发展状况及经验借鉴. 可再生能源, (4): 488-494.

吴创之, 马隆龙, 陈勇. 2006. 生物质气化发电技术发展现状. 中国科技产业, (2): 76-79.

吴明作, 孟伟, 赵勇, 等. 2014. 河南省农业剩余物资源潜力分析. 可再生能源, (2): 222-228.

佚名. 2013. 河南: 绿色梦想照进现实-河南林业生态省建设提升工程规划解读. 农村.农业.农民(A 版), (7): 14-15.

郑邦山. 2016. 河南生态文明建设现状、困境及路径创新. 创新科技, (1): 17-21.

朱纯明. 2011. 河南省秸秆生物质资源量测算. 现代农业科技, (7): 292-294.

Ao M, Pham G H, Sunarso J, et al. 2018. Active centers of catalysts for higher alcohol synthesis from syngas: a review. ACS Catalysis, (8): 7025-7050.

Chen G F, Lei T Z, Wang Z W, et al. 2017. Preparation of CoCuGaK/ZrO_2-Al_2O_3 catalysts for the synthesis of higher alcohols by CO hydrogenation. Journal of Biobased Materials and Bioenergy, (5): 449-455.

Haykiri-Acma H, Yaman S, Kucukbayrak S. 2013. Production of biobriquettes from carbonized brown seaweed. Fuel Processing Technology, (2): 33-40.

Luk H T, Mondelli C, Ferré D C, et al. 2017. Status and prospects in higher alcohols synthesis from syngas. Chem Soc Rev, (5): 1358-1426.

专题三

基于水环境的安徽省生态文明建设及发展研究

第一章 水环境与生态文明的关系

一、水环境是生态文明建设工作的核心领域

党的十九大以来，生态文明写入宪法，成为关系中华民族永续发展的根本大计。生态文明建设是一项系统工程，涉及生态保护、环境治理、经济发展、社会建设、文化弘扬和制度创新等方方面面。在 2018 年召开的全国生态环境保护大会上，习近平总书记指出，要"加大力度推进生态文明建设、解决生态环境问题，坚决打好污染防治攻坚战，推动我国生态文明建设迈上新台阶"，生态环境保护成为生态文明建设的重要一环。

水环境是生态文明建设的重要内容和核心领域（陈明忠，2013；詹卫华等，2013）。水环境是生态环境中重要考量指标，无论是国家生态文明考核体系、绿色发展体系，还是生态文明试点建设示范市县和生态文明先行示范区等国家重点战略部署，水环境均占有相对突出的比例。比如，《生态文明建设考核目标体系》中，生态环境保护目标类单项分值最高，此分类中关于水的指标占比近一半，足可见水环境在生态文明建设中的重要地位，是生态文明建设的重要考量要素。

二、水环境是影响生态文明建设的重要因素

水环境质量与经济社会多方面息息相关。影响水环境质量的因素众多，包括生活源、工业源、农业面源、农村点源、面源等，涉及区域经济社会发展的多个方面。全国生态环境保护大会上，习近平指出，要全面推动绿色发展。绿色发展是构建高质量现代化经济体系的必然要求，是解决污染问题的根本之策。因此，水环境质量问题的解决，最根源在于生产生活方式的改变。比如，调整经济结构和能源结构，优化国土空间开发布局，调整区域流域产业布局，培育壮大节能环保产业、清洁生产产业、清洁能源产业，推进资源全面节约和循环利用，实现生产系统和生活系统循环链接，倡导简约适度、绿色低碳的生活方式，反对奢侈浪费和不合理消费等路径。综上来看，水环境治理的过程也是产业结构生态化转型、居民生活消费习惯绿色化提升的过程，同时也是技术创新推动经济社会转型逐步落实的过程。同时，水环境治理涉及跨区域协作治理，有利于推动生态文明体制机制改革的创新。所以，水环境治理与保护和生态文明建设之间的关系十分紧密，是影响生态文明建设的重要因素。

三、生态文明建设是实现长效治水的根本保障

长效治水需要统筹技术、资金和制度多方因素。水环境治理不单只是完善末端配套

治理设施，要实现水环境长效治理必须从源头抓起，建立起集"源头–过程–末端"——加强源头污染排放减量、过程污染排放控制和末端污染排放治理于一体的系统性治理机制，这需要技术指导、资金支持和制度保障方可完成。

2015年，中共中央、国务院印发《生态文明体制改革总体方案》，明确到2020年，构建起由自然资源资产产权制度、国土空间开发保护制度、空间规划体系、资源总量管理和全面节约制度、资源有偿使用和生态补偿制度、环境治理体系、环境治理和生态保护市场体系、生态文明绩效评价考核和责任追究制度等八项制度构成的产权清晰、多元参与、激励约束并重、系统完整的生态文明制度体系，推进生态文明领域国家治理体系和治理能力现代化，努力走向社会主义生态文明新时代。生态文明制度改革形成的优秀做法，如跨流域治理体制、市场化机制、绿色金融体系等，为水环境治理提供了坚实保障，否则，单纯的水环境治理工作是无法调动社会各方面资源，来完成一项如此庞大和系统的工程。

四、"基于水环境的生态文明发展模式"的研究意义

1. 模式的提出

我国水资源短缺、水环境污染和水生态破坏现象十分严重，基于水环境的生态文明建设迫在眉睫（郑晓等，2014）。而我国流域治理涉及多个行政区，区域之间协调联动机制尚不健全，不利于生态文明建设的深入推进（张丛林等，2018）。从全球经验和实践来看，美国和欧盟地区在美国五大湖、莱茵河等湖泊、流域治理过程中建立起了政府间合作流域治理模式，越来越多的地区通过完善协商机制，引导民众、社会组织等利益相关者广泛参与协商以解决流域治理问题（Koontz and Newig，2014）。

中部地区位于长江、黄河、淮河等重要流域的关键区域，水资源丰富、河湖众多，水资源总量7632亿 m^3，占全国 23.5%，但人口稠密，用水关系较为紧张（专题表3-1，专题表3-2）。地表水环境质量总体好转，但支流水污染严重，污染程度由高到低依次为淮河流域、黄河流域、长江流域，因此中部地区在水生态保护和水环境治理方面具备一定的代表性。

专题表3-1　中部地区重点流域面积及年径流量

流域	流域面积（万 km^2）	年径流量（亿 m^3）	流经区域
长江	180	9795	湖北、湖南、江西、安徽、河南
黄河	75	661	山西、河南
淮河	27	621	湖北、河南、安徽

专题表3-2　中部地区重点湖泊面积及蓄水量

湖泊	面积（km^2）	蓄水量（亿 m^3）
鄱阳湖	3913	300
洞庭湖	2740	187
巢湖	776	36

本研究以安徽省为案例，提出"基于水环境的生态文明发展模式"，主要基于以下

两点考虑。

一是与水关联的生态文明建设工作任务重，并具备纽带作用和典型性。由于在安徽省的经济社会发展及生态文明建设过程中，在市县、跨行政区等各个层面，围绕"水"开展的水污染治理、水生态保护等生态文明建设工作均占据了重要内容，并涉及生产、生活、生态等多个领域，且能够串联起整体的资源节约、污染治理、制度建设等各项工作，同时安徽省自身也提出了本区域的"三河一湖"生态文明建设模式，基于水环境的生态文明建设已经成为安徽省生态文明建设的重要方向和重大任务。因此，总结以水环境为主导的生态文明建设模式，能够较好的代表和反映安徽省生态文明建设工作中典型的经验、收益及教训。

二是围绕水的各类资源环境发展问题显著，应对措施具备参考推广性。安徽省以水为代表的生态文明发展基础和面临问题，在中部地区均具有代表性。安徽省南北跨越水资源过渡带及多水带，水资源总量、人均水资源占有量在中部区域均处于中间位置，人均水资源量与中部地区平均水平及全国平均水平接近，具备空间代表性（专题图3-1）。同时，全省面临的水资源时空分布不均、局部水污染问题突出、跨行政区流域治理等生态文明发展中的挑战，如何采取各类应对措施，同样在中部区域具备典型性。因此，对以水环境为抓手的安徽省生态文明建设模式开展研究，其成功经验和教训对中部地区乃至全国同类项区域均具有借鉴和参考意义。

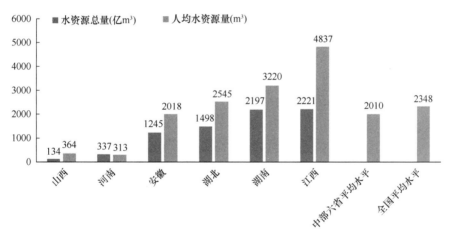

专题图3-1　2016年中部六省水资源占有量情况图

2. 模式研究意义

理论意义。安徽省全面推进生态文明建设各项工作，紧扣国家"十三五"绿色发展战略，符合十九大提出的"山水林田湖草"系统治理思路，是实现"中部崛起中闯出新路"的重要途径，也是推动"长江经济带"共同建设的重点举措。以"水环境"为抓手开展模式研究，有助于加快地区生态文明建设的理论工作水平和宏观把控能力，助力区域把握新时期发展机遇；同时，有助于系统化梳理安徽省在顶层规划设计、政策支持等方面取得的经验和教训，实现"绿水青山"和"金山银山"有机统一，为中部地区生态文明建设提供决策支撑。

实践意义。一是发展基础在中部地区具备代表性,安徽省经济发展阶段、产业结构、生态文明推进情况、面临的问题等,在中部均具备一定的代表性和典型性。二是生态文明建设相关经验具备可复制性,尤其是基于水环境的发展建设模式中,在城市、流域等不同层级的经验和优秀做法,可向中部及全国同类地区推广,助力更多区域提升生态文明建设水平。

第二章 安徽省生态文明建设现状及目标

一、安徽省生态文明现状及成效

1. 安徽省生态文明建设基础

全省经济发展水平良好,未来仍有提升发展潜力。安徽省 2017 年 GDP 总量超 2.7 万亿元,增速 8.5%,同期居全国第六、中部第二。同时,安徽省 2017 年 GDP 总量和人均 GDP 在中部六省分别居第四、第五位,仍需依托生态文明发展路径,进一步提高经济发展质量、提升人民生活水平(专题图 3-2)。

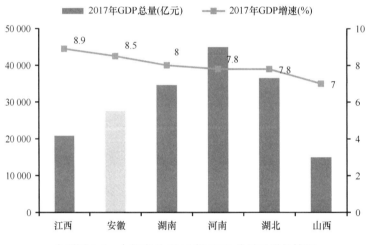

专题图 3-2 中部省份 2017 年 GDP 总量及增长情况

区域科技创新能力较强,能够支撑生态文明工作。根据近年来的《中国区域创新能力评价报告》的研究结果,围绕研发支出、发明专利申请量和授权量、每万人口发明专利拥有量等指标对各区域开展评价,安徽省的区域创新能力连续 5 年位居全国第九、中部第一,能够从技术等层面有效支撑生态文明重点领域工作的开展,包括区域资源节约利用、生态环境高效治理、经济发展质量提升等。

2. 安徽省生态文明建设现状评估

采用专题一中生态文明建设指标体系评价方法,对安徽省的生态文明建设现状进行评估。

领域层包含四类指标,即生态环境、绿色生产、绿色生活和绿色治理。每个领域细分为相应的指数层和指标层。

生态环境领域包含生态质量指数、承载力指数、环境质量指数三个部分。2015年，安徽省生态环境状况指数（EI）为70.76%（徐升和布仁图雅，2016），依据《生态环境状况评价技术规范》（HJ 192—2015），安徽省生态环境状况指数为良，表明安徽省植被覆盖度较高，生物多样性较为丰富。2015年安徽省人均生态承载力为0.513 4 hm^2/人（鲁帆等，2018），其中耕地对生态承载力的贡献最大，而草地和水域是安徽省的薄弱环节，这与近年来安徽省水污染加剧造成水域生态承载力不断下降有关。空气质量达标率为77.9%，首要污染物为细颗粒物，其中黄山和池州市空气质量均达到国家环境空气质量二级标准，全省空气质量总体有待改善。安徽省河流湖泊众多，省级地表水环境功能达标率为78.9%，较2014年上升5.3个百分点，其中淮河流域、长江流域、新安江流域水功能区达标率分别为71.6%、80.5%、96.0%，地表水环境质量仍有待提升。

绿色生产领域包含经济发展指数、产业结构指数、资源能源消耗指数三个部分。2015年安徽省人均GDP为35 997元/人，远低于全国平均水平50 251元/人，在中部六省排名靠后，低于湖北省50 653.8元/人、湖南省42 753.9元/人、河南省39 122.6元/人和江西省36 724元/人。科技进步贡献率为55%，与全国平均水平持平。服务业增加值占地区生产总值比例为39.1%，远低于全国平均水平50.5%，安徽省仍需进一步加快产业结构调整，大力发展服务业。单位地区生产总值能耗为0.60 tce/万元，略低于全国0.635 tce/万元。非化石能源占一次能源消费的比例为3.2%，远低于全国12%的比例，表明安徽省亟须加快能源结构调整，推动可再生能源、核能等清洁能源发展。

绿色生活领域包含城乡人居指数、城乡和谐指数、绿色消费指数三个部分。2015年，安徽省人均公园绿地面积为13.37 m^2/人，与全国平均水平13.35 m^2/人接近。城镇化率为50.5%，低于2015年中部地区的平均水平51.2%，也低于全国平均水平56.1%，城镇化建设水平有待提高。城乡居民收入比例为2.49∶1，低于全国的2.73∶1，在中部六省中，安徽省城乡居民收入比例排在第四位，仍需推行惠民扶贫政策，提高农民收入，缩小贫富差距。中国家庭金融调查与研究中心发布的《国民幸福报告2014》表明，2013年安徽省幸福指数为137.7，位列全国第四，而在清华大学社科学院幸福科技实验室发布的2016年度《幸福中国白皮书》，安徽省幸福指数为54.54%，位列全国第七位，研究说明安徽省居民幸福指数处在全国前列。2015年安徽省人均生态足迹为3.2209 hm^2/人（鲁帆等，2018），人均生态足迹高于人均生态承载力，说明安徽省生态资源总体处于生态赤字水平，并且生态压力较大，发展不可持续。

绿色治理领域包含制度创新指数、绿色投资指数、信息共享指数三部分。近年来，安徽省积极开展生态文明制度创新，并开展了多项生态文明试点示范工作，全省生态文明先行示范区4个，分别为蚌埠市、巢湖流域、宣城市、黄山市；生态文明建设示范市县3个，分别为宣城市、金寨县、绩溪县；国家生态市县4个，分别为霍山县、绩溪县、宁国市、泾县；水生态文明城市建设试点2个，分别为芜湖市和合肥市；国家森林城市6个，国家循环经济试点12个。环境保护投资、科教文卫支出占财政支出比例分别为2.38%、30.13%，R&D经费支出占同期GDP的比例为1.96%，比全国平均水平低1.1个百分点，在中部六省中，排名第一。2015年，安徽省坚持把政府信息公开作为政府施政的基本准则，着力提高经济社会发展重点领域、重点工作的公开透明度和公众参与度，全省主动公开政府信息238万条，受理政府信息公开申请9205件（专题表3-3）。

专题表 3-3　安徽省生态文明建设指标统计表

目标层	领域层	指数层	指标层	数值	单位	年份	属性	数据来源
生态文明指数	生态环境	生态质量指数	生态环境状况指数（EI）	70.76	—	2015	正向指标	徐升和布仁图雅，2016
		承载力指数	人均生态承载力	0.513 4	hm^2/人	2015	正向指标	鲁帆等，2018
		环境质量指数	空气质量达标率	77.9	%	2015	正向指标	《2015年安徽省环境状况公报》
			地表水环境功能达标率	78.9	%	2015	正向指标	《2015年安徽省水资源公报》
	绿色生产	经济发展指数	人均GDP	35 997	元/人	2015	正向指标	《安徽省2015年国民经济和社会发展统计公报》
			科技进步贡献率	55	%	2015	正向指标	《安徽省"十三五"科技创新发展规划》
		产业结构指数	服务业增加值占地区生产总值比例	39.1	%	2015	正向指标	《安徽省"十三五"服务业发展规划》
		资源能源消耗指数	单位工业增加值新鲜水用水量	96.8	m^3/万元	2015	逆向指标	《2015年安徽省水资源公报》
			单位地区生产总值能耗	0.60	tce/万元	2015	逆向指标	《安徽统计年鉴—2016》
			非化石能源占一次能源消费的比例	3.2	%	2015	正向指标	《安徽省能源发展"十三五"规划》
	绿色生活	城乡人居指数	人均公园绿地面积	13.37	m^2/人	2015	正向指标	《安徽统计年鉴—2016》
			城市生活污水处理率	96.68	%	2015	正向指标	《安徽统计年鉴—2016》
			城市生活垃圾无害化处理率	99.55	%	2015	正向指标	《安徽统计年鉴—2016》
			农村卫生厕所普及率	67.14	%	2015	正向指标	《安徽统计年鉴—2016》
		城乡和谐指数	城镇化率	50.5	%	2015	正向指标	《安徽省2015年国民经济和社会发展统计公报》
			城乡居民收入比例	249	%	2015	逆向指标	《安徽省2015年国民经济和社会发展统计公报》
			基本养老保险覆盖率	100	%	2015	正向指标	《安徽省2015年国民经济和社会发展统计公报》
			居民幸福感	54.51/137.7	—	2016	正向指标	《2016年幸福中国白皮书》
		绿色消费指数	人均生态足迹	3.220 9	hm^2/人	2015	逆向指标	鲁帆等，2018
	绿色治理	制度创新指数	生态文明制度创新情况	100	%	2015	正向指标	—
		绿色投资指数	环境保护投资占财政支出比例	2.38	%	2015	正向指标	《安徽统计年鉴—2016》
			科教文卫支出占财政支出比例	30.13	%	2015	正向指标	《安徽统计年鉴—2016》
			R&D经费支出占同期GDP的比例	1.96	%	2015	正向指标	《安徽省"十三五"科技创新发展规划》

二、生态文明建设取得的成效

节能减排重点工作基础扎实。安徽省把节能减排作为优化经济结构、推动绿色循环低碳发展、加快生态文明建设的重要抓手和突破口，积极有序推进各项工作，取得良好成效。"十二五"期间万元GDP能耗累计下降21.4%，化学需氧量、二氧化硫、氨氮、氮氧化物等主要污染物排放总量分别减少10.5%、10.8%、13.6%和20.7%，超额完成节能减排预定目标任务,区域的淮河、巢湖流域水质有所改善,为下一步的经济结构调整、环境改善、打造生态文明建设安徽样板奠定了较扎实的工作基础。

顶层设计完善生态文明制度。安徽省在全国较早地提出了生态强省发展战略,积极推进生态文明的制度设计、打造样板工程,颁布了多个重要顶层设计文件(专题表3-4)。2016年3月出台了《安徽省生态文明体制改革实施方案》,提出"十三五"期间构建系统完整的安徽特色生态文明制度体系。2016年7月颁布了《关于扎实推进绿色发展着力打造生态文明建设安徽样板实施方案》,提出以六大工程建设和"三河一湖"(皖江、淮河、新安江、巢湖流域)示范创建为抓手,优化国土空间开发格局,全面促进资源节约利用,加大自然生态系统和环境保护力度,着力打造生态文明建设的安徽样板,从宏观层面为全省生态文明的建设工作绘制蓝图,保障各类建设目标的按期实现。

各项建设任务取得初步效果。落实《安徽省主体功能区规划》,优化国土空间开发格局,构建科学合理的城镇化格局、农业发展格局和生态安全格局,着力推进美丽乡村试点省建设;大力发展节能环保产业、新能源汽车产业、新能源装备制造业等绿色产业;全面促进资源节约利用,积极落实能源消耗总量、水资源消耗总量、建设用地总量和强度"双控"任务,建立循环型工业、农业、服务业体系,各类资源利用效率不断提升;加大生态系统和环境保护力度,实施大气污染、水污染、固体废物污染等防治行动,环境质量取得持续改善,实现绿色惠民。

专题表 3-4 安徽省生态文明建设重要文件概况表

重点领域	文件	颁布时间	发展目标与重点任务
加强生态文明制度建设	《安徽省生态文明体制改革实施方案》(皖发〔2016〕9号)	2016年3月	到2020年,构建起由自然资源资产产权制度、国土空间开发保护制度、空间规划体系、资源总量管理和全面节约制度、资源有偿使用和生态补偿制度、环境治理体系、生态文明绩效评价考核和责任追究制度等八项制度构成的产权清晰、多元参与、激励约束并重、系统完整的安徽特色生态文明制度体系
	《关于扎实推进绿色发展 着力打造生态文明建设安徽样板实施方案》(皖发〔2016〕29号)	2016年7月	①到2020年,生态文明建设水平与全面建成小康社会目标相适应,资源节约型和环境友好型社会建设取得重大进展。符合主体功能定位的国土开发新格局基本确立,经济发展质量效益、能源资源利用效率、生态系统稳定性和环境质量稳步提升,生态文明主流价值观在全社会得到推行,"三河一湖"生态文明建设安徽模式成为全国示范样板; ②在皖江、淮河、新安江、巢湖流域先行先试,分别为全国探索建立跨地区产业承接合作机制、老工业基地城市绿色转型发展、生态环境优质区绿色发展、大江大湖综合治理提供典型示范
	《安徽省生态环境保护工作职责(试行)》	2016年12月	①各级党委政府生态环境保护工作责任,包括各级党委、县级以上政府、乡镇政府(街道办事处)、开发区管委会四个方面的责任; ②党委职能部门生态环境保护工作职责,包括纪律检查机关、组织部门、宣传部门、机构编制管理部门的工作职责; ③政府职能部门生态环境保护工作职责,包括环保、发改、教育、科技、经信、公安、民政、司法行政、财政等各部门的职责; ④审判、检察机关生态环境保护工作职责
优化国土空间开发格局	《安徽省主体功能区规划》(皖政〔2013〕82号)	2013年12月	①到2020年,国土空间开发新格局基本确立,按照重点开发、限制开发和禁止开发三类主体功能区,构建以江淮城市群为主体的城镇化战略格局; ②到2020年,国土空间开发更加高效,全省开发强度控制在15%,绿色生态空间继续扩大,林地面积扩大到485万 hm^2; ③城乡和区域发展更加和谐,基本公共服务均等化取得重大进展,城镇化率接近60%; ④可持续发展能力增强,全省生态系统稳定性增强,森林覆盖率提高到35%,主要江河湖库水功能区水质达标率提高到80%左右

续表

重点领域	文件	颁布时间	发展目标与重点任务
全面促进资源节约	《安徽省节约用水条例》(省人大常委会公告第29号)	2015年10月1日施行	①《条例》分总则、用水管理、节水措施、服务保障、法律责任、附则等部分； ②针对皖北平原水资源利用中地表水缺乏、地下水超采的突出矛盾，《条例》侧重从限制高耗水产业、加强污水处理和再生利用、加强地下水超采区治理、推进规模农业高效节水等方面作出规定； ③针对大别山区、皖南山区、其他易旱地区中极度缺水地区的水资源问题，《条例》指出这些地区应当重点调整种植结构，建设蓄水、节水工程
	《安徽省"十二五"能源发展规划》(皖政〔2011〕107号)	2011年11月	到2015年，单位GDP能耗比2010年下降16%，单位GDP二氧化碳排放强度比2010年下降17%
	《安徽省人民政府关于进一步强化土地节约集约利用工作的意见》(皖政〔2013〕58号)	2013年9月	①强化土地利用规划管控，坚持布局集中、产业集聚、用地集约、环境友好原则，各类规要划与土地利用总体规划相衔接； ②强化建设用地管理，严格执行各类用地标准、明确开发区新建工业项目供地标准、加大闲置土地处置力度、有序推进低效用地再利用
加大生态系统和环境保护力度	《安徽省水污染防治工作方案》(皖政〔2015〕131号)	2015年12月	①系统推进水污染防治、水生态保护和水资源管理，形成"政府统领、企业施治、市场驱动、公众参与"的水污染防治新机制； ②到2020年，全省水环境质量得到阶段性改善，污染严重水体较大幅度减少，饮用水安全保障水平持续提升，皖北地区地下水污染趋势得到遏制，水生态环境状况明显好转，确保引江济淮输水线路水质安全
	《安徽省大气污染防治行动计划实施方案》(皖政〔2013〕89号)	2013年12月	总体目标：到2017年，全省空气质量总体改善，重污染天气较大幅度减少，优良天数逐年提高，可吸入颗粒物(PM_{10})平均浓度比2012年下降10%以上；力争到2022年或更长时间，基本消除重污染天气，全省空气质量明显改善

开展了多项生态文明示范试点工作。全省拥有生态文明先行示范区试点4个：蚌埠市、巢湖流域、宣城市、黄山市；国家循环经济试点12个：其中循环经济示范县/市5个、"城市矿产"示范基地2个、园区循环化改造试点5个。

三、安徽省生态文明面临的突出问题

1. 部分流域水污染问题突出

（1）巢湖流域水质状况存在反复。"十二五"末期巢湖COD和氨氮排放量分别为13.2万吨和1.14万吨，相较于"十二五"初期分别下降了13.5%和19.4%，巢湖治理取得了一定成效。但巢湖流域近年来水华现象高发，2015年最大水华面积321.8km²，占全湖面积42.2%，为近八年最高；2016年水华最大面积为237.6 km²，占全湖面积的31.2%。2017年一季度，巢湖湖体总磷浓度和富营养化状态指数同比均呈上升趋势。

（2）淮河支流水质长期没有改善。2016年监测的27条淮河二、三级支流中，7条水质为Ⅴ类，小洪河、武家河、油河、赵王河等10条为劣Ⅴ类，水环境质量进一步改善任务艰巨。

2. 环境污染治理亟待加强

巢湖流域污水治理能力欠缺。南淝河和十五里河作为巢湖流域的重要支流，水质多年处于劣Ⅴ类，大量污染物排入巢湖。十五里河污水处理厂三期工程迟迟未能建成，导致流域内污水处理能力严重不足。南淝河流域和派河流域部分区域未实施有效的雨污分流,加之配套管网建设长期不到位,导致污水处理能力闲置,大量污水直排。淮河流域沿岸城市污水治理进展缓慢。淮北市每天约 4 万 t 生活污水直排环境,造成龙河水质持续恶化。区域内淮北市经济开发区新区污水处理厂和龙湖污水处理厂约 70%处理能力闲置。淮北市烈山区、杜集区污水管网长期空白。淮南市配套管网建设不到位,全市污水集中收集率仅约 50%,每天 10 余万 t 生活污水排入淮河和瓦埠湖。

生活垃圾无害化处置能力不足。宿州市等城市生活垃圾处理设施缺乏,部分地区生活垃圾仍堆存于无污染治理措施的简易垃圾填埋场,垃圾渗滤液通过沟渠直排外部环境。畜禽养殖污染整治不力,大量养殖粪污直排环境。

3. 资源利用效率仍需提升

可利用水资源分布不均且利用效率待提升。安徽省多年平均本地水资源总量716亿m^3,居全国第 13 位。全省降水多集中于夏季,空间分布上南多北少,时空分布不均造成可利用水资源潜力较缺乏和缺乏的县(市、区)占比较高、达到 55%。2016 年全省万元GDP 用水量约 120 m^3,高于同期全国81m^3的平均水平,需严格按照《安徽省人民政府关于实行最严格水资源管理制度的意见》,实行水资源消耗总量和强度双控制,加强水资源节约利用。

煤炭消费占比高且存在粗放使用和排放现象。受能源资源禀赋和产业结构等因素影响,2015 年,安徽省化石能源消费比例为 96.8%、煤炭消费比例为 78%,分别比同期全国平均水平高出 8.8 个百分点、14 个百分点。部分行业煤炭、石油等化石能源的粗放使用,造成二氧化硫、氮氧化物等大气污染物的排放总量持续上升,存在危害区域生态环境和居民身心健康的风险,应促进化石能源的清洁高效利用,同时科学发展非化石能源。

4. 生态系统面临保护压力

生态系统保护力度仍需加强。全省生态系统略脆弱地区有 21 个县(市、区),占比约 20%,主要分布于皖西大别山区、皖南山区、沿江地区,脆弱区的保护水平有待进一步提升。长江、淮河流域湿地萎缩严重。重点生态功能区、自然保护区等生态保护与建设力度不够,水源涵养、水土保持等生态调节功能下降。局部生态系统持续退化,重要、特有生物栖息地遭受破坏,物种濒危程度加剧,生物多样性保护受到威胁。全省原生天然林不断遭到蚕食和破坏,目前面积已下降到 2667 km^2。

水环境容量和大气环境容量超载压力较大。分区域看,江淮之间(安徽中部地区)主要为轻度超载和中度超载,淮河流域局部地区和省辖市市区超载相对严重。分领域看,全省环境容量超载以水环境容量(COD、NH_3-N)和大气环境容量(SO_2)超载为主,80 个县(市、区)处于水环境容量超载状态、超过全省的3/4;43 个县(市、区)处于大气环境容量超载状态、约占全省的2/5。

经济社会发展带来新压力。安徽省是发展中地区,发展不足、发展不优、发展不平衡的问题仍较突出,环境治理与区域发展存在矛盾,环境保护仍面临巨大压力。未来一定时期内,都将处于工业化、城镇化、农业现代化加快推进期,城市人口快速聚集、经济社会快速发展,将带来资源消耗及污染排放增加等各类环境影响,对区域生态系统造成新的压力,需要平衡发展与生态环境、生态系统保护之间的关系。

5. 生态文明制度尚待完善

针对生态文明建设，安徽省出台了《安徽省生态文明体制改革实施方案》、《关于扎实推进绿色发展着力打造生态文明建设安徽样板实施方案》等多项文件，但相关文件及实施细则多在2016年、2017年颁布，推广实施时间和试点时间均较短。因此，各项生态文明制度建设工作，多处于起步、试点甚至探索阶段，和2020年的建设目标仍有距离，部分重点制度仍待健全或完善。

此外，安徽省水系众多，流域治理需跨行政区进行统筹协调，目前虽已初步开展了跨区域联动机制、资金多元化筹措机制、生态补偿机制等，但仍然存在监管不到位，多龙治水的问题，急需结合安徽省实际需求进行完善。

各项制度的推进现状和难点详见专题表3-5。8项制度中，1、4、5、6、7项制度均和"水"相关，涉及水资源节约、水污染治理、水生态保护、流域联合管控等多个方面。

专题表3-5　安徽省生态文明制度体系建设主要进展与难点

序号	生态文明制度	重点进展与存在主要问题/难点
1	自然资源资产产权制度	重点进展：2016年5月，颁布《安徽省编制自然资源资产负债表试点方案》，在蚌埠、宣城、青阳3地开展编制自然资源资产负债表试点，目前相关工作正在进行中 主要问题/难点：自然资源基础资料的搜集、整理和审核的工作量大、涉及面广、专业领域多，需要较多时间和人力投入
2	国土空间开发保护制度	重点进展：2013年12月，颁布《安徽省主体功能区规划》，将全省国土空间划分为重点开发、限制开发和禁止开发三类主体功能区，并根据主体功能定位，明确开发方向，控制开发强度。后续相关工作按照要求进行 主要问题/难点：限制开发区和禁止开发区在不影响主体功能定位的前提下，如何合理发展资源环境可承载产业以及进行必要的城镇建设
3	空间规划体系	重点进展：2017年12月，省级-《安徽省空间规划（2017—2035年）》通过评审；计划2018年年底前，编制完成蚌淮（南）、宿淮（北）等重要城镇体系规划
4	资源总量管理和全面节约制度	重点进展：2013年，颁布《安徽省人民政府关于实行最严格水资源管理制度的意见》，实行水资源消耗总量和强度双控制，每年对各地市开展考核；2006年颁布《安徽省节约能源条例》，2015年颁布《安徽省人民政府办公厅关于加强节能标准化工作的实施意见》，2017年颁布"十三五"节能减排实施方案，从总体准则、节能标准、总量控制、能耗强度等多方面提出了要求。相关标准均按照计划推进和考核 主要问题/难点：全省经济整体仍呈现快速发展趋势，对各类资源总量消耗的控制难度大
5	资源有偿使用和生态补偿制度	重点进展：2016年8月，颁布《关于健全生态保护补偿机制的实施意见》，提出建立多元化补偿机制，在水流、湿地、森林、耕地等重点领域推进生态补偿试点示范和机制建立。部分区域和领域已推进了相关试点工作 主要问题/难点：涉及跨行政区的横向补偿工作，因为涉及多地区、多部门、多利益主体等原因，推进难度较大
6	环境治理体系	重点进展：2016年，颁布《安徽省水污染防治工作方案》《安徽省大气污染防治条例》等文件，提出建立区域污染防控联防机制。水污染防治领域，在重点流域如巢湖由合肥市和六安市共同建立丰乐河水污染联防联控机制；大气污染防治领域，一方面，主动参与长三角区域大气联防联控，另一方面，在省内推动合肥经济圈六市、县共同签署大气污染联防联控合作框架协议 主要问题/难点：跨区联防联控涉及摸清污染底数、明确各区域责任、建立统一协调机制等多项难题，协调推进难度较大
7	环境治理和生态保护市场体系	重点进展：省级和各地市均支持在环境污染治理、生态保护等项目开展中，广泛通过PPP等模式引入社会资本 主要问题/难点：水权交易、碳排放权交易等仍处于探索阶段
8	生态文明绩效评价考核和责任追究制度	重点进展：2017年，颁布了《安徽省生态文明建设目标评价考核实施办法》，在资源环境生态领域有关专项考核的基础上综合开展，采取评价和考核相结合的方式，实行年度评价、五年考核 主要问题/难点：各地区实际资源禀赋和工作目标相差较大，需要结合地区发展实际，制定有区域特色的生态文明建设目标评价考核办法

四、安徽省水环境主导的生态文明发展目标

1. 指导思想

全面贯彻落实党的十九大精神和党中央、国务院关于生态文明建设和环境保护的重大决策部署,坚持以习近平新时代中国特色社会主义思想为指导,牢固树立和践行"绿水青山"就是"金山银山"的理念,统筹推进"五位一体"总体布局,协调推进"四个全面"战略布局,将生态文明建设融入经济、政治、文化、社会建设各方面和全过程,协同推进新型工业化、信息化、城镇化、农业现代化和绿色化,坚持节约、保护、自然恢复的方针,以绿色、低碳、循环发展为基本途径、以培育生态文化为重要支撑,推动形成绿色生产生活方式,优化国土空间开发格局、全面促进资源节约利用,加大生态系统和环境保护力度,着力解决突出环境问题,实现"绿水青山"与"金山银山"的有机统一,加快建设绿色江淮美好家园,不断满足人民日益增长的优美生态环境需要。

2. 主要目标

到 2020 年,基于主体功能定位的国土开发格局基本建成,资源节约型和环境友好型社会建设取得重大进展,经济发展质量效益、能源资源利用效率、生态系统稳定性和环境质量稳步提升,生态文明主流价值观在全社会得到推行,"三河一湖"生态文明建设成为全国示范样板。具体目标如下。

(1)国土开发格局基本建成。经济、人口布局更趋协调,全省空间开发强度、城镇空间规模得到有效控制,城镇化、农业发展和生态安全三大战略格局基本确立,城乡建设绿色发展取得重要突破,生产空间集约高效,生活空间舒适宜居,生态空间自然秀美。

(2)资源利用效率稳步提升。能源和水资源消耗、建设用地、碳排放总量得到有效控制。全省用水总量控制在 270.84 亿 m^3 以内,万元 GDP 用水量比 2015 年下降 25%,农田灌溉水有效利用系数达到 0.535,农作物秸秆综合利用率达到 90%。循环经济发展和清洁生产机制初步建立。

(3)生态环境质量总体改善。全面完成国家下达的主要污染物减排任务,污染物排放强度持续下降,全省空气质量明显改善,基本消除重污染天气。重要江河湖泊水功能区水质达标率不低于 80%,省辖市集中式饮用水水源水质达到或优于Ⅲ类比例高于 94.6%。土壤环境质量总体保持稳定。森林覆盖率达到30%以上,林木绿化率达到35%,湿地保有量达到1580万亩,生态系统稳定性明显增强,生态安全保障能力进一步提升。

(4)生态文明重大制度基本确立。基本形成产权清晰、多元参与、激励约束并重、系统完整的生态文明制度体系,自然资源资产产权、国土空间开发保护、环境治理和生态保护市场化等制度基本建立,资源总量管理、全面节约、有偿使用、生态补偿、环境治理、生态文明绩效评价考核和责任追究等制度更加健全。

(5)生态文明新风尚有效形成。生态文明成为社会主流价值观,生态文明教育全面

普及，生态文化体系基本建立，绿色生活方式和消费模式普遍推行，生态文明意识深入人心。创建一批生态文明建设领域示范典型。

第三章 合肥市城乡生态文明建设的"三水共赢"模式

一、城乡发展基础

1. 各类资源利用效率较高，仍有提升潜力

2016年合肥市水资源总量49.76亿m^3，供水总量和用水总量为30.45亿m^3，地表供水占比97%，跨境调水占比16%，人均综合用水量约390m^3，低于全国438 m^3的平均水平；合肥市总体属于能源输入城市，2016年全市能源消费总量约2156万tce，单位GDP能耗0.347 tce/万元，同比下降6.6%，超额完成节能目标。

2. 水环境和大气环境需进一步加强治理

2016年，总体水环境质量较为稳定：主要环湖河流总体水质状况为中度污染，Ⅰ～Ⅲ类水质断面占比68%、劣Ⅴ类水质断面占比32%；作为全市饮用水源地的董铺水库和大房郢水库水质达标率为100%；巢湖湖体9个测点水质均超地表水Ⅲ类标准。2016年，全市空气质量优良率达69%，可吸入颗粒物（PM_{10}）和细颗粒物（$PM_{2.5}$）的年平均浓度分别为83 $\mu g/m^3$和57 $\mu g/m^3$，完成年度大气环境质量改善目标，但均超过了空气环境质量年日均值二级标准的要求。

3. 生态保护和修复工作需持续综合推进

通过多年植树造林等生态恢复工程，2016年，全市森林覆盖率约26.8%，森林面积达245万亩、森林蓄积量约700万m^3。湿地恢复工作稳步推进，其中巢湖生态湿地面积在2016年达到37.8km^2。近年来全市城乡经济发展对生态系统的保护和修复造成了较大压力，应以"山水林田湖"系统化思维综合推进下一步工作。

二、城乡发展模式总结

合肥市在城乡生态文明建设过程中，以水资源、水环境、水生态为纽带，有效促进全市资源利用效率提升、环境质量改善、生态系统优化，综合提升城乡生态文明建设水平，打造区域生态文明发展的"三水共赢"模式（专题图3-3）。

一是以水资源为抓手，提升城乡主要资源利用效率。推进城乡重点领域资源节约，增强资源储留和调配能力，同时提升再生资源利用水平；

二是以水环境为突破，开展城乡重点环境污染治理。以改善质量、控制总量、防范风险为主要思路，推进水污染治理、大气污染治理等重点工作。

三是以水生态为抓手，促进城乡自然生态系统优化。以水生态系统建设为抓手，推进合肥市生态系统治理，综合提升城乡生态系统承载能力和生态服务可持续水平。

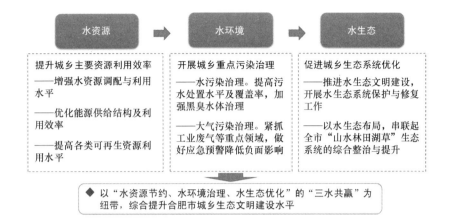

专题图 3-3　合肥市城乡生态文明建设的"三水共赢"模式

1. 以水资源为抓手，提升城乡主要资源利用效率

在产业尤其是工业领域，以水资源节约为抓手的各类产业转型升级、产品链条延伸、新型加工技术的推广，能够协同带来包括水资源、能源、原材料等在内的各类资源利用效率的提升。

在生活和消费领域，水资源节约意识的深入普及，能够全面提升居民的环保意识和参与程度，带动对于能源、可再生资源等其他资源的节约和再利用。

（1）提升水资源的调配与利用水平

实施总量强度双控，全面提升利用效率。到 2015 年，通过完善的控制指标体系，全市用水总量控制在 31.5 亿 m^3，达到目标。同时重点领域的用水效率全面提升，农业方面：调整农业种植结构，减少水田，适度增加蔬菜、花卉种植面积，进行灌区节水改造，灌溉水有效利用系数达 0.52 以上；工业方面：促进产业转型升级和产品链条延伸，逐步推广先进节水工艺、技术与设备，针对高耗水企业开展工业企业节水试点，工业用水重复利用率提升至 90%；生活方面：由城市向城镇推进，逐步采用阶梯式水价，重点推广节水器具，进行供水管网改造，主城区节水型器具普及率达 99%。

增强城市储水能力，合理开展水量调配。围绕新出台的《合肥市海绵城市专项规划（2016—2030 年）》，贯彻"渗、滞、蓄、净、用、排"六字方针，在城市四个方向预留建设 6 个万亩以上森林绿地或湿地公园，每个行政辖区内，都规划建设 1-2 个大型水面，做到调蓄、生态和景观并存，增强城市储水和自调节能力，实现人与自然和谐共生。合理开展境外引水，立足大别山水库群、着眼长江，通过科学论证和实施"引江济巢"等工程，增强供水保障。同时继续在全市实施最严格的水资源管理制度，开展合肥市各区的内部调配。

实现多渠道供给，利用非常规水资源。加快污水资源化步伐，实现水资源的多渠道供给和多层次利用。重点推广再生水在景观补水、工业冷却、生活杂用、绿化等领域使用，减少新鲜取水量。结合海绵城市建设试点推进雨水资源利用，实现"收集—调蓄—净化—利用"的雨水综合利用，依托建筑物的新建、改建、扩建，推进屋面雨水利用设施建设，居住区与建成区推广实施透水铺装路面。

（2）优化能源供给结构与利用效率

优化能源结构，提升清洁能源消费。结合新型城镇化建设扩大城市"无煤区"范围，促进储能设施和智能电网建设,提高电力、天然气及可再生能源在居民生活、产业、交通等各领域能源消费中的比例。

促进产业转型,推进重点领域节能。通过加快产业转型、淘汰落后产能、推行能效对标等措施加快重点工业领域节能技术改造,通过提高建筑节能设计标准、推广绿色建筑等措施强化各类建筑节能,通过提升公共交通占比、引导低碳出行等措施促进交通运输领域节能,通过推广规模农业、推广高效节能器具、因地制宜采用生物质能等措施抓好农业农村节能。

开展多元供应,推动能源使用管理。建立包括国内、国际等资源来源多元化的格局,形成以煤为主转向煤、油气、新能源等多轮驱动的能源供应体系,建设多品种能源应急储备设施,提高应对多情景尤其是突发事件下的供应保障能力。突出重点用能单位能源消耗总量和强度"双控"目标责任,采取企业节能承诺和政府引导相结合的方式,推动重点单位用能管理水平和能源利用效率的大幅提升。

(3)提高各类可再生资源利用水平

促进产业类固体废物再生利用。在产业大宗废弃物领域,重点推动冶金渣、化工渣、磷石膏等工业固体废物,以及农作物秸秆、规模化养殖粪便等农业废弃物的综合利用,进一步提升综合利用效率。

加强城乡废弃物规范有序处置。增强可再生资源的分类收集和再利用水平,推动生活垃圾、餐厨垃圾、建筑垃圾等主要品种的统一收运和集中化、无害化、协同化处置,提升资源利用效率的同时减少对水体、土壤的污染压力。

2. 以水环境为突破,开展城乡重点环境污染治理

重点围绕与居民日常生活紧密相关的水环境、大气环境,加强相关领域的污染治理工作,降低各类风险发生概率、综合提升区域环境质量。

(1)提升城乡水污染的治理能力

完善基础设施建设,提高污水处置覆盖率。一是促进污水处置设施的增量提升和存量优化,新建污水处理厂出水指标严格执行《巢湖流域城镇污水处理厂和工业行业主要水污染物排放限值》(DB34/2710—2016)要求,出水标准达到国内领先。结合已有污水处理设施改扩建同步实施提标升级改造,提高出水水质,削减入巢湖氮、磷污染物负荷。二是不断提升乡镇和农村污水处理能力,基本实现乡镇政府驻地污水处理设施全覆盖。三是不断加快环巢湖污水处理厂管网的延伸完善,推进雨污管网分流改造,区域污水得到有效收集和处理,溢流现象基本消除。

加快黑臭水体整治,解决居民临近环境风险。2016年完成市区水体的普查工作,排查上报黑臭水体23处,并开展相关治理工作。截至2016年7月底,蜀峰湾公园南湖生态治理工程已开工建设,完成工程量40%;河东水库生态修复工程施工单位已进场;许小河生态补水和王建沟河底清淤两项工程正在进行施工招标。市级考核的19个项目全部列入2016年大建设计划,已完工3处,开工建设2处,其余14处正在加紧施工招标和前期工作,2017年年底城市建成区基本消除黑臭水体。

(2)推进农村垃圾和农业面源污染整治

农村生活垃圾的随意丢弃、堆存和农业面源污染是造成水环境污染的重要因素。针

对农村生活垃圾,合肥市推行"村收集、乡镇转运、市县处理"为主体的农村生活垃圾管理模式。统筹规划转运站布局,推进农村生活垃圾末端处理设施建设,不断提升农村生活垃圾收运和处理能力。2017 年,合肥市全面启动 29 个乡镇 59 个村的垃圾分类试点,有效实现垃圾的减量化和资源化。

针对畜禽养殖污染,合肥市推进对禁养区内养殖场的关闭或搬迁,建立常态化监管机制,严禁"死灰复燃"。对全市未配套建设粪污处理设施的畜禽规模化养殖场开展摸底调查,推动建设畜禽粪污收储、转运、固体粪便集中堆肥等设施。新建规模化畜禽养殖场要配套建设粪污处理设施,提高畜禽粪污的处理和资源化利用水平。

3. 以水生态为纽带,促进城乡自然生态系统优化

(1) 开展水生态系统的保护工作,助推区域和谐发展

水生态系统保护是生态文明建设的重要内容。作为全国水生态系统保护与修复试点市、水生态文明城市建设试点城市,合肥市加快推进巢湖综合治理,以水资源配置工程、防洪和治河工程、治污工程、生态补水工程等工程项目为载体,推动环巢湖地区生态保护与修复。将水生态文明建设有机融入城市转型升级的总体进程中,建立了"城湖共生,人水和谐"的发展模式。

(2) 开展森林绿地生态修复工作,保障生态系统稳定

重点建设合肥滨湖国家森林公园。按照'自然生态'理念,大力实施丰富植被、恢复湿地等生态修复工程,科学配置植物群落,加强有害生物防治及外来入侵物种的处理分析,工程建设中减少人工痕迹并做到去园林化,建成了全国第一个且唯一由退耕还林的人工林经过生态修复而建成的国家级森林公园,增强了城市生态屏障的稳定性,并且实现了对入巢湖污染物的削减。

全面启动土壤污染调查修复。2017 年,制定并实施《合肥市土壤污染防治工作实施方案》,提出明确掌握土壤环境质量状况、加强土壤污染环境监管、保障农业生产环境安全、防范建设用地人居环境风险、严控新增土壤污染、做好土壤污染预防、改善区域土壤环境质量等 10 大项 34 小项具体任务,明确到 2020 年,全市土壤污染趋势得到初步遏制,土壤环境质量总体保持稳定。

三、生态文明综合评价结果

1. 评价指标体系

以国家颁布的《生态文明建设考核目标体系》、《绿色发展指标体系》等作为参考,基于合肥市的实际建设情况和发展重点,选取四类共 17 个指标,构建合肥市"三水共赢"发展模式下的评价指标体系(专题表 3-6)。

2. 综合效益分析

在"三水共赢"发展模式下,合肥市水耗能耗逐年降低,资源利用效率逐步提升;主城区污水集中处理率达到 95% 以上,巢湖水质逐步改善,环境质量显著提升;巢湖生态湿地面积达到 37.78 km^2,生态系统持续优化。

专题表 3-6　合肥市"三水共赢"生态文明发展模式评价指标体系

分类	序号	指标	单位	2010年	2015年	2020年
一、资源利用	1	万元 GDP 用水量	m^3/万元	80.9	53.8	41.4
	2	单位 GDP 能耗量	tce/万元	0.495	0.372	0.309
	3	非化石能源占一次能源消费比例	%	4	6	8
	4	一般工业固体废物综合利用率	%	85	91.7	95
	5	农作物秸秆综合利用率	%	75	85	90
二、污染治理	6	化学需氧量排放削减量	万 t（五年累计）	—	3.3	1.85
	7	氨氮排放削减量	万 t（五年累计）	—	0.5	0.24
	8	二氧化硫排放削减量	万 t（五年累计）	—	0.6	0.46
	9	氮氧化物排放削减量	万 t（五年累计）	—	0.9	0.88
	10	细颗粒物（$PM_{2.5}$）年均浓度	$\mu g/m^3$	—	66	53
三、生态环境	11	水功能区水质达标率	%	50	57	65
	12	森林覆盖率	%	11.6	26.8	28
	13	新增湿地面积	万 hm^2（五年累计）	—	0.28	0.3
四、绿色生活	14	主城区节水型器具普及率	%	90	99	100
	15	城市亲水岸线比例	%	50	74	80
	16	居民生态文明认知度	%	75	85	90

注：指标体系数据来源包括《合肥市国民经济和社会发展第十三个五年规划纲要》《合肥市"十三五"节能减排综合性工作方案》《合肥市水生态文明城市建设试点实施方案》《合肥市固体废物污染环境防治信息公告》等资料。

结合评价指标体系设置与变化情况，考虑到可统计、可量化计算等因素，针对资源能源利用效率提升、环境污染治理、生态系统保护与修复三大举措，对其产生的效益进行货币化评估。

（1）资源节约类效益

效果汇总。结合合肥市特色发展模式评价指标体系的选取，可量化的资源节约类效益主要包括节水、节能、再生资源利用等方面（专题表 3-7）。

专题表 3-7　合肥市"三水共赢"模式资源节约效果汇总表

指标		单位	2010年	2015年	2020年
全市 GDP		亿元	2702.5	5660.3	10000
万元 GDP 用水量		m^3/万元	80.9	53.8	41.4
全市新鲜水耗量	优化前	万 m^3	218632	457918	809000
	优化后		—	304524	414000
	削减量		—	153394	395000
单位 GDP 能耗量		tce/万元	0.495	0.372	0.309
全市能耗量	优化前	万 tce	1338	2802	4950
	优化后		—	2106	3090
	削减量		—	696	1860
一般工业固体废物综合利用量		万 t	700	750	820
农作物秸秆综合利用量		万 t	320	351	400

以 2010 年为基准年，可以得出合肥市特色模式下主要的资源节约类效果：到 2015 年，实现新鲜水耗量节约 15.3 亿 m^3/年，节能量 696 万 tce/年，一般工业固体废物综合利用量

750 万 t/年，农作物秸秆综合利用量 351 万 t/年；到 2020 年，预计实现新鲜水耗量节约 39.5 亿 m^3/年，节能量 1860 万 tce/年，一般工业固体废物综合利用量 820 万 t/年，农作物秸秆综合利用量 400 万 t/年。

效益货币化核算。依据已计算得出的各类资源节约与再利用效果，乘以单位资源价值，可估算出资源节约类效果的货币估值，2015 年和 2020 年分别约 630 亿元和 1484 亿元（专题表 3-8）。

专题表 3-8　合肥市特色发展模式下资源节约效果的货币化估算表

指标值		新鲜水	能源	一般工业固废	农作物秸秆	合计
2015 年节约/再利用量/万 t		153 394	696	750	351	
2020 年节约/再利用量/万 t		395 000	1 860	820	400	
单位资源价值元/t	2015 年	6	6 000	1 500	200	
	2020 年	6	6 000	1 500	200	
减少的投入成本/亿元	2015 年	92	418	113	7	630
	2020 年	237	1 116	123	8	1 484

（2）污染减排类效益

效果汇总和效益货币化估算。结合合肥市特色发展模式评价指标体系的选取，可量化和货币化估值的污染减排类效益主要包括化学需氧量、氨氮、二氧化硫、氮氧化物四类；各类污染物的减排量乘以单位污染物治理成本，可估算出污染减排类效果的货币估值（专题表 3-9）。

综上，污染减排类效果的货币估值，2015 年和 2020 年分别约 3010 万元和 1719 万元。

（3）生态质量提升类效益

结合合肥市特色发展模式指标体系的选取，考虑到可量化和可货币化等因素，生态质量提升类效益的估算对象主要包括新增森林面积（森林覆盖率）和新增湿地面积两类。

专题表 3-9　合肥市特色发展模式下污染减排类效果和货币化估算汇总表

指标值		化学需氧量	氨氮	二氧化硫	氮氧化物	合计
2015 年削减量/t		6600	1000	1200	1800	
2020 年削减量/t		3700	480	920	1760	
单位治理成本元/t	2015 年	2500	10000	1500	1000	
	2020 年	2500	10000	1500	1000	
减少的治理成本万元	2015 年	1650	1000	180	180	3010
	2020 年	925	480	138	176	1719

注：二氧化硫和氮氧化物的单位治理成本取市场治理技术的平均价格，化学需氧量和氨氮的单位治理成本参考中部地区河南省颁布的生态补偿标准

新增森林面积。根据合肥市总面积及森林覆盖率的变化值，估算 2010 年、2015 年和 2020 年的森林面积分别约 1327.6 km^2、3067.3 km^2 和 3204.6 km^2；即 2015 年和 2020 年的年均新增森林面积分别约 52.2 万亩（348 km^2）和 4.1 万亩（27.5 km^2）。每亩森林年均生态价值估算取 5000 元，则 2015 年和 2020 年新增森林的货币化效益分别约 26.1 亿元和 2.1 亿元。

新增湿地面积。根据指标体系数据，2015年和2020年的年均新增湿地面积分别约560hm² 和 600 hm²，每公顷湿地年均生态价值取 10 万元，则 2015 年和 2020 年新增湿地的货币化效益分别约 5600 万元和 6000 万元。

即 2015 年和 2020 年的主要生态提升类效益分别约 26.7 亿元和 2.7 亿元。综上分析，汇总资源节约类、污染减排类和生态质量提升类三个主要领域的货币化效益，可估算出合肥市"三水共赢"发展模式下的综合货币效益，在 2010 年和 2015 年分别约 657 亿元和 1487 亿元。以水资源、水环境、水生态为主要抓手的生态文明建设效益显著（专题表3-10）。

专题表 3-10　合肥市特色发展模式下综合效益估算汇总表　（单位：亿元/年）

年份	资源节约效益	污染减排效益	生态提升效益	合计
2015 年	630	0.3	26.7	657
2020 年	1484	0.17	2.7	1487

第四章　巢湖流域生态文明建设的"三生优化"模式

一、流域发展基础

基本情况。巢湖流域位于安徽中部，涉及行政区划范围包括合肥、六安、马鞍山、芜湖、安庆等 5 市的 19 个县（市、区），总面积约 2.21 万 km²；流域内水系密布，集水面积达 1.35 万平方公里。

近年来，巢湖流域综合承载力和辐射带动力显著提升，是安徽省经济发展最具活力和潜力的重要板块。流域范围人口、经济总量和财政收入分别占全省 1/5、1/3 和 1/4，战略新兴产业产值占全省比例超过 35%，是安徽省经济社会发展水平较高的地区之一。2014 年 7 月，巢湖流域获批国家生态文明先行示范区。

二、流域发展模式的总结

巢湖流域以资源承载力为基础，以水环境质量改善为硬性约束，同步优化流域内各城市的产业、社会发展，促进跨区域协作，在推进过程中形成了流域生态文明建设生态定产、生态定城、生态协作的"三生优化"模式（专题图3-4）。

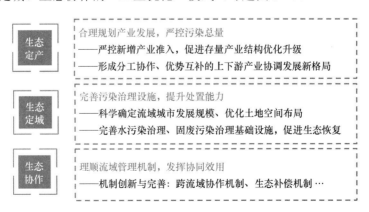

专题图 3-4　巢湖流域生态文明建设的"三生优化"模式

一是生态定产，合理规划产业发展，严控污染总量。主要措施包括严控新增产业准入，促进存量产业结构优化升级，形成分工协作、优势互补的上下游产业协调发展新格局。

二是生态定城，完善污染治理建设，提升处置能力。主要措施包括科学确定流域城市发展规模、优化土地空间布局，完善水污染治理和固废污染治理等设施、提升排放标准。

三是生态协作，理顺流域管理机制，发挥协同效用。根据巢湖流域发展实际，由合肥市牵头，促进各城市间在协同治理领域的机制创新，重点包括跨流域协作机制、生态补偿机制等。

1. 生态定产，合理规划产业发展，严控污染总量

（1）加强红线管控，严控新增产业准入

借鉴太湖、滇池等地做法，划定巢湖流域水环境一、二、三级保护区（《关于公布巢湖流域水环境保护区范围的通知》），对巢湖流域产业和项目布局实行最严格的规划管控，严守生态功能保障基线、环境质量安全底线、自然资源利用上线三大红线。制定产业准入负面清单，严格环境准入标准，把污染物总量指标作为环评的前置条件，实行等量或减量置换，严控产业增量。

（2）加快产业转型，优化提升存量产业

加快流域各市的产业转型。以培育壮大战略性新兴产业为先导，以做大做强优势支柱产业为重点，以发展繁荣现代服务业为支撑，以综合开发现代农业为基础，提升产业层次，做大产业规模，全面建成现代化产业体系。强力淘汰落后产能，严格控制巢湖流域内化工、钢铁、冶金、建材等"三高两超"项目的建设，依法淘汰浪费资源、污染环境的落后生产工艺和技术设备。

优化生态农业产业体系。壮大已有的蔬菜瓜果、苗木经果、现代渔业、优质稻米和休闲农业等领域，依托粮食生产提升工程、高效设施农业扩面工程、农产品加工升级工程、生态农业提速工程等重点工程，优化形成现代生态农业体系。

促进工业绿色化新型化发展。本着既有利于环巢湖流域工业布局调整，也有利于巢湖治理和保护的理念，加速信息化与工业化深度融合，促进传统产业新型化发展。强力推进家电、汽车、工程机械、建材、新型化工等优势传统制造业转型升级，向高附加值、高技术含量方向发展；大幅提升工艺水平和整体竞争能力，加快品牌创建和标准制定，加速向产业链高端攀升。

提升流域现代服务业发展质量。一是依托环巢湖特色生态资源，由合肥市联合马鞍山市、芜湖市、六安市等流域城市，合理规划旅游和文创等关联产业壮大；二是根据各市发展基础和特色，有选择的培育壮大金融、现代物流、商贸会展等服务业态。

（3）开展分工协作，促进流域协同发展

发挥合肥市的省会优势和带动作用，结合合六（六安市）、合铜（铜陵市）、合淮（淮安市）、合巢芜（巢湖市、芜湖市）四大产业带的打造，促进流域产业集群发展，逐步形成布局合理、功能明确、竞争有序、绿色低碳的产业空间布局。

其中，合六产业带重点发展电子信息、新能源、家用电器、汽车及零部件以及临空

产业，合铜产业带重点发展汽车制造、农产品加工、冶金、矿业采掘等产业，合淮产业带重点发展汽车零部件、农产品加工、新型建材及重化工业，合巢芜产业带重点发展智能装备、节能环保、机械加工、新型化工、商贸物流等产业。

2. 生态定城，优化城镇生态格局，完善污染治理设施建设

（1）优化流域城镇发展规模和空间布局

推动经济发展、生态保护、环境治理等协调联动。确立生态保护红线、资源利用上线、环境质量底线，以水定城，不断优化巢湖流域城市功能布局和空间形态，强化生态环境硬约，设定禁止开发的岸线、河段、区域、产业等，实施更严格的管理要求。

明确流域空间格局和生态功能分区。划分为生态控制区（禁止建设区）、生态保育区（限制建设区）和生态协调区（适宜建设区）三类（《安徽省巢湖流域生态文明先行示范区建设实施方案》）。生态控制区占流域总面积59.7%，仅允许建设具有系统性影响、确需建设的道路交通设施和市政公用设施，生态型农业设施、公园绿地及必要的风景游赏设施。生态保育区占流域总面积29%，仅允许建设旅游、生态型休闲度假和健康养老产业项目，必要的农业生产及农村生活、服务设施，必要的公益性服务设施、科研教育项目等。生态协调区占流域总面积的11.3%。包括主城区、外围副城区、产业基地、乡镇等建设区域。

科学确定城镇发展规模，优化内部布局。以资源环境承载能力为基础，科学确定城镇发展规模。合理控制人口和建设用地规模。到2020年，中心城区常住人口控制在360万人以内，城市建设用地控制在360 km^{2}以内；划定城市开发边界，增强城市内部布局的合理性，严格控制新增建设用地，加大存量用地挖潜力度，合理开发利用城市地下空间资源，综合提升城市的通透性和微循环能力。

（2）着重提升各污染处置设施建设水平

提升水污染治理能力。一是积极推进流域内城市和乡镇已有污水处理厂的提标改造，提高主要污染物排放标准，加快雨污合流城市排水管网改造，重点城市按照严于一级A标准对南淝河、十五里河、派河流域的污水处理厂实施提标改造；二是通过推广和应用分散型污水处理技术，新建一批高标准乡镇污水处理厂（或设施）及配套管网项目，逐步实现流域内污水集中处理的全覆盖。

加强综合类环境整治。一是逐步建立覆盖流域城乡的垃圾收集、处理设施网络，开展生活垃圾分类收集，推广垃圾焚烧发电和餐厨废弃物资源化利用，推进生活垃圾处理向无害化、减量化、资源化发展，提升城市生活垃圾无害化处理率。二是完善农村环境治理设施，建成一批垃圾中转站、垃圾处理设施等，资源化利用农村生产生活有机废弃物，提高沼气等清洁能源利用水平，同时发展清洁养殖、生态养殖，加强流域面源污染控制。

（3）促进流域重点自然生态系统的恢复

提升流域湿地生态功能。保护、恢复、重建巢湖沿岸湖滨湿地和滨岸湿地植被带，逐步形成适宜动植物群落栖息的湖滨带生态环，构建完整的巢湖梯级湿地体系，恢复巢湖水体的自净能力。加快城市游憩型湿地建设，净化水质，丰富城市景观；加快乡村湿地建设（河流、沟渠、池塘、农田等），净化和减少面源入湖污染；建设污水净化型湿

地，深度处理城镇污水处理厂（设施）尾水；科学合理布局建设湿地公园，开展湿地生态旅游。2015 年到 2018 年，完成环巢湖生态湿地修复面积约 2500 hm^2。

构筑流域绿色生态屏障。加快流域的绿色屏障、绿色长廊等建设，增强流域水土保持能力和生态系统稳定性。精心编织"路网、水网、林网"三网绿色网络，形成城乡绿色生态屏障；以水源涵养林建设和山体修复为重点，实施山林复绿修复工程；精心打造森林版块，在大型水库、江淮分水岭区域、城市周边等生态区位重要区域，大力开展植树造林，建设森林生态屏障和绿色长廊。

3. 生态协作，理顺流域管理机制，发挥协同效用

完善和创建流域生态文明制度体系，结合生态定产、生态定城及生态协作的发展方向，重点通过加快以下生态机制建设、逐步实现流域治理及可持续发展的高效协作。

（1）完善流域跨区联动机制

构建高效的执行管理机构。联合流域内的合肥、六安等城市，构建跨部门、跨区域的专项资源和资产保护、区域执法等管理机构，明确各部门责任、权力和利益，制定规则，区域联动，规范管理。

建立相互衔接的跨行政区域工作机制。共同核定水域纳污能力，严格入河排污口的监管和审批，加强入河排污总量控制，全面落实最严格的水资源管理制度。实施严格的污染排放标准和环境质量标准，强化流域水质监测管理，加强监测能力建设，提高监测覆盖率，确保完成国家提出的水质监测目标。

（2）探索巢湖综合治理体系

探索建立巢湖生态综合治理研究体系。推进理论体系创新，加快编制巢湖治理与保护总体策略和行动计划。推进关键技术创新，加快水污染防治新技术、新成果应用。推进体制机制创新，制定并实施定期调度制度、审计监督制度、资金拨付制度、工作推进机制等一系列制度，强化巢湖治理的制度基础。

探索巢湖监督管理体系。实施统一管理，由巢湖管理局负责统一管理巢湖规划、水利、环保等事务，实现对巢湖的统一规划、统一治理、统一管护。拓宽监督渠道，出台巢湖流域生态文明先行示范区建设监督管理暂行办法、管理责任追究暂行办法等文件，加大违规违纪行为的查处力度。加强建设监管，成立专项督查组，紧扣工程质量、建设进度、责任落实等项目建设重点开展现场督查。

探索巢湖保护立法和执法体系。推进《巢湖流域管理条例》立法，严格执行《巢湖流域水污染防治条例》，进一步理顺巢湖流域水环境治理体制。加大水立法保障，探索建立最严格的水资源保护制度。加强合肥等城市水环境执法，建立"河长制"，形成河流巡查长效机制。

（3）试点开展生态补偿机制

探索建立巢湖流域水环境综合整治生态补偿机制，推进流域上下游之间的生态补偿，推进开展生态补偿试点工作，以入湖主要污染量控制为主要手段，合理确定生态补偿指标和控制目标，根据控制目标完成程度设定补偿系数。在炯炀河流域实施生态补偿试点工作，确定化学需氧量、氨氮、总氮、总磷和入湖水量 5 项为生态补偿指标，由合肥市、巢湖市和炯炀镇按 5∶3∶2 比例承担，用以探索巢湖流域跨行政边界生态

补偿方法。

三、生态文明综合评价结果

1. 流域建设目标

根据《巢湖流域生态文明先行示范区建设方案》，结合"三生优化"模式下生态定产、生态定城、生态协作的发展方向，以2013年为基准年，到2018年年底，流域生态文明建设的主要预期目标如下。

提升经济发展质量。人均GDP达到7万元，三次产业比例调整为2∶53∶45，战略性新兴产业占GDP比例达到15%。

促进资源综合利用。单位建设用地生产总值提高到3亿元/平方公里，万元工业增加值用水量降至31吨，GDP能耗降幅优于上级政府考核目标。

提高生态环境质量。森林覆盖率达到30%，人均公共绿地面积明显提升，城市污水集中处理率和城镇（乡）生活垃圾无害化处理率均达到95%，巢湖水质和入湖主要河流达标率大幅提升，完成环巢湖生态湿地修复面积2500 hm^2。

完善生态制度体系。生态文明建设工作占党政实绩考核比例达到25%，重点探索完善最严格的水资源管理制度和巢湖流域综合治理体制机制体系，创新区域联动机制。

2. 综合效益分析

通过生态定城、生态定产、生态协作等措施的推进，巢湖流域实现了产业结构转型升级、城市合理有序发展、生态保护与修复稳步推进的可持续发展局面。据估算，到2018年，巢湖流域人均GDP达到7万元，三次产业比例调整2∶53∶45，森林覆盖率达到30%，完成环巢湖生态湿地修复面积约2500 hm^2。

基于巢湖流域"三生优化"发展模式，综合考虑数据可量化、可货币化等因素，从流域产业提升、城乡资源环境两大方面，选取重点指标进行综合效益的量化分析。

（1）流域产业提升效益

基准年情况。2013年，巢湖流域GDP总量占全省GDP的1/3，约6400亿元。

目标年情况。2018年，巢湖流域人均GDP预期达到7万元/人，流域总人口约1200万人，则GDP总量增至约8400亿元。

提升效益。2018年相较2013年的2000亿元增量中，由于生态文明建设带来的产业转型升级、产品附加价值提升等，贡献占比可达到10%左右，即产业提升效益的年均货币化估值约200亿元。

（2）城乡资源环境效益

1）水资源节约效益

基准年情况。2013年，巢湖流域各区域的水资源消耗总量约71.5亿 m^3、GDP总量约6400亿元，则万元GDP水耗量约112 m^3。

目标年情况。2018年，GDP总量约8400亿元，参考流域万元工业增加值用水量降幅约15%，万元GDP水耗量降幅估算取15%约95m^3。

节水效益。2018 年相较 2013 年，万元 GDP 水耗量减少 17 m³，总节水量约 14.3 亿 m³。取水价 6 元/立方米，则水资源节约的当年货币化估值约 85.8 亿元。

2）能源节约效益

基准年情况。2013 年，巢湖流域各区域的能源消耗总量约 3948 万 tce，单位 GDP 能耗均值约 0.62 tce/万元。

目标年情况。到 2018 年，按照"十三五"期间单位 GDP 能耗下降 17%的累计值估算，流域各区域的单位 GDP 能耗约 0.51 tce/万元，总能耗约 4284 万 tce。

节能效益。2018 年相较 2013 年，单位 GDP 能耗下降值为 0.11 tce/万元，总节能量约 924 万 tce。按照 6000 元/吨的能源价格估算，则节能效益的当年货币化估值约 554 亿元。

3）生态提升效益

生态提升效果。2018 年相较 2013 年，森林覆盖率从 25%左右提升至 30%、累计新增森林面积约 165 万亩（约 11 万 hm²），累计新增湿地面积约 2500 hm²。以单一年份计算，年均新增森林面积和湿地面积分别约 33 万亩（约 2.2 万 hm²）和 500 hm²。

生态提升效益。按照森林生态价值 5000 元/亩和湿地生态价值 10 万元/ hm² 估算，则 2018 年生态提升效益的当年货币化估值为 17 亿元。

综上分析，巢湖流域"三生优化"发展模式下，生态定产、生态定城、生态协作所产生的主要综合效益的货币化估值，在 2018 年当年预期合计约 857 亿元。巢湖流域通过协调经济发展同生态环境保护的关系，推动绿色低碳循环发展，切实做到了经济效益、社会效益、生态效益同步提升，探索出了"绿水青山"向"金山银山"转化的高质量发展路径。

第五章 基于水环境的生态文明建设存在的问题及展望

一、基于水环境的生态文明建设存在的主要问题

1. 阶段性水质超标问题仍然存在

总体来看，以巢湖治理为代表的城市水污染治理将是一项长期系统性工作，综合设计难度较大，局部区域的阶段性水质超标问题仍然存在，需要系统化可持续推进。

（1）部分河流水质长期未达标

巢湖是长江中下游五大淡水湖之一，是国家"三河三湖"治理的重点区域，是长江下游重要湿地，在调蓄流域洪水、补充长江径流、保障城乡用水、维护区域生态平衡等方面具有极其重要的作用。近年来，巢湖治理虽然取得一定成效，但和国家要求仍有差距，形势不容乐观。2015 年国家重点流域水污染防治考核中，巢湖流域考核断面达标比例仅为 50%。2016 年监测的 27 条淮河二、三级支流中，7 条水质为Ⅴ类，10 条为劣Ⅴ类。2013 年以来，郎溪河和支流包河等多条水域水质一直为劣Ⅴ类。

（2）水质反复、水华问题严重

近年来，巢湖流域治理主要着力于 COD 的治理，治理效果较好。但由于长期未

重视氨氮和磷污染因子的控制,导致水质反复问题严重。2016 年主要支流双桥河水质不升反降,由 2014 年的Ⅳ类,下降为 2015 年、2016 年的劣Ⅴ类。2017 年第一季度,巢湖湖体总磷浓度和富营养化状态指数同比呈上升趋势。近年来,巢湖水华高发,2015 年最大水华面积 321.8 km^2,占全湖面积 42.2%;2016 年水华最大面积为 237.6 km^2,占全湖面积的 31.2%。2017 年一季度,湖体总磷浓度和富营养化状态指数同比均呈上升趋势。

2. 经济社会发展与水环境治理之间的矛盾仍然长期存在

总体来看,合肥市还处于高度发展、快速转型的发展进程中,经济社会城市发展与水环境治理之间的矛盾仍然突出。领导层面,重发展、轻污染治理的观念仍未转变,导致工作部署不到位或者工作导向有偏差。建设层面,合肥市经济社会的快速发展使得资源消耗和污染排放压力增大,污染防控工作落实不严,对自然生态系统的恢复和提升带来挑战。

(1)重发展轻保护,工作部署不到位

发展与保护的思路未转变。对环境保护的重视程度、压力传导和责任落实从上到下呈现逐级递减态势。发展和保护的关系在领导干部当中还没有完全理顺,一些领导干部重经济发展、轻环境保护,对自身肩负的环保责任认识不到位,存在"说起来重要,做起来次要,忙起来不要"的现象。一些领导干部对环境治理存在畏难情绪,一味强调环境治理的过程,工作中消极应对。一些地方和部门环保意识和法制意识淡薄,《巢湖流域水污染防治条例》出台后,条例规定的巢湖流域水环境一、二、三级保护区的具体范围至今未确定,部分地区仍存在违法开发建设等问题,条例要求长期没有落实。

工作部署存在不到位的情况。中央环保督察组查阅省委常委会和省政府常务会议纪要发现,2013 年至督察组进驻前,安徽省委召开常委会 142 个,研究议题 587 个,其中环境保护议题仅 10 个。安徽省政府召开常务会议 107 次,研究议题 521 个,其中环境保护议题虽有 23 个,但以环保法规、政策文件审议为主,很少对重大环境保护问题和重点环境保护工作进行专题研究。2011 年通过行政区划调整,将巢湖整体纳入合肥市管理,并于 2012 年成立安徽省巢湖管理局,以便强化对巢湖的统一保护监管,但由于管理体制长期没有理顺,职能交叉,权责不清,导致监管不力,工作滞后,体制优势未能发挥。

(2)考核机制未配套,工作导向有偏差

近年来,安徽省流域治理方面投入了大量的工作,但是由于考核目标体系仍以经济发展为主,甚至出现经济指标占比升高、环境类考核指标权重下降的情况,导致环境污染治理工作步步落后。2016 年,安徽省政府对各地市目标管理考核的权重作了调整,经济发展权重由上年的 14.6%~22.3% 上升到 27.5%~32.5%,但生态环境类指标考核权重却由上年的 14.6%~22.3% 下降到 13.5%~20.5%。淮南市政府对淮南经济技术开发区、淮南高新区、安徽现代煤化工产业园的目标管理绩效考核,其考核内容和指标体系均无环境保护相关内容。

(3)治理力度有待加强,工作推进存在不严不实情况

由于全省目标考核体系的导向问题,导致环境治理的工作很多流于表面、专于应付,

污染治理工程迟迟不落地，入湖污染没有明显削减。入湖的十五里河、南淝河和派河 3 条汇入巢湖的河流水质长期为劣 V 类，入湖污染物量巨大，加剧了巢湖的负担。2013 年立项的十五里河污水处理厂三期工程迟迟没有建成，导致每日约 6 万 t 生活污水直排。南淝河流域长期没有实施有效的雨污分流，加之管网大量错接、漏接，流域污水处理设施未能有效发挥作用。派河流域的肥西县污水处理率不足 30%，大量污水直排，主要支流潭冲河和王建沟水质逐年下降。淮南市于 2017 年 4 月建成石姚湾污水泵站，将污水纳管后排入淮南市第一污水处理厂处理，但泵站运行一个月来，污水处理厂进水量并未增加，每天 4 万余 t 污水去向不明。直至督察组发现后，淮南市政府及有关部门才开始排查。督察发现，每天 4 万 t 污水仍然排入淮河干流。升金湖国家级自然保护区是长江下游区域重要内陆湿地生态系统，也是亚太主要的鸿雁种群越冬地，具有重要的生态意义。但保护区水产养殖管理长期失控，大面积侵占保护区核心区、缓冲区，人工养殖甚至超过水域面积的 80%，造成湖泊水质明显下降，湿地功能退化，严重威胁保护区生态安全。淮北市杜集区、烈山区污水管网长期空白。

（4）以保护之名，行开发之实

违规侵占湖面，开发旅游项目。2013 年合肥市实施巢湖沿岸水环境治理及生态修复工程，将原本连成一片的湿地从中隔断，预留部分区域作为滨湖新区旅游码头用地。2014 年又以实施滨湖湿地公园工程名义，在近两公里的湖岸违法建设"岸上草原"项目，还以建设防波堤名义围占湖面，以保护之名，行开发之实，其中约 2000 亩湖面已经用作旅游开发（专题图 3-5）。

专题图 3-5　滨湖新区旅游码头用地

破坏滨湖湿地，处理城市垃圾。巢湖约 94.8 万 m^2 滨湖湿地遭破坏。2016 年合肥市滨湖新区违法审批，将 14 万 m^2 防浪林台用作建筑垃圾消纳场，防浪林台内湿地已被填平，丧失生态功能。滨湖新区还将派河口天然湿地违规用作建筑垃圾消纳场，已倾倒土方约 50 万 m^3，占用湿地 60 万 m^2。另外，渡江战役纪念馆西侧湿地也陆续被土方填埋，损毁湿地约 16.8 万 m^2（专题图 3-6）。

专题图 3-6　合肥市滨湖新区建筑垃圾 3 号消纳场正是巢湖滨湖湿地

3. 流域治理管理体系不健全，跨区域协同治污工作未成形

流域治理不单单是某一行政区的任务，而是全流域共抓大保护才能实现根本治理。目前来看，一方面，流域各城市间的产业协作刚刚起步，尚未形成完善的分工协同体系和优化布局；另一方面，围绕巢湖水系治理的跨区联动机制、综合治理体系、生态补偿机制等刚开始推进试点，面临着跨区域合作难度大、涉及利益相关方较多等现实问题，相关机制仍待丰富和完善。

跨流域管理机构已建立，但权责不清、治理工作"落实不力"。2011 年安徽省通过行政区划调整，将巢湖整体纳入合肥市管理，《巢湖流域水污染防治条例》规定，合肥市人民政府对巢湖水环境质量负总责，但合肥市对巢湖保护工作不到位，一些重要任务落实不力。安徽省于 2012 年并成立安徽省巢湖管理局，以便对巢湖实现统一保护监管，但督察发现，省巢湖管理局成立以来，对"三定"方案明确的重要环境保护职责未落实，对巢湖流域内侵占湖面、破坏湿地等问题没有纠正，对环境敏感区域内大量违法建设问题没有查处。

二、水环境主导的生态文明建设未来发展方向

基于水环境的生态文明建设，尤其是巢湖流域治理是一项系统性工程，安徽省、合肥市需吸取巢湖治理的经验教训，深刻反思，切实将生态环保工作摆上重要位置（专题图 3-7）。

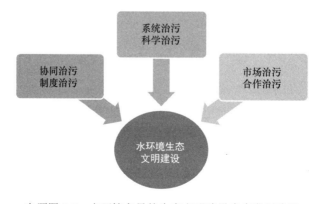

专题图 3-7　水环境主导的生态文明建设未来发展建议

1. 强化区域协作，加快水环境治理制度化

建立制度和政策体系，形成环境保护的长效机制。在生态文明建设"五位一体"架构下，加快完善水生态文明法治体系，制定、修改和强化相关法律法规及标准，不断创新水生态环境行政执法与刑事司法工作机制，实现立法与改革决策相衔接，形成水环境治理与保护的整体合力，构建生态文明建设的底线保障。加快制度创新，增强改革的系统性、整体性和协调性，完善资源环境价格机制、构建环保监管体制、强化法制体系建设、健全多元环保投入机制、建立全民参与机制。组织修订《安徽省环境保护条例》等地方性法规和《安徽省突出环境问题整改核查考核暂行办法》等制度，制订出台《安徽省划定并严守生态保护红线实施方案》，不断巩固扩大整改成果，进一步加强环境保护制度保障。

优化顶层组织架构，建立职责明确的跨流域统筹机制。从上位层面明确跨流域管理机构的地位和重要性，进一步明确架构内各部门和行政单元的责任，完善行政运行机制，不断适应治理体系现代化的新要求。

建立分领域考核体系，塑造流域治理的保障机制。污染防治攻坚战时间紧、任务重、难度大，必须加强党的领导。构建以改善水生态环境质量为核心的目标责任体系，注重发挥考核评价的指挥棒作用。具体而言：一是明确责任主体，即地方各级党委和政府主要领导是本行政区域水生态环境保护第一责任人；二是要建立科学合理的考核评价体系，突出水环境指标在绿色发展指标和生态文明建设目标的考核权重，考核结果作为各级领导班子和领导干部奖惩和提拔使用的重要依据；三是重视水生态环境保护人才队伍建设，保障水环境治理工作层层落实。

探索多元化生态补偿机制，实现上下游生态共治。加快推进生态补偿机制，完善生态补偿立法，规范协调生态补偿资金投入的方针、政策、制度和措施。探索生态补偿税，设立生态补偿专项基金，由当地政府和社区统一管理，专款专用。以政策和经济激励机制为杠杆，推动上游地区主动加强保护、下游地区支持上游发展，最终实现互利共赢。

加快推进省内流域上下游横向生态补偿机制，按照"谁超标、谁赔付、谁受益、谁补偿"的原则，建立以市级横向补偿为主、省级纵向补偿为辅的水环境生态补偿制度，流域上下游市（区、县）签订补偿协议，明确各自责任和义务，以交界断面水质为依据实施双向补偿。结合深化财税体制改革，完善转移支付制度，加大对重点生态功能区的转移支付力度。有序推进地区间横向生态保护补偿机制，稳步推进大别山区水环境生态补偿工作，研究制定安徽省建设项目占用河湖水域补偿办法。深入探索跨省流域水环境生态补偿机制，继续加强与周边省份的跨省域生态补偿机制，签订生态补偿协议，共同出资设立流域生态补偿资金。巩固和完善新安江水环境生态补偿机制，以此为基础进一步探索创新生态补偿合作方式和内容，拓展环境联防联治范围，完善联合执法、合力治污机制，建立奖励达标、鼓励改善、惩戒恶化的正向激励、反向约束机制，搭建上下游联动、合作共治的政策平台，最终打造跨省流域治理多元化、长效化的新兴发展模式。

专题1 美国五大湖综合治理

区域概况。五大湖地区位于加拿大与美国交界处，区域面积约24.5万 km^2，人口超过5000万人。流域资源丰富、湖滨平原土地肥沃、城镇密布且工农业生产集中，分布了钢铁工业中心、制造业带等。到20世纪初，由于城市扩张和产业发展，五大湖水污染严重、湿地面积损失近2/3，水生生态环境遭到严重破坏、一度成为"生锈地带"。

流域治理经验。一是开展府际合作，美国和加拿大政府先后签订了《边界水域条约》（1909年）、《大湖水质协议》（1978）、《五大湖宪章》（1985）等，围绕统一水质目标、限定排放总量、加强水质监测等内容进行了约定。二是开展基于区域合作组织的环境治理，机构主要包括国际航道委员会、大湖渔业委员会、五大湖州长委员会等，开展专门的协调监督，为推动五大湖流域的跨界水质保护行动提供了强有力的组织保障。三是进行基于产业结构转型的环境治理，自20世纪80年代起，城市群内各个中心城市着力推动经济转型、产业升级和环境重建，以制造业为主导的产业结构转变为以服务业为主，从源头减少废弃物对生态环境的破坏。

主要治理效果。经过几十年的努力，到21世纪初期，五大湖区水质明显好转，自然生态环境得到改善，水污染治理和生态环境保护取得了良好效果。

专题2 新安江流域补偿试点

试点概况。2001~2008年，皖浙交界断面水质一直以较差的Ⅳ到Ⅴ类水为主，为综合改善流域水质，2012年，财政部和环保部牵头，皖浙两省共同推进，全国首个跨省流域的生态补偿机制试点——新安江流域生态补偿机制试点正式实施，首轮工作为2012~2014年，二轮工作于2015年开始。

跨行政区试点经验——资金引导、协作推进。一是财政出资，以首轮试点3年为例，每年共计5亿元补偿资金额，其中中央财政出3亿元，安徽、浙江两省各出1亿元；依据两省开展的联合水质监测结果，如年度水质达到考核标准、浙江拨付给安徽1亿元，如水质达不到考核标准、安徽拨付给浙江1亿元，同时无论水质达标与否、中央财政3亿元全部拨付给安徽。二是建立发展基金，2016年，黄山市与国开行、国开证券共同发起全国首个跨省流域生态补偿绿色发展基金，首期规模20亿元。

试点推进效果。自2012年试点开始以来，新安江流域每年的总体水质都为优，跨省界断面水质达到地表水环境质量标准二类、连续达到补偿条件，下游千岛湖的营养状态指数也逐步下降。但同时，试点补偿资金数量有限，还远满足不了流域生态保护需求，未来仍需完善相关法规，进一步建立市场化、多元化的生态补偿机制。

2. 加强动态监测预警机制，系统落实污染防治工作

（1）加强动态监测预警机制

实时监控，系统、科学治水，实现水环境可持续发展。巢湖水质反复无常，水华严重，在于前期投入大量的资金，配套污染治理工程，主要针对COD污染物，而没有未雨绸缪氨氮和磷的变化趋势，导致水质反复。针对此情况，在原有监测体系下，加强动态监测及预警机制的建设，科学分析水质变化，作出系统化应对措施。

建立健全水环境监测体系，完善重点流域、水库等地表水水环境质量监测网络建设。加强重点污染源监控体系建设，所有新建项目需安装在线监控系统，对污染物排放实施全过程监控。加强重点流域入河排污口监控，对重点河段污水处理厂、乡镇及农村污水处理厂（站）进行监管，实时掌握工业企业污水排放、养殖废水排放等排污信息。建立饮用水水质监测系统，实现远程在线监控，严格水源地环境监管和风险防控。

建立健全环境风险源数据库。梳理环境风险源现状，针对风险源企业、废弃矿山以及饮用水水源地等重要生态功能区周边建设项目、污染农田或畜禽养殖单位开展环境安全检查，掌握环境风险现状、环境风险防范措施及周边环境敏感区域、环境应急物资储备，建立环境风险源数据库，从源头上强化全区风险源监管，通过动态管理有效防范突发环境事件，确保全区环境安全。

健全环境风险应急体系。坚持预防为主、预防与应急相结合的原则，加快开展环境风险评估，识别区域环境风险形势，明确环境风险等级，完善突发环境事件应急预案，加强环境应急能力保障建设。针对重点企业、集中式饮用水源地等突发环境事件，需根据环境风险管控要求编制应急预案，定期组织应急演练。针对火灾、水灾等自然灾害，推动建立跨流域突发环境事件应急合作，协同防范、互通信息，共同应对突发环境事件。

（2）系统落实污染防治工作

坚持"源头-过程-末端"系统治污体系，围绕全域治水，统筹产业转型、环境保护、城市建设与民生改善，实行治污水、防洪水、排涝水、保供水、抓节水五策并举，以系统治理打造美丽流域。抓源头，全面推动绿色发展。绿色发展是构建高质量现代化经济体系的必然要求，是解决污染问题的根本之策。重点是调整经济结构和能源结构，优化国土空间开发布局，调整区域流域产业布局，培育壮大节能环保产业、清洁生产产业、清洁能源产业，发展现代化清洁农业。抓过程，构建市场导向的绿色技术创新体系，全面推进落实资源全面节约和循环利用，提高资源能源产出，实现生产系统和生活系统循环链接，倡导简约适度、绿色低碳的生活方式，反对奢侈浪费和不合理消费。抓末端，以治污为先导，做到水上与岸上一起谋划、一起治理。实行"互联网+治水"，打造"智慧水乡"信息平台，做到城镇污水处理实时监控、河道日常保洁全域覆盖，防洪保安常态精细管理，确保治污工程顺利实施。

专题3 武汉试点海绵城市建设

试点概况。2015年4月，武汉成为全国首批16个"海绵城市"建设试点之一，连续3年获得每年5亿元的中央财政专项资金补助，其中2015~2017年，为武汉打

造海绵城市试点期。

已有经验——因地制宜、分类推进。一是增量优化,新城区坚持目标导向,按照雨水径流控制的要求,将雨水就地消纳利用,解决好城市建设与水安全、水资源、水环境的协调关系;二是存量改造,老城区坚持问题导向,结合城镇棚户区改造和城乡危房改造、老旧小区有机更新等,以缓解城市内涝积水、黑臭水体治理、城市热岛为突破口,改善城市人居环境。

主要建设效果。经过两年左右的试点期,武汉的青山区和汉阳四新片区两个海绵城市试点片区共计288项工程主体完工,初步实现海绵城市的"呼吸吐纳"功能。青山区不仅积水、泥泞状况基本得到解决,还实现了海绵城市建设与老旧社区改造的协同;汉阳四新片区作为新区从建设初始即体现海绵理念,依托排水泵站实现了全区雨水的自然积存、渗透及净化。

专题4　日本滋贺县琵琶湖治理

琵琶湖概况。位于滋贺县的琵琶湖是日本第一大淡水湖,面积约674 km^2,蓄水量256亿 m^3,是日本最大的淡水湖,也是京都大阪地区1400万人的饮用水源。20世纪60年代以来日本经济高速增长,导致琵琶湖水质下降,赤潮、绿藻等时有发生,通过30多年的综合治理,水质得到极大改善。

先进经验——实现城市与湖泊的共存。一是强化源头污水处理,滋贺县建成了完善的污水处理体系:以城市生活污水集中处理厂为主体、部分城区采用合并净化槽处置途径、村落全部建成分散式污水处理设施,并通过提升排水水质,大幅降低入湖污染压力;二是开展生态系统综合治理,包括优化农田灌排系统、开展山坡及小流域的植树造林工程、疏浚湖泊污染底泥等,控制面源污染并提升流域自净能力;三是促进城湖共生,包括推进生活生产节水减污、鼓励科研机构开展流域治理综合研究、开展国际合作、依托湖泊发展各类文化产业等。

主要治理效果。通过长期持续的治理投入,琵琶湖自身的水质整体恢复至Ⅰ~Ⅱ类(按我国地表水环境质量标准划分),沿湖生态环境质量得到提升,区域供水得到有效保障;同时,滋贺县依托琵琶湖的优美环境,实现了文旅产业的高质量发展,带动了地方经济的良性增长,也扩大了地区对外影响力,提升了城市综合发展水平。

3. 完善市场化机制,强化公众监督,全面提升治理水平

充分运用市场化手段,提高环境治理水平。积极推进市场化机制,可以有效减轻政府在流域治理过程中的财政负担,提高基础设施投资和运营效率,同时也可打通跨行政区治理界限。在重点流域,要充分运用市场化手段,完善资源环境价格机制,合理推进跨行政区排污权交易。采取多种方式支持政府和社会资本合作项目,鼓励社会资本参与流域生态治理和环境保护。推行环境污染第三方治理和监测,构建以政府为主导、企业为主体、社会组织和公众共同参与的环境治理体系。

完善信息公开机制，强化公众监督。建立政府部门与公众、企业有效沟通协调机制，及时准确披露各类环境信息，强化公众环境知情权、监督权。健全举报、听证、舆论和公众监督等制度，在建设项目立项、实施、后评价等环节，提高公众参与度。依托社会环保公益组织，积极开展环保宣传教育，提高公众环保意识，参与生态环境监督、维护公民环境权益，充分发挥民间环保组织在生态文明建设中的主力军作用。

参与全球环境治理为导向，提高治理标准和水平。围绕各层次典型模式，促进安徽省内、中部省份之间乃至全国范围内同类区域的经验交流和学习，协同提升各区域的生态文明建设效果、同时共同促进相关理论经验的完善和丰富。要站在应对全球气候变化的大局，不断对标国内国际水环境保护和治理建设，推动和引导建立公平合理、合作共赢的全球气候治理体系，彰显我国负责任大国形象，推动构建人类命运共同体。

主要参考文献

安徽省发展和改革委员会. 2015. 安徽省巢湖流域生态文明先行示范区建设实施方案.
安徽省科学技术厅. 2016. 安徽省"十三五"科技创新发展规划.
安徽省生态环境厅. 2016. 2015 年安徽省环境质量公报. http://sthjt.ah.gov.cn/pages/ShowNews.aspx?NType=2&NewsID=155477 [2018-6-20]
安徽省水利厅. 2016. 2015 年安徽省水资源公报.
安徽省统计局. 2016. 安徽省 2015 年国民经济和社会发展统计公报.
安徽省统计局. 2016. 安徽统计年鉴—2016. http://tjj.ah.gov.cn/tjjweb/web/tjnj_view.jsp?_index=1 [2018-6-20]
安徽省政府. 2017. 安徽省"十三五"服务业发展规划. http://www.ah.gov.cn/UserData/DocHtml/1/2017/5/18/2691861873946.html [2018-6-20]
安徽省政府. 2017. 安徽省能源发展"十三五"规划. http://xxgk.ah.gov.cn/UserData/DocHtml/731/2017/5/18/127709745797.html [2018-6-20]
安徽省政府. 2017. 关于公布巢湖流域水环境保护区范围的通知.
陈明忠. 2013. 关于水生态文明建设的若干思考. 中国水利, (15): 1-5.
鲁帆, 焦科文, 邓灵颖, 等. 2018. 基于生态足迹模型的城市可持续发展研究——以安徽省为例. 绿色科技, (12): 241-244, 250.
清华大学社科学院幸福科技实验室, 微博数据中心. 2017. 2016 年度幸福中国白皮书. http://www.docin.com/p-2010433830.html [2019-4-1].
徐升, 布仁图雅. 2016. 安徽省 2015 年生态环境状况遥感监测与评价. 环境与发展, (3): 24-28.
詹卫华, 汪升华, 李玮, 等. 2013. 水生态文明建设"五位一体"及路径探讨. 中国水利, (9): 4-6.
张丛林, 乔海娟, 王毅, 等. 2018. 生态文明背景下流域/跨区域水环境管理政策评估. 中国人口·资源与环境, (7): 76-84.
郑晓, 郑垂勇, 冯云飞. 2014. 基于生态文明的流域治理模式与路径研究. 南京社会科学, (4): 75-79.
Koontz T M, Newig J. 2014, From planning to implementation: top-down and bottom-up approaches for collaborative watershed management. Policy Studies Journal, (3): 416-442.